文化错位视域下
安全管理制度遵从机制研究

芦 慧 陈 红 著

U0302732

科学出版社

北 京

内 容 简 介

本书首先针对制度自身结构性矛盾引发的安全管理制度失效问题，创新性地提出组织文化"二元"结构是引发该矛盾的重要原因。然后，综合制度、组织文化和组织价值观等理论，提出基于"名义-隐真"文化错位的组织文化新内涵，进而从该错位视角系统地研究煤矿作业人员安全管理制度遵从特征与规律。结果表明，组织文化内部横向错位与纵向错位共同形成"名义-隐真"文化错位形态，且煤矿企业"名义-隐真"文化错位与制度遵从存在线性或非线性关系。同时，本书认为自主行为安全与制度遵从最大化是两个独立目标，制度设计需要"刚柔并济"，从动态和平衡视角设计煤矿安全管理制度遵从行为"动-衡"调控体系，以调节组织文化、价值观建设和制度自身中非平衡状态，从而积极影响作业人员制度遵从选择。

本书适合于不同行业安全管理领域的研究人员、煤炭行业的管理者和煤矿企业的各级管理人员阅读。

图书在版编目（CIP）数据

文化错位视域下安全管理制度遵从机制研究/芦慧，陈红著. —北京：科学出版社，2015.12

ISBN 978-7-03-046690-7

Ⅰ. ①文⋯ Ⅱ. ①芦⋯ ②陈⋯ Ⅲ. 企业管理–安全管理 Ⅳ. ①X931

中国版本图书馆 CIP 数据核字（2015）第 306719 号

责任编辑：李 雪／责任校对：贾伟娟
责任印制：徐晓晨／封面设计：耕者设计工作室

科 学 出 版 社 出版
北京东黄城根北街 16 号
邮政编码：100717
http://www.sciencep.com

北京中石油彩色印刷有限责任公司 印刷
科学出版社发行 各地新华书店经销
*

2015 年 12 月第 一 版 开本：720×1000 B5
2016 年 7 月第二次印刷 印张：16 3/4
字数：333 000

定价：88.00 元

（如有印装质量问题，我社负责调换）

前　言

　　安全管理制度对各类主体行为具有引导、规范和控制作用，是煤矿企业遏制事故发生的重要手段。然而，现实情况并不乐观，重大事故致因中的人因比率及人因发生特征反映出，无论是国家层面还是企业层面，安全管理制度都未有效引导煤矿生产活动中行为人的安全行为。企业人员的自主行为安全是煤矿安全生产的关键，最大化企业人员的制度遵从程度是提升煤矿安全的主要途径，可见如何设计合理的安全管理制度，以有效引导行为人的安全行为，进而实现自主行为安全和最大化制度遵从行为是煤矿安全管理迫在眉睫的问题。

　　本书遵循"实践－理论－实践"的循环思想主线，从实践问题中提炼并验证新理论思想，同时又用新理论思想来指导实践。具体来讲，针对制度自身结构性矛盾引发的安全管理制度失效问题，本书首先创新性地提出组织文化"二元"结构是引发该矛盾的重要原因，综合制度、组织文化和组织价值观等理论，提出基于"名义-隐真"文化错位的组织文化新内涵。然后，以国有大型煤矿企业作业人员为例，实证分析"名义-隐真"文化不同维度下国有大型煤矿作业人员制度遵从行为选择规律，并解析基于"宣称-执行"价值观的煤矿"名义-隐真"文化"可纳错位"范畴。最后，纳入煤矿安全与发展目标，凝练煤矿安全管理制度设计思想，系统构建制度设计策略体系，以驱动作业人员实现自主行为安全和最大化制度遵从。

　　本书的内容体系是基于"组织价值观'二元'结构理论构建""从有效价值观包容视角创新煤矿安全管理制度设计思想，转变制度对行为的驱动方式，从控制驱动转为自主驱动"和"从价值观错位视角研究安全管理制度遵从行为的内在机理"3方面进行的理论、思想和模式上的创新。

　　本书关注煤矿员工价值诉求，紧密贴合现实需求，所形成的"价值观错位－安全管理制度结构－制度遵从行为规律特征－调控策略"研究与实践模式是对安全管理制度理论与应用的创新与拓展。而且，该模式的应用不是仅限于煤矿企业，凡涉及安全管理制度有效性问题的其他行业都具有相当程度的普适性。

　　本书的研究工作得到了国家自然课学基金面上项目（71473248，71173217）、江苏省"青蓝工程"（2012 年）、江苏高校哲学社会科学优秀创新团队（能源资源管理创新团队，2013 年）、教育部人文社科基金青年项目（14YJC630092）、江苏省哲学社会科学规划基金青年项目（14ZHC002）、中国博士后科学基金面上项目（2015M570493）、中央高校基础研究基金项目（2014WB11）、江苏高校优势学科建设工程资助项目、中国矿业大学创新团队资助计划"能源资源管理卓越团队"（NO.2015ZY003）等课题的资助，特此向支持和关心作者研究工作的所有单位和个人表示衷心的感谢。作者还要感谢各位同仁的帮助和支持。书中有部分内容参考了有关单位或个人的研究成果，均已在参考文献中列出，在此一并致谢。

芦　慧　陈　红

2015 年 11 月于南湖

目　　录

1 我国煤矿安全管理制度失效现象解析

安全管理制度（safety management system，SMS）是国民经济各行各业的组织或企业为遏制事故发生，进而保障组织和员工安全及其相关利益的重要手段。然而，安全管理制度的建立并不意味着行为人对制度的必然遵从或执行，近些年，涉及采矿业、制造业、建筑业等行业中屡次出现的煤矿事故、食品安全、药品安全、房屋质量等问题暴露出企业生产活动中行为人对安全管理制度的漠视与不遵从，其严重危害了人们的安全与健康。

煤炭工业作为我国国民经济的基础和重要组成部分，该行业的安全管理一直是我国安全管理的热点和重点。我国煤矿百万吨死亡率从 1980 年的 8.170 逐年下降到 2012 年的 0.374，说明我国煤矿安全水平显著提升。然而，我国煤矿重大事故的直接致因中，1980～2000 年占据 97.67%的人因比率虽然从 2000 年后有所下降，但仍高达 94.09%以上，说明人因比率并没有因安全水平的上升而下降，凸显出了我国煤矿安全事故致因中人为因素发生的持久性、顽固性等重要特征，正如陈红[1]所指出的，工人违章作业、管理人员违章指挥，以及煤矿企业组织施行不安全行为（如违法开采、违章超能力生产等）是我国煤矿安全事故的重要致因，而安全管理制度则是煤矿企业遏制事故发生的重要手段。

自 2000 年以来，国家及各级主管部门为遏制煤矿事故的发生，虽然在法律法规制定、监察体制建设方面采取了一系列的措施（如先后颁布实施了 6 部煤矿安全生产法律法规、由各级政府或行业主管部门主导制定部门规章近 30 部、制定和修订煤矿安全标准和行业标准 400 余项）来规范煤矿生产活动中行为人的行为[2]，但在所有导致中国煤矿重大事故的直接原因中，人因比率仍高达 94.09%以上，特别是由矿工故意违章行为直接导致的竟占据 55.37%[3]，凸显了国家及各级主管部门主导的人员行为准则与行为人实际行为准则的不一致，以及员工对制度非遵从行为的故意化和显性化，反映出契约和法律等制度的弱约束力，即制度的"显性"失效。

这一现象在企业管理层面则更具常态性和易察性，导致企业各类安全管理规章制度失效。例如，山东某集团为实现安全管理战略，以及全面提升员工的服从和执行意识，自 2006 年以来实施了准军事化管理，制定了一系列强制性和限制性的公司准军事化管理细则。然而，虽然该细则的实施在形式上规范了员工的行为，但实际引发了集团众多员工的不满，其中数名员工通过网络、手机短信等电子工具散发"煽动性"的文字内容来嘲讽集团的这一做法，在社会上引起了恶劣反响。

可以看出，以山东某集团准军事化管理制度为代表的组织所要求的人员行为准则与反映员工自我意志的行为准则出现一定程度的背离，使得员工表面上看似遵守制度，实际上却暗中采用各种方式来对抗制度，反映了员工对制度非遵从行为的隐性化，从而导致相关制度的"隐性"失效（图1-1）。

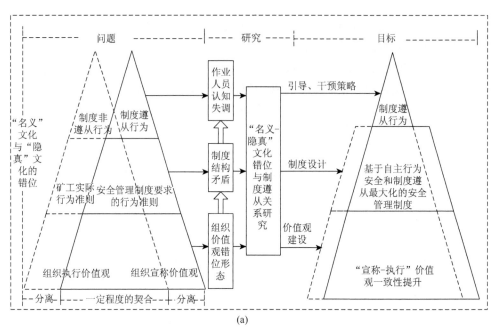

(a)

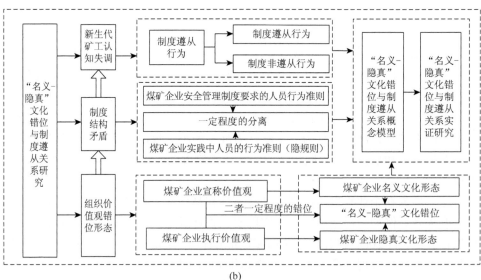

(b)

图1-1 我国煤矿安全管理制度失效现象研究遵循的逻辑思路

可见，如果安全管理制度能够真正发挥效力，降低人因导致的煤矿事故率，那么煤矿的安全管理水平将会得到质的飞跃。但重大事故致因中的人因比率及人因发生特征反映出，无论从国家层面还是企业层面，安全管理制度都未有效引导煤矿生产活动中行为人的安全行为。究其原因，一方面，煤矿安全管理制度没有被尽可能多的制度作用对象（包括中基层管理者和一线作业人员等）遵守，即制度遵从行为没有达到最大化；另一方面，安全管理制度本身可能存在体系或结构上的矛盾，即制度自身因素。二者的相互作用共同引发煤矿安全管理制度实践的制度困境。无论是制度自身问题抑或是制度遵从行为问题，都反映了煤矿安全管理仍存在值得探索的理论和实践问题。企业人员的自主行为安全是煤矿安全生产的关键[1]，最大化企业人员的制度遵从程度是提升煤矿安全的主要途径。其中，自主行为安全是指煤矿企业不同作业人员在复杂的煤矿作业环境中始终能做出个体自主意识主导下的安全行为选择，并能持续地选择正向促进行为，即不发生故意性的不安全行为，并能持续保持这种状态[1]。然而，无论是自主行为安全还是制度遵从行为最大化，在煤矿安全管理现有理论和实践中围绕二者进行研究尚不系统和完善。因此，从安全管理视角研究不同制度结构与制度遵从行为（简称制度遵从）二者的互动作用，以设计具有合理结构的安全管理制度，最大化员工制度遵从程度的同时实现自主行为安全，无疑是值得探讨和迫切需要解决的实践问题。

1.1 我国煤矿安全管理制度失效现象的理论解析

1.1.1 行为准则的错位

上述实践中存在的问题反映出企业人员在安全管理制度遵从与非遵从之间的行为选择问题，而引发企业人员行为选择的问题在于制度自身所规范的人员行为准则是否与企业人员的实际行为准则一致。

当制度自身结构所规范的人员行为准则无法与企业人员的实际行为准则保持一致时，企业人员就将进行这一冲突情境下自我行为路径的选择，并逐渐依赖和遵循所选的行为路径，最终形成应对该冲突情境的行为路径准则。在社会学中，这一行为路径准则被简称为"潜规则"，即各种有违于现行主导价值观或不能公开宣称的价值观和行为方式，或者通行于某个领域内、不太为外人所知的规律性行为[4]。需要指出的是，相比较社会学中的"潜规则"，认为管理学视角的这一行为路径应被称为"隐规则"。从学科角度来看，社会学中的"潜规则"因其在 2001 年被吴思首次赋予"与组织倡导的正义观念的疏远和背离"和"对主流意识形态或正式制度所维护的群体利益的侵犯"等意义[5]，所以其在社会学、新闻学等领域以先入为主的姿态被约定俗称为某些不光彩现象的专用名词，缩小了该词的内涵外延，而企业管理中实际存在的员工实际行为与组织倡导理念相悖的现象，用传统的潜规则不能加以阐释，它是一种"隐藏的行为准则"，本书称为"隐规则"。从词的字义方面讲，"潜"和"隐"所表达的内涵不尽相同，"潜"字意为潜在、未成形，"隐"字意为隐藏但可能已经成形。因而，潜规则强调的是与正式规则的对立、藏匿于正式制度之下的未成形态，是"隐规则"范围之内的；而"隐规则"则强调在可控范围内与正式规则有一定程度的错位（包涵对立等多种形态）、藏匿于正式制度之下、成形并被受众共同遵循的行为准则（见附录）（需指出的是，这里使用"错位"一词，源于其水平位移的本意，契合或分离形态都属于错位形态范畴）。

因此，无论是国家层面制定的各类安全管理规章制度，还是企业层面，如山东某集团实施的准军事管理制度，反映的都是现行主导、正式层面和公开宣称的价值观和行为方式，而煤矿企业内很有可能存在一套"隐藏的价值准则"，反映的是与企业正式层面、公开宣称的价值观和行为方式在一定程度上的错位，但它却是煤矿企业人员实际行为表现所遵循的准则，即煤矿企业内的"隐规则"。由此可见，引发煤矿企业安全管理制度所要求的企业人员行为准则和实践中人员的行为准则不一致的根源在于现行主导的、对外宣称的安全管理制度与企业"隐规则"在一定程度上的错位（图1-1）。

1.1.2　价值观的错位

那么，引起煤矿企业主导的、对外宣称的安全管理制度与企业"隐规则"二者错位的深层次原因是什么？理论上，组织制度主要对员工的行为产生规范性和约束性影响，是员工在组织运作过程中共同遵循的行为准则，能折射出组织文化[6]。实践中，虽然管理学者发现组织制度形成了组织运作的依据标准，然而在不同的组织文化内涵下，同一套制度可能表现出不同的结果[7]，即制度的作用结果受到实践中组织文化各层次及层次间，特别是精神层内及精神层与制度层间的衔接性、协调性和契合性的影响。因此，煤矿企业主导的、对外宣称的安全管理制度与企业"隐规则"二者的错位则暗含着组织文化中员工实际价值目标与制度手段之间在一定程度上的错位，也就是说在煤矿企业组织文化建设中出现了价值观层面与制度层面的分离。有学者从企业的宣称价值观（espoused values）（即企业对外和对内宣称的价值观）和执行价值观（enacted values）（即反映在企业员工实际行为之中的价值观）[8]的契合视角，解释了企业所要求员工的行为与员工实际行为在差异的原因[9]，而宣称价值观是通过组织制度等形式反映的，因此企业在组织宣称价值观与执行价值观匹配方面存在一定程度的错位，也从侧面解释了企业价值观层面与制度层面分离，继而引发企业主导的、对外宣称的安全管理制度与企业"隐规则"产生错位（图1-1）。

1.1.3 组织文化内部结构错位

众所周知，价值观是组织文化的核心层次，宣称价值观和执行价值观的分类意味着组织存在以两类价值观为核心层的文化，虽然 Hawkins[10]提出基于宣称价值观的组织宣称文化（espoused culture），但该概念仅仅局限在组织文化的物质层，即认为宣称文化是代表组织外显的人工制品，如组织政策、服饰外观、口语标志等反映在组织的物理表征和文化活动中。为体现全面性，将这两类文化分别定义为"名义"文化（ming-yi culture）和"隐真"文化（yin-zhen culture）。其中，"名义"文化以组织宣称价值观为结构的核心层，并以此为基础反映在组织显性制度层和组织对内对外宣称如口号及行为准则等的物质层所构成的文化体系；而"隐真"文化则对应于组织执行价值观，以此为基础反映在基于"隐规则"的组织隐性制度层和体现组织员工实际行为准则等的物质层所构成的文化体系（见附录）。因此，认为正是组织宣称价值观与执行价值观的错位，才导致制度与实际行为规则的分离，这种错位和分离恰恰反映了煤矿企业文化情境的真实状态，即"名义-隐真"文化情境。

可见，"名义"文化和"隐真"文化共同构成了组织文化的二分现象，体现了组织文化内部结构的矛盾性。当煤矿企业宣称价值观和执行价值观一致性高时，"名义"文化与"隐真"文化表现状态一致性高，组织文化的价值观层和制度层紧密结合，组织文化内部结构稳固，企业主导的、对外宣称的安全管理制度和企业"隐规则"及其所要求的与员工实际行为准则高度一致，企业人员行为体现高度的制度导向性，表现出对安全管理制度的主动遵从行为；当二者契合一致性低时，"名义"文化与"隐真"文化的不一致引起价值观与制度的分离，进而引起企业主导的、对外宣称的安全管理制度和企业"隐规则"及其所要求的与员工实际行为准则的不一致，企业人员将面临一定的认知失调，引发企业人员对制度是否遵从的行为选择，此时企业人员可能出于对制度约束措施的敬畏而被动遵从制度要求，也可能出现与组织要求相背离的不遵从行为，进而影响煤矿企业安全管理制度实施的效果。因此，本书试图提出，正是组织文化内部构成存在"名义-隐真"文化错位的这一固有矛盾现象，才使煤矿企业主导的、对外宣称的安全管理制度与企业"隐规则"二者分离的现象成为必然，引起企业人员对制度遵从与否的行为选择问题，以及制度遵从的主动性或被动性的选择问题，从而导致安全管理制度"显性"或"隐性"失效（图1-1）。

1.1.4 我国煤矿安全管理制度失效现象研究所遵循的逻辑思路

基于以上分析，本书从理论和实践角度绘制研究逻辑思路图（图1-1）。

图 1-1（a）描述的是存在的实践问题，以及通过研究和实施解决方案后达到的理想目标。根据分析，宣称价值观和执行价值观一定程度的错位导致组织价值观错位，形成煤矿"名义-隐真"文化错位的形态，引发安全管理制度所要求的企业人员行为准则和实践中人员的行为准则不一致，使员工面临认知失调，从而表现出不同的制度遵从行为选择。通过从"名义-隐真"文化错位视角进行的煤矿企业人员制度遵从行为选择规律的研究，探寻其内部作用机理，从价值观建设、制度设计和其他干预调控措施来调控企业人员的制度遵从选择，以实现自主行为安全和制度遵从程度最大化的目的。

图 1-1（b）描述的是为实现理想目标，围绕"名义-隐真"文化错位对制度遵从的影响关系所进行的主要研究。首先，从组织价值观错位引发的"名义-隐真"文化错位内部机理研究出发，提出组织文化的二元结构理论；然后，分析煤矿安全管理制度的结构及相关规则要求；接着，重点研究文化错位和制度结构情境下的煤矿企业人员安全管理制度遵从行为选择规律；最后，对结论的实践应用进行剖析和总结。

考虑到国有大型煤矿企业在国家煤炭行业整体发展中的重要作用和所处地位，以及煤矿安全管理制度执行的最终点截止在煤矿一线作业人员，本书拟以国有大型煤矿企业的一线作业人员为研究对象。因此，在分析安全管理制度所处文化情境的基础上，创新性地提出基于"名义-隐真"文化错位的组织文化内涵，结合国有大型煤矿企业探究其"名义-隐真"文化结构，同时分析安全管理制度结构特征，深入剖析"名义-隐真"文化错位形态，并揭示不同形态下企业人员制度遵从选择规律，在此基础上纳入制度遵从最大化和自主行为安全目标，分别从价值观建设、科学合理的安全管理制度设计，以及其他引导干预措施来积极影响矿工制度遵从选择，其对实质性提升以煤矿一线作业人员为主体的煤矿安全管理水平具有重要的理论价值和现实意义。

1.2 我国煤矿安全管理制度遵从机制研究的理论与现实意义

1.2.1 理论价值

1）丰富组织文化和组织价值观理论。组织文化的核心价值观层次存在宣称价值观和执行价值观两种类型，而现有组织文化理论的相关研究或实践应用倾向于从组织自身要求视角定义组织文化，忽视了组织与员工两类价值观视角的组织文化内部结构中整合与分裂的程度，因此本书提出"名义"文化和"隐真"文化的概念，解释组织文化中存在的二分现象，进一步提出基于二分现象的组织文化创新型概念和内涵。同时，本书选取国有大型煤矿企业一线作业人员为研究对象，通过调研其价值体系构成，构建基于"宣称-执行"价值观的"名义-隐真"文化结构，以丰富组织文化理论，并为后续研究提供理论基础。

2）追溯制度自身结构性矛盾根源，内容深化与外延拓展安全管理理论研究。虽然制度经济学已经关注道德规范、传统习惯等非正式制度的调节作用，但理论的落脚点忽视了制度本身的结构和其他社会性功能，需要社会学、心理学等学科的补充。本书通过分析制度自身结构性矛盾产生的根源，从组织文化"二元"结构视角，探讨煤矿作业人员对安全管理制度遵从行为的选择问题，在调研煤矿企业"名义"文化和"隐真"文化情境关系的基础上，探究安全管理制度结构设计对制度遵从的影响，并将"可纳错位"等纳入安全管理制度自身的设计研究中，纵向深化安全管理理论所涉及的内容，同时横向拓展其理论的研究外延。

1.2.2 实践意义

1）紧密贴合显示需求。煤矿安全问题一直是国家和全社会关注的热点问题。由于煤矿生产多属地下作业，作业条件特殊，作业系统复杂、封闭，作业点散布而又相互贯通，安全必须是系统中所有行为主体一致稳定的安全行为选择的结果，但安全生产的最终点截止在一线作业人员手中，因此安全管理制度的困境就是如何设计科学合理的安全管理制度，使煤矿作业人员对其产生最大化程度的遵从。因此，本书选取煤矿一线作业人员为研究对象，同时围绕如何设计合理的安全管理制度以提升作业人员的制度遵从行为和安全行为这一主题进行研究是紧密贴合现实需求的。

2）为煤矿安全管理提供新视角。以往的研究单纯聚焦于组织制度或组织中员工行为视角，分离了二者之间的互动及深层次的原因，本书从影响制度相关人行为的制度"文化情境"入手，通过分析该情境下制度相关人的行动准则和行为选择路径及其对安全管理制度实施的影响，并对现有煤矿安全管理制度进行多维度解析，为如何通过科学合理的煤矿企业组织制度设计和相应的组织文化建设，将组织核心价值观内化为能体现员工自觉、主动和实际的行为准则，以此提升煤矿安全管理制度的有效性，实现自主行为安全，实质性提升煤矿安全管理水平，从而为企业进行实际的安全管理提供新的视角。

1.3 拟解决的关键问题和方法

1.3.1 关键问题

本书从煤矿企业安全管理制度所要求的企业人员行为准则与实践中人员的行为准则不一致所引发的制度失效的现实问题出发，以煤矿企业"隐规则"、制度手段、组织价值观、"名义-隐真"文化错位、行为选择等为关键词进行现实问题的理论逻辑关系分析，为此需要解决 5 个关键问题。

1）安全管理制度所处的文化情境特征究竟是什么样的？可以从组织价值观内部结构特征出发，剖析组织价值观内部的"宣称-执行"价值观错位特征的存在，提出组织文化内部结构中"名义-隐真"文化错位形态的存在，进而创新组织文化新内涵，这个问题有助于理解影响制度结构特征的文化因素。

2）"名义-隐真"文化如何测量，以及其结构如何？制度遵从行为类型、结构如何？"名义-隐真"文化结构和测量，以及制度遵从结构和测量是实证研究的基础，因此制度遵从的类型是什么，以及如何在吸收组织文化新内涵的基础上开发出更为合理的"名义-隐真"维度和制度遵从结构是本书要解决的关键问题之一。

3）如何从"名义-隐真"文化错位视角解读安全管理制度构成特征？需要采用思辨的理论推理来回答该问题，只有深入剖析这个问题，对该问题给予回答，才能进行后续的实证研究，才能将组织文化新内涵的理论落实到具体的管理实践中来。

4）"名义-隐真"文化错位是否对制度遵从产生影响以及如何对制度遵从产生影响？需要从管理学与博弈论角度论证它们之间可能存在的关系，在理论分析研究假设的基础上，通过合适的研究方法来实证检验各自关系的显著性，验证与分析研究假设，进而考察理论的有效性。

5）如何将组织文化新理论应用到煤矿安全管理制度遵从行为调控体系设计中？理论从实践中来，又将应用于指导实践。为对接组织文化新理论，需要将新理论的创新思想应用于安全管理制度设计、价值观建设等调控策略中，形成"实践—理论—实践"的研究体系。

1.3.2　研究方法

本着"选用研究方法与技术手段的科学性、企业问题观察与提炼的现实性"等原则，理论结合实际，综合运用管理科学、社会心理学、制度经济学等多学科理论知识，借助博弈论、心理与行为测量技术、数理统计技术与方法、二次响应面回归等多种研究方法与技术手段来实现研究目标。

1）运用文献研究法、案例研究法等提出组织文化内部结构存在的"二元"现象，延展组织宣称价值观和执行价值观的现有理论边界，清晰界定"名义"文化和"隐真"文化的概念与内涵，提炼组织文化创新性内涵及结构。

2）运用文献研究法、案例研究法、调查研究法、访谈法、心理与行为测量技术、数理统计与分析和结构方程等方法构建煤矿企业宣称价值观与执行价值观体系，开发中国煤矿企业宣称价值观和执行价值观测量量表，以此进行中国煤矿企业"名义-隐真"文化量表的开发，同样的方法应用到制度遵从量表的修正。

3）运用文献研究法、调查研究法、对比分析法、系统分析法、博弈论、结构方程模型、多元统计分析方法和二次响应面回归等方法进行"名义-隐真"文化特征、安全管理制度结构和制度遵从三者关系的质性分析，在此基础上构建"名义-隐真"文化错位与制度遵从关系的概念模型和研究假设。进一步通过调研和数据分析来验证假设，探索具有体系、结构的国有大型煤矿企业一线作业人员对安全管理制度遵从选择的规律。

4）运用归纳与演绎等系统科学和思辨的研究方法，围绕实现自主行为安全和制度遵从最大化两类目标，为科学合理设计煤矿企业安全管理制度遵从行为调控体系，从核心思想、调控体系设计目标等方面进行相关研究。

2 制度、文化、价值观和潜规则

2.1 制度理论相关研究现状

2.1.1 制度的来源与内涵

（1）旧制度经济学

代表人物有：Veblen、Commons 等。由于 Veblen 和 Commons 的理论风格和观点的分歧，所以 Veblen 和 Commons 也分别为制度经济学中社会心理学派和社会法律学派的代表人物。

Commons[11]认为，制度是经济发展的动力，在《制度经济学》（1934 年）一书中，从"集体行动"相互控制的视角分析了制度形成，认为制度是集体行动控制个人行动的规范，是通过所有权关系来控制施行的。Commons 强调交易、产权和组织作用，认为制度在很大程度上被认为是正式和非正式冲突解决的结果。

Veblen[12]则把制度归结到了人的本能层面，认为个人和社会的行动都是受本能支配和指导的，这些行动逐渐形成思想和习惯，进而形成制度。因此，制度在 Veblen 眼中"实质上就是个人或社会对有关的某些关系或某些作用的一般思想习惯"。思想习惯、习俗、组织方式均被视为制度的核心内涵，更多的是对制度起源的一种认识，强调制度的内在性与行为的契合，其对后续研究产生了重要影响。

（2）新制度经济学

以 Coase 和 North 等为代表的新制度经济学派，对制度同样进行了丰富的研究。涉及制度的来源，新制度经济学认为制度源于人们的理性选择。在对制度本身的理解上，Coase[13]强调交易成本前提，认为制度是一系列关系调整的规则或组织形式。制度的"行为规则"内涵也不断为学者提及并发展，其中最具代表性的是 North[14]的"制度是博弈规则"、"制度是人类设计的，构造着政治、经济和社会相互关系的一系列约束"和"制度是一系列被制定出来的规则、守法程序和行为的道德伦理规范，它旨在约束追求主体福利或效用最大化的个人利益行为"的观点。North[14]认为，制度是一个社会的规则游戏，是为决定人们的相互关系而设定的一些制约，包括"正规约束"（规章和法律）和"非正规约束"（习惯、行为准则、伦理规范），以及这些约束的"实施特征"。

（3）组织制度学派理论

组织制度学派最本质的特征是通过人的认知来解释制度，主要包括 North（后期）、Powell 和 DiMaggio 等。

North 对制度经济的研究分为两个阶段：1990 年之前偏向于新古典制度经济学，而 1990 年之后则关注基于认知和行为的制度经济学研究[15]。North 通过对理性选择模型与意识形态关系的讨论，建立了解释制度变迁的认知模型，研究人类在不确定性和复杂的外部环境下的行为选择[16]。从 North 2000 年之后的一些新近文著中可以发现，他越来越重视研究人们的信念、认知和意向性在人类社会制度变迁中的作用。首先，他认为每一个参与经济活动的当事人都是依靠某种感知构成一种认知模型进行决策的；其次，当环境变化时，当事人通过认知不断协调与环境的互动，形成一个学习过程，随着环境反馈对这一认知模型反复的认可，模型趋于稳定，就形成信念；最后，North[17]把当事人的认知模型放入社会网路中，由于个体认知能力和信念的差异性，社会网络中不同个体的互动会形成某方面的共识，这种认知模式一旦稳定下来之后就会形成一种行为规范，就是基于认知基础的制度。

Powell 和 DiMaggio[18]则认为，制度是一个在个体互动的过程中被构建出来的产物，在认知因素影响下的行动无法以价值判断为基础进行理性的解释。Powell 和 DiMaggio 对制度形成的认知基础及群体内个体认知的互动过程与 North 的观点较为一致。

（4）历史制度学派理论

与侧重于认知因素的组织制度学派不同，历史制度学派更重视价值判断的规范作用，即理性与制度是不可分割的，力图解释政治斗争是如何"以其所发生的制度情境为中介而进行的"[19]。历史制度学者通常认为，制度包括对行为起着构建作用的正式组织与非正式规则和程序。Hall 认为，制度包括"正式规则、顺从程序，以及标准的操作实践，它们构建不同政体或经济单位中人与人之间的关系"，强调制度的"关系特征"[19]。Thelen[20]强调，只有通过历史的研究才能揭示行为主体试图将什么样的具体利益最大化，以及为什么重视一些目标而不是另外一些目标，侧重于制度对行动主体目标的影响，以及一国权利和资源在不同行动主体之间的分配。

（5）博弈论中的制度

青木昌彦[21]从博弈论的角度归纳了经济学家的 3 种制度观，即分别将制度看作是博弈的参与人、博弈规则和博弈过程中参与人的均衡策略。一些经济学家把制度明确等同于博弈的特定参与人，如行业协会、大学、法庭、政府机构、司法等。而 North 的观点显然认为，制度是博弈规则，组织是博弈的特定参与人。博弈规则论更为技术性的定义是 Hurwicz（1993 年、1996 年）给出的，他的定义更侧重于博弈规则的实施问题[21]。他认为，规则必须是可执行的，唯有对人类行动的一组人为的和可实施的限定才构成一项制度。

青木昌彦则把制度看作是博弈均衡，他认为制度是关于博弈如何进行的共有信念的一个自我维系系统[21]。制度的本质是对均衡博弈路径显著和固定特征的一种浓缩性表征，该表征几乎被相关领域所有参与人所感知，认为这与他们策略决策是相关的。这样制度就以一种自我实施的方式制约着参与人的策略互动，并反过来被他们在连续变化环境下的实际决策中不断生产出来。

（6）行为与制度经济学理论

Schmid 是行为与制度经济学理论的权威代表。行为主义认为，单纯地列出各种详细的制度性结构并不能解释实际的政治经济行为，社会科学研究更应该重视非正式的权力分配、态度，以及行为对结果的影响[22]。

North 曾指出，努力理解人类究竟如何学习似乎是通向理解人类看待周围世界精神构架的捷径。A.爱伦·斯密德[23]认为，制度经济学建立在行为经济学的基础上，主张通过心理学的研究来弥补制度行为研究的不足。Sylwester[24]则将制度描述为"稳定的、受尊重的和周期性发生的行为模式"，强调制度中非实体性的内涵（不单单是由众多条文所组成的体系），认为制度是一种均衡及行为选择的结果，在动态的过程中解释制度，将制度体现为一个包括了行为主体和行为对象的系统。

2.1.2　制度与行为关系研究

个人创造制度，所创造的制度规范个人的行为，反过来个人行为进一步修正正式或非正式制度。对制度的作用，Cooly 和 Schubert[25]强调个人和制度，自我和社会结构之间存在依存性。虽然大的制度（语言、政府、教会、法律、财产和家庭习俗）看起来很独立，处于人们的行动之外，但是它们在个人之间的交往中不断发展和保存，并成为思维和行动的习惯，大部分时候是无意识的习惯。North[26]认为，制度旨在约束主体福利或效用最大化的个人行为，即制度对人具有约束作用。Eggertsson[27]在其对经济制度的研究中指出，制度能在很大程度上影响人们实现其经济或其他方面的目标，人们通常偏好地选择能增进自由、经济福利和其他人类价值产生的制度，制度体系的不适宜或衰败也会导致企业、社会的衰落。Hodgson[28]在研究制度与个人的关系中认为，个人塑造制度，制度同时也塑造个人，二者之间彼此独立，但却相互依存并协同演化。

Cosimano[29]研究了制度体系在商业交易中的角色，认为其提供信息与作用的强制性可以提升行为者的履约责任。Beckmann[30]从适应经济活动变化视角探讨了制度与行为间的可持续性，分析了行为的个体理性与合作理性，给出了促进合作理性的路径。Vatn[31]探讨了合作行为与制度间的关系，并认为促进合作是制度的重要目标。也有一些学者从有效性视角进行研究，Elsner[32]研究了群体规模与制度间的关系，分析了行为涌现与合作演化过程，探讨了群体规模临界值，认为中等规模群体是观察行为涌现的适当水平。Elvik[33]构建了道路安全的货币价值构成体系，分析了家庭、商业、健康机构、汽车制造商和道路管理机构在道路安全问题上的不同动机。Rahimiyan 和 Mashhadi[34]运用基于智能体的计算经济学方法模拟电力市场，对剥离政策在促进竞争方面的有效性进行了分析。Qudrat-Ullah 和 Seong[35]分析了在政策研究中运用系统动力学模型的结构有效性问题，并以MDESRAP 模型为例，模拟了巴基斯坦 1990～1991 年开始实施的能源政策实施效果，说明结构有效性分析对于智能体模型同样适用。

国内学者对制度与行为的关系、制度有效性方面的系统性研究较少。霍春龙和包国宪[36, 37]认为，制度有效性既可以看作是制度的实际结果和实施或者运行状态；也可以看作是制度的合理性和合法性，并从制度相关人尤其从政府责任视角评价制度有效性，以制度相关人的行为假设作为逻辑起点，以制度的运作过程作为切入点，从综合制度、制度相关人与环境 3 个维度分析制度有效性。冯务中[38]提出一个制度有效性表达式：$Y=F$（$X1$, $X2$, $X3$, $X4$, $X5$, $X6$, $X7$, $X8$, $X9$, $X10$, $X11$），其中，Y 表示制度有效性；$X1$～$X11$ 分别表示制度的来源、制度人性化的程度、制度结构健全的程度、制度自我实施的能力、制度的性质、制度的公平性、制度的简明性、制度的灵活性、制度与相关制度的相容程度、制度与制度环境的契合程度、制度的执行方式。张文健和孙绍荣[39]从行为控制视角进行研究，认为制度的规则通过限制和引导人的行为使制度目标得以实现，提出利用项目控制、资源控制和回报控制方法对制度中人的行为加以控制。李鸿和姜永贵[40]结合中国文化情境提出了制度行为被动性的概念，即"行动者迫于外在的强制力不得不遵守制度，实际上并不严格执行制度所规定的规则，甚至是表面上遵守制度规则，实质上却违背制度意图，偏离甚至篡改制度规范"。李志强[41]认为，尽管产生企业家创新行为的差异性有着经济、社会、政治、技术、文化等复杂性原因，但其本源性原因还是制度因素，即产生企业家创新行为的差异性有着深刻的、复杂的制度归因。从研究方法看，李洪磊和甘仞初[42]运用复杂适应系统建模的方法，模拟了旧车交易市场政策制定效果。张炳等[43]则通过设定排污权交易系统中企业主体的属性和行为规则，构建了排污权交易系统模型的结构。孙绍荣[44]以治理企业污染环境行为的管理制度为例，提出了用于改善制度参数的组合优化方法，以及估计制度有效性的算法。

2.2 组织文化相关研究现状

2.2.1 文化的来源、内涵与结构

（1）文化的来源与内涵

说到文化的起源，中国古代《易·贲卦》的《象传》有："文明以止，人文也。观乎天文，以察时变。观乎人文，以化成天下。"含有"以文教化"之义。到了西汉，"文化"一词已成为文献中的固有名词[45]。例如，汉朝刘向在《说苑·指武》中写到"文化不改，然后加诛"等。"文化"一词是指"文治教化"，反映伦理道德政治，以儒家学说的典籍、思想来教化世人，虽有一定的精神和人文意味，但并非是当今社会学、人类学、管理学和心理学中的文化概念。而西语中的"culture"源于拉丁文中的"cultura"，指的是耕种土地、祭祀神明和提升修养等，到了16～17世纪，逐渐被引用为对人类心灵、知识、道德等的化育。有关"文化"的定义已达100多种。

人类学视角的文化内涵。有关文化概念的起源，则是在19世纪末期由英国人类学家Tylor[46]提出的，他把文化定义为"包括知识、信仰、艺术、道德、法律、风俗，以及作为一个社会成员所获得的能力与习惯的复杂整体"。随后，威廉·A·哈维兰[47]对文化的观点与威斯勒的较为一致，认为文化是一系列规范或准则，当社会成员按照它们行动时，所产生的行为应限于社会成员认为合适和可接受的变动范围之内。此外，早在1964年，美国人类学者Herskovits[48]在《文化动力》中指出，文化是一切人工创造的环境，意味着文化具有"主观性"。此后，较多的学者从赫斯科维茨的"主观文化"角度出发，认为文化是"被一个群体的人共享的价值观系统"，如Thomas强调文化中理想、价值与行为的因素，认为文化的本质就是价值观。

社会学视角的文化内涵。与人类学研究人类各种族的文化视角不同，社会学中对文化的研究视角集中于界内文化。Ogburn和Nimkoff[49]强调文化的结构，定义文化为"可分割的但相互又有结构性联系的各要素的组合"，指出了文化的抽象性，将文化从行为概念中解脱出来。学者Kroeber和Kluckhohn[50]认为，"文化的核心部分是传统的（即历史的获得和选择的）观念，尤其是它们所带来的价值"。"文化由外显的和内隐的行为模式构成，这种行为模式通过象征符号获得和传递，文化代表了人类群体的显著成就，包括他们在人造器物中的体现"。因此，就社会学来说，文化是指任何一群人共同持有，并且形成该群人每个成员的经验，以及用来指导其行为的各种信仰、价值和表达符号。

管理学视角的文化内涵。管理学领域，有影响力的文化定义莫过于荷兰管理

学家 Hofsted 和美国组织文化学者 Schein 对文化内涵的理解。Hofsted[51]指出，文化有两种内涵：一是对"思想的提炼"，包括教育、艺术和文学；二是指人的头脑中一种集体共有的思维定式，即"社会行为的不成文的规则"，侧重于社会成员的价值观层面。美国组织文化学者 Schein[52]认为，文化是一个团体共享的信仰、价值观，以及一套基本的假定。

心理学视角的文化内涵。Cosmides 和 Tooby[53]认为，心理学家总是把"文化"看作是不同人群所拥有的不同特征，因此用"文化"来解释群体差异和可变性是不言而喻的。LaPiere 基于心理学中的"学习理论"，强调学习因素在文化中所占有的重要地位。Downs 把文化定义为"指导我们处理周围环境与其他人关系的心理地图"。

随着进化心理学的发展，文化在进化心理学的视角又有了新的内涵，巴斯[54]认为，"文化是人们作为社会成员去拥有、思考、行动（这 3 个行为所指向）的任何东西"，认为"文化"并不是一种独立的因果实体，在解释能力上它根本无法和"生物学"相竞争。该视角的文化主要包括"唤起的文化"和"传播的文化"。唤起的文化是指那些因环境条件的不同而产生的群体差异现象；传播的文化是各种表征和观念，它们起初至少存在于一个人身上，然后通过观察和相互作用才传递到其他人的心智中。

（2）文化的层次与结构

两层次文化结构。物质形态文化与精神形态文化是人类文化结构的两大基本部分。实际中这二者并非截然分开，因为人类的物质创造互动及其成果总是凝结和反映着一定的创造目的、价值观念等，体现着一定的精神文化；同时精神文化的形成、反战和传播必须依赖于一定的物质条件和载体。

三层次文化结构。在文化的表现方式上，Hofstede[51]把文化分为 3 类，即物质文化、制度文化和心理文化。其中，物质文化指人类创造的一切物质文明；制度文化指社会制度、家庭制度、生活教育制度、宗教制度、生活方式、风俗习惯、礼俗规范、语言等；心理文化指思维方式、信仰、价值观念、审美情趣等。

五层次文化结构。其包括物质文化层或物质形态文化、社会制度文化层或制度形态文化、知识文化层或知识形态文化、行为文化层或行为形态文化、精神观念文化层或精神观念形态文化[55]。其中，物质文化层或物质形态文化是人类的物质创造形式和成果的总和；社会制度文化层或制度形态文化是由人类社会实践活动中的各种规范，如法律、制度、规章等社会契约构成；知识文化层或知识形态文化是人类在认识自然和社会、改造自然和社会的实践活动中所形成的理性认识和经验总结；行为文化层或行为形态文化是由人类在社会实践中约定俗称形成的礼仪、风尚等制约行为的准则和范式；精神观念文化层或精神观念形态文化是文化的核心部分，包括人们的价值观、伦理道德、思维方式等人类主体因素。

　　阴阳文化结构。"阴阳"是中国独特的二元性思想，与西方的辩证思维有相似之处，Tony[56]认为中国的"阴阳文化"由 5 个方面构成，分别是含糊、听话、客气、自己人、面子。同时，Tony[56]总结阴阳文化包含二重性的三原理："整体二重性"，即世间一切事物都是由对立相反的两个方面构成；"动态二重性"是指事物所包含的阴阳两个方面互相转化，趋于动态平衡，和谐统一组合；"辩证二重性"意味着一切事物都存在相互对立的阴阳两个方面，这两个方面既对立又统一，有时相互排斥，有时又相互补充，与 Li[57]认为中国古代哲学盖以"阴阳"为本，即整体、动态、辩证世界观的思想不谋而合。

2.2.2　组织文化的内涵与结构

（1）组织文化的来源与内涵

　　组织文化的概念来源于文化人类学。该概念早在霍桑实验中就间接提到过，被称为工作小组文化。之后学术界对组织文化的专门研究也有 20 多年历史，但对组织文化的定义一直没有统一的认识，大部分学者都是在研究过程中对组织文化内涵进行自我性定义，其代表性说法见表 2-1。

表 2-1　组织文化国内外代表性内涵一览表

代表人物	组织文化内涵描述
Pettigrew（1979）	组织成员所共有的感受，以符号、意识形态、语言、信念和迷思等方式存在于日常生活中[58]
Peters 和 Waterman（1982）	组织成员所信奉的一套具有支配与连贯性的共享价值[59]
Barley（1983）	人们对于什么该做什么不该做的信念，一个团队的信念包括了日常习惯的操作实务、价值观和假设[60]
Ott（1989）	组织行为是被存在于组织中的基本假设模型预先决定的，时间久了这些行为因为"我们就是这样做的"而在组织中变得无可置疑、无处不在，形成组织文化[61]
Robbins（1990）	组织文化表示组织的传统、价值、习惯常规和社会化过程，它持续时间长，并能影响其成员的态度和行为[62]
河野丰弘（1990）	企业成员所共有的价值观，共通的观念、意见决定的方法，一级共通的行为模式总和[63]
Hofstede（1991）	一种共有的心理性设计，这种设计可以区分一个组织成员与其他组织成员之前的差异[64]
Schein（2012）	组织学习去解决外部适应及内部整合问题时，所创造发现或发展出来的一套共享的基本假设，这些基本假定类型能够发挥很好的作用，并被认为是有效的，因此被新的成员作为感知、思考和处理相关问题的正确方法去学习并接受[52]

续表

代表人物	组织文化内涵描述
Levin（2000）	组织成员共享的假设、价值观、信念和意念体系，使组织不同于其他的组织[65]
Detert 等（2000）	整体的、历史决定的和社会化建构的，它包含信仰和行为，存在于不同的层次中，并且显现在组织生命中的不同特征上[66]
Eccles 等（2011），Hills 和 Jones（2001）	组织中人员和群体共享的具体价值和准则集合，能引导人员彼此，以及和组织外部利益相关者的互动方式[6, 67]
Ostroff 等（2003）	组织认同的信仰、价值观和思想，它通过与工作环境相关的产物及可观察的行为规范表现出来[68]
Robbins 和 Coulter（2005）	组织或组织单位中雇员共享的价值观、信仰或者是知觉[69]
Kerlavaj 等（2007）	组织中大多数成员所习惯的做事情的方法，要想融入这个组织，新的成员必须学会这些做事情的方法[70]
俞文钊（2002）	在企业的长期经营发展过程中逐步形成的、具有本企业特色、能够长期推动企业发展壮大的群体意识和行为规范，以及与之相适应的规章制度和组织机构的总和[71]
陈亭楠（2003）	一种从事经济活动组织内部的文化，所包含的价值观、行为准则等意识形态和物质形态均为组织成员所认可[72]
沃伟东（2006）	为企业适应市场竞争的需要，通过物质、行为、制度等各种载体所表现出来的，对包括成员、管理层等所有企业成员、企业甚至股东都发生作用的价值、信念等指导行为的意识形态[73]
刘理晖和张德（2007）	组织文化的内涵包括组织对利益相关者的价值判断和组织对管理行为的价值判断两个方面[74]

可见，不同学者之间的说法具有分歧，而 Schein 对组织文化的定义较为具体周全，因此广为一般研究者所用。

（2）组织文化的结构

1）维度结构。O'Reilly 等[75]通过文献研究，对已存在的 54 个价值观陈述采用快速排序（Q-sort）方法形成了组织文化轮廓，认为组织文化包括 8 个维度，分别是创新性、结果导向、支持性、团队导向、强调报酬、积极进取性、果断力和注意细节。Hofstede[64]报告了 6 个维度的组织文化结构，分别是过程导向与结果导向、雇员导向与工作导向、教区导向与经验导向、开放系统与闭合系统、松散控制与紧密控制，以及标准化与实用主义。Denison 和 Mishra[76]认为，组织文化分为 3 个维度：组织适应性、使命/目标导向和雇员的卷入与参与。依据 Schein[52]的定义，Xin 等[77]总结了中国国有企业组织文化的 10 个属性，其中雇员发展、和谐、领导力、实用主义、雇员贡献和公平回报这 6 个维度与组织的内部整合功能相关，结果导向、顾客导向、长远导向和创新这 4 个维度与组织的外部适应性功能相关，Tsui 等[78]也进行了同样的研究。Detert 等[66]通过整合已有的文化研究文献，把组织文化分为

8 个维度（表 2-2），目前这个文化结构已被广泛应用于很多研究中。

表 2-2　Detert 等提出的组织文化维度

维度	描述
变革导向（稳定 vs 变革）	组织维持稳定的"足够好"绩效倾向的程度，以及通过变革和创新去做得更好倾向的程度
控制、协调和责任（集权 vs 分权）	在整个组织中，组织决策结构是集中在几个决策责任与决策结构集中在分散的决策责任的程度
合作导向（孤立 vs 合作）	组织鼓励个体间和跨任务合作的程度，或者倡导个人努力会超越团队合作的程度
事实和合理性的基础（大量的数据 vs 个人亲身经验）	组织通过系统科学的调研数据获得事实的程度，或者通过个人亲身经验和直觉来感知事实的程度
激励（外部激励 vs 内部激励）	组织认为外部激励能让个体产生高绩效的程度或者认为内部激励能让个体产生高绩效的程度
工作导向（过程导向 vs 结果导向）	组织中个体认为关注工作结果的程度或者组织中个人认为工作是达成其他目的的一种手段，是一种过程的程度
关注导向（外部关注 vs 内部关注）	组织提升是因关注内部过程提升驱动的程度或者组织提升是受外部利益相关者驱动因素的程度
时间水平线性质（短期导向 vs 长期导向）	组织关注长期或短期的程度

Eric 和 Rangapriya[79]通过因素分析发现，组织文化有 6 个维度，关注顾客、公司公民职责、绩效标准、公司识别，被称为主要文化因素，人力资源实践和组织沟通被称为次要文化因素。刘理晖和张德[74]在研究本土企业的基础上提出以下组织文化结构模型（表 2-3）。

表 2-3　中国企业组织文化结构

对组织利益相关者的价值判断		对管理行为的价值判断	
投资者	长期导向-短期导向	动力特征	创新导向-保守导向
			学习导向-经验导向
顾客	客户导向-自我导向	效率特征	结果导向-过程导向
			竞争导向-合作导向
		秩序特征	领导权威-制度权威
			集体主义-个人主义
员工	员工成长-员工工具导向	和谐特征	关系导向-工作导向
			沟通开放性-封闭性

2）层级结构。Ott[61]将组织文化分为人工制品、行为模式、价值观及基本假设 4 个层级；Rousseau[80]将组织文化细分为人工制品、行为模式、行为规范、价

值观及基本假设 5 个层级；Hofstede[64]则将组织文化分为实用主义和价值观两个层级。Hawkins[10]则用莲花的花、叶、茎和根代表组织文化的 4 个层级，称为组织文化的"水莲图"。其中，"花"代表组织外显的人工制品，如组织政策、服饰外观、口语标志等反映在组织的物理表征和文化活动中，称为组织公开揭示的文化（espoused culture）；"叶"代表组织的行为形态，对组织外的人而言具有可观察性，如成员的所言所行、冲突解决的方式、处理错误的方法、决策及协调沟通等，又如英雄事迹、公司的典礼或利益等，称为组织实际的生活文化（lived culture）；"茎"代表组织的心灵集合（mindest），是无法观察的，为组织文化的内隐部分，包括价值观或意识形态等，通过检验、推理物理环境或行为形态来获知；"根"代表组织的基本假设，包括环境关系、时间、空间、人性及人际活动等基本假设，是不可观察的潜意识层面。Schein 认为组织文化有 3 个层面：人工制品（artefacts）、组织宣称价值观（espoused values）和基本潜在的假设（basic underlying assumptions）。从结构层次来看，刘光明[81]认为，企业文化基本上可分为物质层、制度层、行为层和精神层。其中，企业文化的物质层、制度层和行为层属于企业文化的执行层面内容，具有可观测、易改变等特点；核心价值观是企业长期实践活动的结晶，属于企业文化的精神层，具有隐蔽性、难以变更与不可衡量等特点，它也是企业文化产生刚性的主要原因。

2.2.3　组织文化与行为关系研究

在组织文化与行为关系的研究中涉及反生产行为、组织公民行为、领导行为、团队学习行为、创新行为、知识分享行为、会计行为优化等。

组织文化与组织公民行为。Turnipseed 和 Murkison[82]对美国与罗马尼亚员工的研究发现，社会文化、组织文化及经济条件对员工组织公民行为有着重要影响；Bell 和 Menguc[83]在研究组织文化对员工组织公民行为产生影响时发现，员工所感知到的组织文化形态会影响员工自身的表现；傅永刚和许维维[84]考察不同组织文化类型下组织公民行为的差异，发现不同组织文化类型中组织公民行为存在显著差异，活力型组织文化下组织公民行为表现低于其他 3 种组织文化类型；王亚鹏和李慧[85]以中国普通员工为被试对象，考察了组织文化、组织文化吻合度与员工组织公民行为之间的关系，发现组织文化对社会层面组织公民行为（OCB）的预测作用较强；同时，发现员工所期待的组织文化与感知到的组织文化之间一致的情况，即组织文化吻合度具有组织文化与组织公民行为间关系的调节作用。Mohanty 等[86]以制造业、信息行业和金融行业为调研对象，研究了 3 个主要的组织文化特征对组织公民行为的影响关系，发现 3 个文化特征与组织公民行为之间具有一定的关系。

组织文化与领导行为。Tsui 等[87]的研究结果发现，领导行为在影响组织文化形成和变革时的局限性；Casida 和 Genevieve[88]研究了医院的领导行为和组织文化之间的关系，发现虽然组织文化的发展与领导行为有一定的相关性，但结果却不能说明组织文化是否能影响员工的态度与行为。Fang[89]研究了组织文化、领导行为和员工工作满意度之间的关系，发现组织文化与领导行为和工作满意度呈显著正相关。Mohanty 等[86]研究了组织文化在员工行为与转换型、交易型领导风格间关系的调节作用，发现中等年纪的员工更渴望官僚型文化，而年轻员工更倾向于培育文化。

组织文化与知识分享行为。Davenport 和 Prusak[90]指出，影响组织成员知识分享行为的关键因素往往不是技术，而是人，尤其体现在文化上；De Long 和 Fahey[91]认为，组织文化已成为不同层面的知识间发生关系的媒介，它创造了一个社会性的相互作用，即最终决定组织如何有效地创造、分享和应用知识环境；王思峰和林于荻[92]研究发现，官僚文化虽可有效地储存员工的外显知识，但却无法有效达成内隐知识的分享；曹科岩和戴健林[93]采用实证研究的方法探讨了组织文化与员工知识分享行为之间的关系，通过对华南地区 25 家企业的 315 名员工的调查发现，组织文化的 3 种类型中，官僚型文化对员工知识分享行为具有消极影响，而创新型文化、支持型文化则对员工知识分享行为具有积极影响。

组织文化与团队学习行为、反生产行为、创新行为和会计行为。Gibson 和 Vermeulen[94]研究了组织文化、组织氛围、变革型领导风格等对团队学习行为的影响；李明斐等[95]研究了组织文化对团队学习行为的影响，结果表明组织文化越倾向"灵活性"和"关注外部"，越能促进团队学习行为的产生，而组织的"稳定性"和"关注内部"倾向越强，越不利于团队学习行为的产生。刘文彬和井润田[96]以社会控制理论为基础，从组织伦理气氛的视角探讨组织文化对员工反生产行为的影响作用。朱苏丽和龙立荣[97]构建了组织文化导向、积极情感与创新行为的中介假设模型，其中员工积极情感是中介变量。曹升元和赵周杰[98]组织文化对会计行为的优化起着基础性的作用，它有助于会计行为价值导向的明晰、会计激励与控制机制的完善，以及和谐会计环境的构建。

2.2.4　组织文化测量研究

组织文化是可以定量测量的[99]，且是组织文化研究中的一项重要任务。组织文化的测量主要是通过量表来进行的，对国内外学者针对组织文化测量的研究总结如下。

Cooke 和 Lafferty[100]的组织文化量表（organizational culture inventory，OCI），该量表以"规范性信念"和"共同行为期望"为核心概念，分为 12 个维度，包括人性鼓励、亲密关怀、认同接纳、传统保守、凡事依赖、回避推诿、对立抗衡、权力控制、强调竞争、完美主义、成就导向及自我实现等。Cooke 和 Szumal[101]以组织文化量表（OCI）的 12 个维度为基础，提出价值观层次的三大导向，分别是关心人员/安全文化、满足需求文化，以及关心工作/安全文化三大部分。O'Reilly 等[75]提出的组织文化剖析（organizational culture profile，OCP）量表，分为创新精神、注意细节、成就导向、积极进取、团队导向、尊重人员和稳定性 7 个维度。郑伯埙[102]的组织文化价值观量表认为，组织文化的价值观体现在 9 个维度：科学求真、顾客导向、卓越创新、同甘共苦、团队精神、政治诚信、绩效表现、社会责任、邻里和睦。Cameron 和 Quinn[103]竞争架构的组织文化量表，从组织成员特征、组织领导特征、管理风格、组织凝聚力、策略导向和成功的标准切入，将组织文化分为共识文化、发展文化、理性文化和层级文化 4 类。在测量方法上，国内学者王国顺等[104]基于丹尼森（Denison）模型的改进方法，对企业文化的测量模型进行了改进和实证研究，尹波[105]则从方法论视角提出了基于原始数据和再抽样数据的确定主成分抽取数量的启发式方法来进行测量。

基于组织文化测量的研究，Rousseau[80]将组织文化测度量表的理论基础分为两类：价值观测量和行为规范测量。Ashkanasy 等[106]将组织文化测量量表分为类型量表和维度量表，其中维度量表包括测量与有效性和价值观相关联的价值观的有效性量表、测量组织价值观的描述性量表和测量个体对组织认同程度的契合性量表。

2.3　组织层面的宣称价值观和执行价值观

2.3.1　价值观和组织价值观的内涵研究

价值观（values）是社会心理学领域的一个重要概念。由 Kluckhohn[107]提出的价值观定义在西方心理学界确立了支配地位，认为价值观是一种外显或内隐的，有关什么是"值得的"的看法。之后，有不同学者对其进行了定义，代表的有 Williams[108]认为价值观是判断、偏好和选择的标准，具有认知、情感、导向的特性，同时指出行为的选择来自于特定情形下的动机，而动机部分取决于行为人的信念和价值观；Rokeach[109]把价值观理解为某一特定的行为模式或终极的生存状态，是一种对于个人或生活而言优于相反的行为模式或生存状态；Beggan 和 Allison[110]把价值观定义为关于合理行为标准和偏好的规范性信念；Schwartz[111]认为，价值观是指导一个人生活或社会存在的信念。

自 20 世纪 80 年代以来，组织价值观（organizational values）成为组织文化研究中的重点内容，然而目前关于组织价值观的界定尚未形成一致的看法，主要代表性定义有：Schein[52]认为，组织价值观是组织成员用以判断情境、活动、目的及人物的评估基础；郑伯埙[102]指出，组织成员所共有的且用以引导整个组织内部成员的行为与管理作风的规范性信念，被称为组织价值观；Padaki[112]把组织价值观界定为大多数组织成员对组织的事业及实现方式的共有的信念集合，并且这些信念将转化为他们持续的行为；Kanika 和 Nishtha[113]将组织价值观定义为组织成员共享的信念，这些信念是成员基于组织在运营过程中"应该"认同的方式和目的的考虑；中国学者谭小宏和秦启文[114]认为，组织价值观是指"组织成员所共有的基本信念，这些信念反映出组织对其认为最有价值的目标的追求，它是组织成员的行为准则与规范"。

2.3.2　宣称价值观和执行价值观

（1）宣称价值观与执行价值观来源与内涵

Zhang 等[115]指出，"很多组织已经花费了大量的时间、金钱和努力去构建组织价值观体系，因为它对于雇员的承诺和行为而言，意味着一个标杆"，可见管理学家、社会科学家已经意识到组织行为中价值观承担的重要角色。但关键是，价值观如果没有唤醒（执行）机制（enactment mechanisms）是无法转换为行为的，即在有利情境的缺失下，组织建立的价值观体系和员工真实的行为之间相关性不大，价值观无法预测相关的组织行为[116]。

于是，Argyris 和 Schon[8]提出，用企业宣称价值观和企业执行价值观的概念来解释企业所要求员工的行为与员工实际行为存在差异的原因。其中，对外和对内宣称的价值观是企业的宣称价值观（espoused values），反映在企业员工实际行为中的价值观被称为执行价值观（enacted values）。随后，有少数学者分别在国家层面和组织层面进行了宣称价值观和执行价值观的探析，但主要以组织层面为主。例如，在国家层面，Srite 和 Karahanna[117]从国家文化的视角提出宣称价值观是个体接受国家文化的程度。在组织层面，Schein[52]认为组织宣称价值观是组织成员所共享的规范性信念；执行价值观是真正转换成员工行为的价值观和规范，这一概念被 Kinicki 和 Kreitner[118]引用；Senge 等[119]提出组织员工自称信仰的价值观是宣称价值观，而组织员工实际行动的反映则是执行价值观；也有学者把执行价值观（enacted values）表达为实践价值观（practical value），Kanika 和 Nishtha[113]认为，宣称价值观是管理层在公共场合表达的代表组织态度的价值观（如公司年终报告中宣扬的价值观），实践价值观指公开声称的但已经被执行的价值观，是组织成员宣称价值观的执行结果。

（2）宣称价值观、执行价值观、员工行为与组织产出

在宣称价值观和员工行为、组织产出相关的研究中，Sutton 和 Callahan[120]提

出宣称价值观是组织中的关键角色，能提升组织的声誉；Siehl 和 Martin[121]认为，组织宣称价值观在和组织文化环境相一致的情况下，能提升组织的外部适应性和外部合理性；Borucki 和 Burke[122]认为，社会和组织宣称价值观会形成具体的人力资源实践，这些实践反过来会影响员工对工作环境的感知和员工的行为；Schuh 和 Miller[123]指出，组织的实践会受到宣称价值观的影响；Zhang 等[115]认为，拥有积极组织宣称价值观的企业能显著减少企业中的反生产行为；O'Neal[124]认为，简单地倡导并且和组织成员简单地传达宣称价值观并不能让成员进行行为改变，也不能进一步影响绩效，价值观只有通过组织成员在有利的环境下去执行才能产生对组织绩效的改观。需要指出的是，O'Neal[124]还强调管理者和雇员间的互动、同事之间的互动都会影响到成员如何感知他们所处的工作环境，以及他们是否信仰组织宣称价值观。

相比宣称价值观，涉及执行价值观和员工行为、组织产出的研究极少，只有Posner 等[125]指出，组织执行价值观对于组织成员有着很深刻的影响，在一定程度上它能很清晰地被所有组织成员所理解和共享，并且被组织领导所支持，因此执行价值观对于组织具有战略性的重要影响。此外，目前还有少量文献围绕价值观的执行（values enactment）与组织公民行为、员工离职倾向和组织绩效关系进行研究。其中，Organ 等[126]认为，组织公民行为是价值观得以执行的关键要素，只有这样才有利于提升绩效；O'Neal[124]研究发现，商店雇员感到的管理者对价值观的执行程度和商店绩效之间没有联系，但商店管理者对公司价值观执行的感知和员工离职倾向存在负相关，员工感知价值观的执行程度与组织目标的达成有一定的关系。O'Neal[124]同时指出，部门领导影响了个人和团队成员对于宣称价值观的感知和执行，那些对组织宣称价值观感知并执行的员工其实已经对公司建立了一定程度的认同。

（3）宣称价值观与执行价值观的契合关系研究

组织宣称价值观在一定程度上可以转变为组织执行价值观，但是相关研究非常零散[124]，McDonald 和 Gandz[127]曾指出，组织宣称价值观和组织执行价值观之间肯定有一定的关系存在，近些年价值观一致性（congruence）逐渐成为研究焦点，并且提供了会影响个体和群体积极行为的研究支持[115]。

Howell 等[9]提出，当企业宣称的价值观和员工反映在日常工作中行为的价值观一致时，称为宣称价值观和执行价值观的一致性，围绕雇员自身价值观和他们感知的组织宣称与执行价值观一致性的研究，证明二者的一致性对个体和组织都有积极影响，能加强组织文化、促进群体合作。反之，Kwantes 等[128]认为，宣称价值观和执行价值观之间的不一致使得理解组织潜在的文化体系变得复杂，特别是如果一线员工和组织管理者的价值观不一致时，会形成组织的"执行"文化，这种不一致会带来价值观的不和谐。

Kujula 和 Ahola[129]认为，如果组织宣称自身价值观和组织表现的价值观存在差异时，组织有时会自觉跟随表现价值观而非宣称价值观。

Schuh 和 Miller[123]通过对布什、克林顿和小布什的演讲，以及机构使命内容进行分析，对执行程序进行分析和对中层管理者的调查发现，3 人的演讲中拥有相同的宣称价值观（道德、绩效和支持），但在执行程序中只有承诺是一致的；中层管理者感知到最重要的价值观（如权力、回报和支持）和总统的价值观不同，这些差异说明中层管理者价值观关注的是政策执行，而总统的价值观关注的仅仅是与政治相关的内容。

Kanika 和 Nishtha[113]调研了组织宣称和执行价值观、使命和社会责任，同时也评估了员工对于组织核心价值观、使命和社会责任的了解程度。研究显示，组织的宣称价值观和执行价值观存在较少的差异，就算公司每年的年度报告中一直强调某些宣称价值观，但员工的实际行为中却没有表现得很一致。

O'Neal[124]的研究发现，管理者和雇员对于宣称价值观的理解存在一定的偏差，这种偏差会引起监管人员的价值冲突，且连锁业组织中不同利益相关者对组织宣称价值观的理解都存在一定的差异，从侧面说明了宣称价值观和执行价值观存在不一致性。

Howell 等[9]检验了雇员感知到的宣称价值观和执行价值观之间的契合性及其与组织感知承诺之间的关系。通过调研澳大利亚组织中 343 个雇员发现，当宣称价值观和执行价值观一致时，组织感知承诺就越高。

（4）宣称价值观和执行价值观的测量

Kanika 和 Nishtha[113]针对宣称价值观的测量主要采用访谈的方式，从员工感知到的组织核心价值观，以及对组织愿景的理解视角进行测量；执行价值观也采用访谈的方式，只是将员工衡量组织中成功人士的特征作为执行价值观的替代。

O'Neal[124]选取组织执行价值观作为自变量，采用人类学的定量研究方法，分别选取一定数量的雇员和管理者进行民意调查，问卷共有 22 道题，雇员对于问卷的调查结果作为"价值观执行性"的自变量。

Howell 等[9]引用 Finegan's（2000 年）的价值观体系，作为组织宣称价值观和执行价值观的测量基础，分别从宣称的人性、宣称的规则坚持、宣称的底线、宣称的愿景，以及执行的人性、执行的规则坚持、执行的底线和执行的愿景进行分析。该价值观分类系统分为 4 个维度：人性（礼貌、合作、尊敬、公平、宽恕、道德完善）、规则坚持（顺从、谨慎、礼节）、底线（逻辑还是威力？理财、经验、勤勉）、愿景（发展、主动性、创新性、开放性）。其中，宣称价值观测量的是"员工感知到组织平时宣讲的价值观是什么"（如愿景、价值观、口号或者是文件中显示的能体现价值观的内容），执行价值观测量的是员工日常工作经验中认为对组织重要的价值观，二者都是从企业员工的视角进行评价的。

2.4 "潜规则"相关研究现状

2.4.1 "潜规则"与"企业潜规则"内涵研究

（1）潜规则内涵研究

自学者吴思[5]在其《潜规则：中国历史中的真实游戏》中正式界定中国文化背景下的"潜规则"内涵以来，十多年间有关"潜规则"的研究在管理学、社会学和经济学等领域逐步兴起，与"潜规则"内涵相关的研究如下所述。

在社会学和管理学领域，主要是从社会规则的非正式性视角分析潜规则的内涵。代表的学者及其主要观点有：吴思[5]认为"潜规则"是隐藏在正式规则之下，却是人们私下认同的实际支配着社会运行的不成文的规矩；是人们实际行动中所遵循的，因社会行为体互动而自发产生的规矩。朱力[130]区分了社会生活中的两种规范，第一种规范是指公开的、成文的、正当的社会规范；第二种规范是指现实生活中，在部分人中流行着的、隐蔽的、不成文的、不正当的一种心理默契与行为规则，即潜规则。随后，吕小康[4]从界定潜规则是否察觉与是否正当这两个维度出发，认为潜规则是指未被觉察或（在已被觉察的规则中）不具备形式正当性，即没有通过广受认可的方式（程序）明确宣布自身的规则。汪新建和吕小康[131]把潜规则的内涵概括为"未被察觉或不具备正当性的规则，它同时还指不按明文规则或违背公认的行为或行为倾向，其后果是造成社会多元规则的并存与名实分离的出现"。马洁[132]将"潜规则"归结为"首先，这是一种非正式、不成文的规则，针对正式的法律制度、道德伦理而言，它与之相悖；其次，这是一种相对稳定、传播广泛的规则，并且在一定条件下，与正式规则相比，它能给当事人双方带来更大的利益"。高勇军[133]指出，"潜规则"是"人类在社会实践活动中自发形成的、不成文的、非正式的，但是群体或者组织中广大成员都愿意承认和遵照的，以及不需要外界权威和组织干预的行为规范和行为方式。它可以说是人们内部相传的价值观念、道德伦理、习俗惯例等，也可以说是人们在利益交互作用中形成的共识和默契"。

在经济学领域，有学者提出潜规则属于非正式制度的范畴。梁碧波[134]从新制度经济学的视角指出，非正式制度，即潜规则，是人们在长期交往中形成价值观念、道德观念、伦理规范、风俗习惯、意识形态等各方面的总和；罗昌瀚[135]提出，潜规则实际上是利益主体经过长期博弈形成的稳定的内部制度，在很大程度上是基于非常现实的利害计算，并且和正式的显规则之间有着对立和斗争的关系；方旺贵[136]在分析制度环境和潜规则关系的基础上认为，"潜规则是对内生博弈规则的另一种说法，是对正式规则的偏离"；王涛[137]认为，中国特有现象的潜规则应该属于内在制度的范畴，而且应该属于非正式内在制度的范畴，是非正式内在制度中另类的、灰色的规则。潜规则是一种非正式制度，它对正式制度是一种或明或暗的违反和破坏。

（2）企业潜规则内涵研究

企业管理中存在某些制度与规则，虽无明文规定，但在企业管理活动中真真实实地发挥作用并影响员工的行为与绩效，这些制度与规则可以称为"企业潜规则"[133]。有关"企业潜规则"的内涵，中国学者作了如下研究：邹统舒[138]认为，企业独具特色的人生观、价值观和世界观，即"企业潜规则"，是组织代代相传的、持久的企业氛围、商业惯例、心智模式和道德理念等。

吴思[139]提出，企业中的非正式规则表现，即"企业潜规则"。

王德应和张仁华[140]认为，潜规则是管理实践活动中一种客观存在，如同一柄双刃剑，对管理活动的作用和影响具有双面性；还有为了强化组织制度管理，改善组织正式制度和非正式制度管理的效率和效果，促进规范管理学与实证管理学的统一与融合，有必要对管理学研究领域向制度研究领域进行合理拓展。

罗明忠[141]研究了人力资源管理中的潜规则，指出"企业潜规则"的概念与国内外制度经济学中的非正式制度概念是一致的，并认为人力资源管理中的潜规则是作为"显规则"相对应的一个概念，同时也是管理过程中一种普遍、客观存在的事实。

胡瑞仲[142]认为，企业管理潜规则是指企业管理活动中自发形成的、为企业员工所遵循的、不需要外界权威和组织干预的行为和规范，包括价值观、文化传统、道德伦理和意识形态等。

高勇军[133]从组织行为学的视角，把"企业潜规则"理解为"企业中个体与个体及个体与群体之间行为交互作用所形成的一种持久性特征，而且这种特征为组织成员所知觉，并潜在影响着员工的心理态度和行为"。

2.4.2 "企业潜规则"结构研究

吴思[5]虽然是最早提出潜规则概念的学者，但他并没有进一步论述潜规则的结构维度。随后，有罗明忠[141]、胡瑞仲[142]、罗昌瀚[135]和高勇军[133]学者从管理学视角对"企业潜规则"的结构进行了研究，具体如下所述。

学者罗明忠[141]从人力资源管理的运行机制及其存在模式出发，对企业潜规则维度进行了探讨，将其划分为制度性、价值性和心理性 3 个主要维度。胡瑞仲[142]从管理学视角并结合中国管理实际状况对企业潜规则的结构进行了探讨，研究指出，管理潜规则由 3 个维度构成，分别为"企业内部表现"（指企业对于员工的关注方面）、"企业外部表现"（描述企业在经营管理过程中处理和外部社会之间关系的一些表现）和"管理决策"（描述企业潜规则在企业制定管理决策时的表现特征）。罗昌瀚[135]试图对吴思先生的"潜规则思想"进行模块化，根据潜规则作用领域的不同，将其分为征收税赋、选拔和裁决机制与政府服务功能 3 个部分，并利用博弈论的方法具体分析了征税领域潜规则的作用和影响。高勇军[133]通过研究获得了中国文化背景下企业潜规则六维度的结构模型，分别为管理规范维度、授权维度、员工价值维度、经营价值取向维度、心理契约维度和管理决策维度，这 6 个维度之间既彼此区别又彼此关联，是组织成员对组织制度和氛围的感知和评价。

2.4.3 "潜规则"与制度、文化和组织行为关系的研究

（1）"潜规则"与制度关系的研究

柯武刚和史漫飞[143]指出，非正式制度是在社会生产活动中依靠人类的长期经验而自发形成的价值观念、行为规范或者道德传统，并且被群体共同遵循，也就是人们常说的组织"内部制度"，同时也称为"潜规则"，即"潜规则"可以等同于企业的非正式制度。

方旺贵[136]从制度环境角度分析了潜规则出现的原因，认为正式制度的失效是潜规则产生的根本原因，并进一步采用博弈论的方法进行了论证说明。

章群[144]从"民工荒"的视角研究了工资集体谈判的潜规则，以及如何从制度层面进行应对，发现我国工资集体谈判制度没有充分发挥其应有的作用，并被一些潜在的未被制度所承认的社会规范所替代，即工资集体谈判制度被潜规则化了。他提出，解决问题的出路在于制定制度时随时保持对潜规则化的警惕，保持制度的旺盛生命力；在制度设计时应考虑经济效益而非单纯的道德效益和理想状态；在制度条文中把握准确的法律语言；等等。

王涛[137]从新制度经济学的视角展开对潜规则的分析，利用新制度经济学的相关理论界定潜规则的内涵，分析其产生原因，并提出在对传统文化进行批判继承的基础上，良好制度的构建也将是遏制潜规则的必由之路。

吕小康[4]剖析了潜规则与正式制度之间的关系，指出中国的现代化过程并非是内生的，而是外启的，现在许多的正式制度并非生自本土，而是源于西方并凭借国家权力于短期（相对于既有的生活传统）之内被宣称为正式制度。而许多惯例性质的行为之所以被称为潜规则，是因为在形式上终于出现了正式制度，从而使得那些曾经的规矩"沦为"了潜规则。

　　李宁和张蕊[145]认为，潜规则在我国经济改革和制度转轨方面起着重要作用，基于演化博弈论分析框架，分析了潜规则对会计准则演化博弈的影响，认为初始条件和当前状态对会计准则的产生和演化有着重要作用。

　　张德荣和杨慧[146]认为，"潜规则"就是制度，并基于交易成本的分析框架探讨了影响制度变迁的动力和阻力，强调制度的内生性，提出了中国传统社会资源约束、制约制度变迁的假说，并以此来解释中国传统社会流行的潜规则现象。

　　（2）"潜规则"与文化关系研究

　　依照默顿[147]"发现某些社会结构是怎样对社会中的某些人产生明确的压力，使其产生非遵从行为而不是遵从行为"的观点可以得出，员工产生非遵从行为的背后是潜规则的作用；而从社会根源和文化根源研究社会失范和社会越轨行为产生的原因可以看出，文化价值是社会失范的诱因。因此，文化经常被作为"潜规则"或"企业潜规则"产生的原因进行研究，如潘雪江[148]、郑奕[149]的研究中都不约而同地提到了潜规则盛行的文化因素，主要归结为儒家文化中重道德人情轻法制、重人情轻制度的思想主张，以及所谓的农耕文明带来的"忍气吞声"、"欺善怕恶"民族劣根性等。

　　此外，王涛[137]认为，潜规则本质上是一种制度机会主义，而中国传统文化的价值取向是催生制度机会主义的文化温床，需要从继承传统文化中的优秀成分和创新传统文化来实现对潜规则的遏制；吕小康[4]认为，潜规则的盛行在中国是一个特殊的文化现象，在中国社会中存在文化目标与制度规范两者并非完全契合的情况，从而导致了利益导向的潜规则的普遍出现。一些社会过分强调了文化目标，但并没有对实现这些目标的制度化程序进行同等的强调，以至于许多个体的行为仅仅因为考虑技术上的便利才受到限制；高勇军[133]认为，企业潜规则与企业文化的核心内涵是密切相关的，不同的思想文化凝结不同的价值观念，形成不同的员工个体行为。企业员工通过企业潜规则的感知和认可研究，对组织建立员工组织认同、组织承诺和文化认同具有重要的参考价值，可以帮助组织改善组织制度文化和行为文化，同时提高员工企业文化认同感、组织归属感；李桂秋[150]从中西方文化比较视域下的视角研究我国官场潜规则，认为文化差异是根本，以及我国的传统文化为官场潜规则的存在提供了土壤，传统文化中的负面因素却是潜规则的根源所在，提出文化的再塑、制度的建设等是从根本上治理官场潜规则的重要举措。

2.4.4　"企业潜规则"与组织行为关系的研究

　　国内关于潜规则与员工行为之间关系的研究甚少，相关研究如下。

周一纯[151]将心理契约视为一种潜规则，认为它对员工工作积极性、主动性、忠诚度的影响和对员工约束力度都相当大。

刘南[152]探讨了中国传统文化的潜规则对中国企业管理行为的影响。

沈伊默和袁登华[153]的研究认为，一些负面的潜规则破坏了组织公平竞争的环境，包括公平晋升和人际和谐交往的环境，从而使得员工与组织间的这种社会交换关系的心理契约遭到破坏，进而对员工工作态度和行为都会产生重大的负面影响，如降低员工的组织承诺、组织公民行为、工作满意度、留职意愿等。

胡瑞仲[142]从社会学、组织行为学、管理学角度对企业管理活动中起作用并影响个体或群体的行为和态度的"企业潜规则"进行了探讨，界定了管理潜规则的概念，同时结合中国管理的实际状况构建了"企业内部表现"、"管理决策"、"企业外部表现"3个维度的管理潜规则测试量表，进一步对管理潜规则的存在和其对员工行为的影响进行了实证研究，发现在不同企业特征变量下，企业管理潜规则各维度与员工行为特征、员工工作绩效间的关系都是存在正相关关系的。

高勇军[133]认为，企业潜规则使得员工对工作产生厌倦，最终降低工作效率和工作绩效，通过对企业潜规则的维度构建和其与工作倦怠的关系研究，得出中国文化背景下的企业潜规则六维度结构模型，分别为管理规范维度、授权维度、员工价值维度、经营价值取向维度、心理契约维度和管理决策维度，同时得出企业潜规则与工作倦怠存在一定的关系。

2.5　制度、文化、价值观和潜规则研究的评析

2.5.1　制度相关研究评述

通过对制度的来源及不同代表制度学派的研究发现，相关成果多是从国家、政府层面来研究制度的本质，制度的内涵，制度的生成、变迁和作用等问题的，从各制度学派的发展脉络可以看出，传统习惯和行为等因素逐渐成为制度研究的焦点。国内学者对制度内涵的理解大多沿袭了国外学者的核心观点。但是，完整的理解制度必须包括非正式的、隐含的和内在化的权利，以及政府强制和法律规定的人们之间的正式关系。正如North对制度的正式层面和非正式层面的理解："正式规则（宪法、成文法、普通法、条例等）、非正式制度（行为规范、约定、内心的行为规则），以及每项的实施特征。"虽然制度经济学已经关注道德规范、传统习惯等非正式制度的调节作用，但理论的落脚点仍然忽视了制度本身的结构和其他社会性功能，需要如社会学、心理学等学科的补充。本书则认为，制度是某一特定社会经济系统内调整和控制人们行为的一系列"规则"，通过这些规则的运行，会促进系统内形成宏观可察的行为模式。

在从行为视角进行的制度有效性研究中，国内学者进行的系统性研究成果较少，且现有文献对制度效用、制度与行为关系的研究多以理论分析为主，仅仅给出"制度对行为有约束作用"的结论。在制度相关的理论外延上虽有提及文化的作用，但未触及文化的各个层次所形成的特定制度情境。此外，针对煤矿企业安全管理制度效用机制等诸如此类的兼顾中国文化背景和行业背景下的融合性和系统性研究尚比较缺乏。

2.5.2 组织文化相关研究评述

（1）文化内涵和结构研究评述

从人类学、社会学、管理学和心理学视角对文化内涵的研究可以发现，文化的内涵有广义和狭义之分。文化的广义内涵囊括了人类活动的一切痕迹；狭义的文化则是指影响人类行为的信仰、价值观等精神形态。对比中国和西方对"文化"内涵的理解可以看出，中国传统中的"文化"（如文治教化）已经体现了一定的精神和人文内涵，而西方的"文化"内涵是从人类的物质生产实践层面逐渐过渡发展到包含精神生产活动层面在内的多重内涵。

从文化层次和结构的研究中可以发现，随着文化层级的增加，文化的内涵构成得到越来越细致的划分。从 Hofsted[64]的文化二层次结构与顾冠华和沈广斌[55]的文化五层次结构发现，二者物质文化的内容一致，前者的制度文化内容包括了后者的社会制度文化、知识文化和行为文化层，前者的心理文化就是后者讲到的精神观念文化层。近几年，Tony[56]基于中国文化背景进行的阴阳文化研究充分体现了由中国传统文化传承下来的文化形态，研究从文化的具象视角构建了阴阳文化的中国人行为表现类型，体现了文化的物质形态。

可见，随着对文化内涵的不断挖掘，对文化核心层的理解都倾向于行为背后的抽象价值观、信仰和世界观，即文化不是可见的行为，而是人们用以解释经验和导致行为，并为行为所反映的价值观和信仰。在中国本土文化最近的研究中，相关的研究都是把价值观作为一个独立形态纳入到文化内涵中，虽然 Chen[154]认为"阴阳"体现了中国文化中悖论（矛盾）是对立统一的观点，Tony[56]认为当代中国所体现出的"阴阳"文化特征说明了文化本质上存在相互矛盾的价值观导向，然而相关研究并未触及价值观体系内部的矛盾，以及引发矛盾的深层次结构原因，自然也未考虑到基于该体系内不同价值观类型主导下的各类组织文化表现形式和存在形态。

（2）组织文化内涵与结构研究评述

关于"组织文化到底是什么"的内涵研究较多，选取了从 20 世纪 80 年代到目前为止这一时间，罗列了国内外学者对于组织文化内涵理解的代表性观点。综观并仔细分析其内涵发现，无论是国内还是国外学者，都是从组织文化的"两类视角——组织视角和员工视角"进行研究的。组织视角的内涵研究强调了组织文化是适应外部环境的、组织认同的，并能体现高层组织利益相关者要求的价值观、行为准则等，反映的是组织或代表组织高层管理者的意志要求，并通过一系列制度等强制性或激励性措施，最终内化为员工实际遵循的价值观和行为准则，折射了组织文化传递中员工意志在一定程度上的被动性；而员工视角则意味着只有组织成员共享、共同认同并且其行为表现出来的价值观、行为准则等才能称为组织文化，这些价值观、行为准则等之所以能在组织演变过程中得以存留，可以归因于它们能引导员工彼此互动，以及和组织外部利益相关者的互动能有效达成组织目标，反映出代表员工价值观等的主动适应和主动支配性地位。只有 Robbins 和 Coulter[69]综合两个视角认为，文化是组织或组织单位中雇员共享的价值观、信仰或者是知觉等，但该研究却未能体现两类视角的"糅合性"。有趣的是，国外研究者提出的组织文化内涵在第一类和第二类研究中都有体现，而国内学者的内涵研究则倾向于第一类，这一点可能和中国的传统文化特征相关。中国企业中组织文化倡导的是组织对于成员的要求，可能会忽略员工真正的需求而引发员工面临情境冲突，导致员工行为与组织实际要求的不一致，因此有必要研究本土文化情境下组织和员工融合视角的组织文化内涵。

对于"组织文化到底由什么构成"的结构性研究已不再是领域内的新鲜话题，大多数学者认可的组织文化层次是物质文化或表层文化、制度文化、行为文化、精神文化或者核心价值观 4 个层面[81]。其中，精神文化是企业共有的理念和核心价值观，是企业最深层、最核心、最主要的文化。然而，目前的相关研究注重的是 4 个层次间的推进性关系研究，所谓推进性关系是指 4 个层次上下级之间的因果递进关系，如体现精神文化的是制度文化层、物质文化层等，虽然实践中企业识别系统包含了 4 个层次的推进性实践设计并能外显组织文化，但对于各个层次的构成，以及各个层次间的矛盾性及其与整体组织文化目标的冲突性等问题并没有引起重视，构成、矛盾及冲突或许是引起组织文化未能有效执行的因素。

（3）组织文化的测量及其与行为关系研究评述

组织文化测量的相关研究方法发现，其主要存在两种途径：一是重点测量组织文化的主要维度；二是依据组织文化维度对组织文化的类型分类之后进行测量。然而，不管是哪种测量途径，测量组织文化的关键在于确定与研究内容相关的组织文化的特质，针对组织文化的某种或某些特质进行测量。例如，郑伯埙[102]指出，除了少数采用行为规范作为组织文化的度量外，其他绝大多数学者都是以组织价值观作为研究的焦点。可见，组织价值观结构和问卷构成是否合理是决定组织文化测量有效性的关键因素。

因为组织文化折射了组织成员共有的价值观、信仰和行为准则，在不同的情境下它对员工的态度和行为有着不同的影响[155]。然而，现有的组织文化与行为关系研究的文献多关注的是个体在不同情境下（不同组织文化类型、某类冲突情境等）的个体行为表现特征等，忽略了群体间的互动等情境对个体行为选择的影响作用，虽然有一定的文献关注组织文化对如团队学习行为等群体行为的影响，但相关研究仍然没有把焦点放在组织文化冲突情境，以及群体中个体间互动规则对个体行为选择的影响作用上。

2.5.3　组织层面的宣称价值观和执行价值观研究评述

在价值观和组织价值观的内涵研究中，组织价值观的概念内涵多是从价值观的定义在"组织"这一情境下衍生而来的。研究组织价值观就是从价值观角度研究组织文化[156]，然而组织实体中存在组织与员工两类价值取向，那么组织价值观的界定就要解决以谁为主或者是如何平衡两类取向的问题。相关研究显示，众多学者对于组织价值观的界定是基于员工自身视角的考虑，强调必须是组织成员共有的并真实执行的才是组织的价值观。但仔细回味却发现只有符合组织目标，并且被组织认为是有意义的，且同时又被组织成员所认同的价值观，才是组织价值观。正如 2010 年 Kanika 和 Nishtha 研究中所指出的，组织成员共享的信念必须是体现组织认同的才可称为组织价值观，反映了员工和组织两类价值观存在的"契合"状态。众多研究强调，如评判标准、社会信念、规范性信念，以及行为准则或规范等这一价值观的存在形态是价值观和组织价值观内涵的反映，虽有基于中国文化背景的价值观调查研究[157]，但在研究脉络上没有深入中国文化的内部现状，即从员工或组织对于人、利益、关系的价值观反映这一视角去研究，对于"员工视角和组织视角的价值观内容体系究竟是什么"并没有被系统提及。需要提出的是，组织价值观的测量是组织文化测量的重要理论依据，因此研究组织价值观的系统构成是测量组织文化的主要方式，如果组织价值观的结构没有被系统研究，那么组织文化的内涵和测量就无法立足。因此，现有的组织文化内涵及结构仅仅是基于价值观独立存在形态的，缺少基于员工和组织价值观结构体系及两类体系存在状态的组织文化内涵研究。

针对组织宣称价值观和执行价值观的内涵、契合关系、测量，以及与二者相关的员工行为、组织产出关系的研究较少，综合文献分析发现：①组织宣称价值观和执行价值观内涵概括起来共有 3 个关键词，分别是组织对内对外宣称、组织成员的真实信仰、组织成员的实际行为准则。其中，组织宣称价值观的内涵有两类观点，一是组织对内对外宣称的价值观，二是组织成员的真实信仰，在后续研究中大多采用第一类观点；执行价值观同样存在两类观点，一是组织成员的真实信仰及实际行为准则，二是员工对于宣称价值观的遵守程度。本书认为 Argyris 和 Schon[8]的定义恰好反映了从组织要求和员工自身信念视角的组织价值观，具有一定的合理性，可以作为研究的理论基础。②现有两类价值观与行为、组织产出关系研究的文献主要集中于宣称价值观作为自变量对员工行为和组织产出的影响，虽有研究从群体互动的视角剖析个体对宣称价值观的感知，但仅限于思辨，缺乏实证，虽有学者提出"有利环境"，但未能明确指明有利环境的内涵和内容构成，忽略了不利环境中两类价值观的表现形态；相对于宣称价值观，执行价值观的研究正如 Siehl 和 Martin[121]所指出的，以往的研究"关注组织宣称的价值观而非员工的执行价值观"，且相关研究局限于其与个体行为的关系，忽略了群体间的互动等情境对个体行为选择的影响作用。③有关宣称价值观和执行价值观关系的研究，即契合性研究提出了二者的一致性，但大都是围绕二者在企业存在形态、差异，以及二者一致性对群体合作、组织承诺等关系进行的，且研究数量很少，特别是结果变量内容选取上较为单一，未能从博弈的视角研究二者在契合情境下的员工行为选择路径等问题。此外，组织宣称价值观和执行价值观是否一致代表了组织文化中价值观内部构成的"分离"现象，或"分离"现象被忽略，即组织文化内部一致性应该是组织文化的重要研究视角，因此需要围绕组织中文化的二分现象进行组织文化内涵的再研究。④在宣称价值观和执行价值观测量的研究中，宣称价值观的测量多是从员工感知组织核心价值观的视角进行测量，执行价值观测量的研究较为缺乏，只有少量围绕员工日常工作经验中认为对组织重要的价值观进行的研究。可以看出，二者测量视角和内容与 Argyris 和 Schon[8]提出的二者内涵存在偏差，忽略了组织制度、政策等体现出的组织宣称价值观，以及以员工自身价值观测量为代表的执行价值观，特别是量表的构成没有从中国本土文化的视角出发构建适合于中国本土的测量量表。

2.5.4　"潜规则"相关研究评述

"潜规则"是社会媒体领域中经常讨论的中国特殊文化现象，虽有学者认为中国的潜规则和西方经济学中的非正式制度或非正式规则内涵较为一致，但其实二者具有本质上的区别。中国式的潜规则更多地展现了社会的"阴暗面"，国内学者的观点主要从潜规则的隐蔽性、不正当性、约束性等角度予以概念的界定，强调的是与正式制度或正式规则的对立性，而非正式制度或非正式规则强调的是与正式制度的互补性。对于"企业潜规则"而言，国内学者更多的是持中立态度，相关研究中显示企业潜规则是组织管理进程中自发形成的、非正式的管理规则，反映了组织各层次中相互传递的管理价值观、思维方式和行为规范等。

对于潜规则作为中国特殊文化现象的存在原因，国内学者较多地选择了制度和文化两个视角进行剖析，认为中国的正式制度是外启而非内生，意味着产生与正式制度对抗的"潜规则"源自于正式制度约束与价值观等文化目标的背离，无论是在国家层面还是在企业层面。正如吕小康[4]指出的，文化目标与制度规范两者之间并非具有完全契合的情况，从而导致了利益导向的潜规则的普遍出现。同时，又有学者提出，通过文化的再塑、制度的建设等才是从根本上治理潜规则的重要举措。在企业层面，研究者通过研究企业潜规则的结构及其与组织行为的关系，探讨如何减少企业潜规则对员工行为的负面影响。然而，相关研究更多的是思辨式而非实证式，针对潜规则产生的文化和制度深层次原因挖掘得不够，虽然默顿[147]从社会失范的视角提出了文化价值是员工非遵从行为的诱因，从侧面说明了文化价值是潜规则产生的诱因，但未见及从组织文化、组织价值观的视角探讨潜规则的产生，以及相互作用的实证性研究。

3 名义与隐真文化：组织文化二元结构理论构建

自 Pondy 和 Mitroff 提出文化的组织研究模式后，组织文化一直被认为是企业进行内部过程整合和外部环境适应的主要方式，其对组织、团队或个人产出均有重要影响。理论上，组织文化是组织成员共享的价值观，以及组织成员共有的行为规范，其影响组织成员的态度和行为。正如 Stewart 指出的，组织规范和价值观对组织中所有成员都会产生很强的影响。然而，组织文化实际建设中却出现各式各样的问题，如中国企业中的"潜规则"现象。"潜规则"是中国特殊的文化现象，因其在 2001 年被吴思首次赋予"与组织倡导的正义观念的疏远和背离"和"对主流意识形态或正式制度所维护的群体利益的侵犯"等意义，便在社会学、新闻学等领域以先入为主的姿态被约定俗称为某些不光彩现象的专用名词。"潜规则"同时也是管理实践活动中的一种客观存在，是企业中员工实际行为与组织倡导理念相背离的代表性现象，其会导致组织文化建设中理论与实践的脱节。参考第 1 章提出的研究遵循的逻辑思路可见，如果从制度自身结构来分析制度对行为的作用，势必要考虑制度自身的影响因素，既然组织制度是组织文化的成分之一，那么组织文化的内涵、存在形态等都会影响到制度自身结构特征，因此在研究制度对行为的作用之前需要深入剖析组织文化内涵、存在形态等相关内容。

由于本书在第 1 章提出组织文化内部结构可能存在"名义-隐真"文化错位形态，可推论出现有组织文化理论或许存在值得完善之处。因此，本章拟从组织文化未能有效执行的现实问题出发，先从文献研究中提炼现有组织文化建设普遍存在的实践问题，在分类归纳的基础上进行问题的深层次原因分析，结合现有组织文化内涵研究提出的"宣称价值观"（espoused values）和"执行价值观"（enacted values）两类观点，以组织文化内部结构的横向错位和纵向错位为切入点，深入剖析组织文化内部结构特征，创新性地提出基于"名义-隐真"文化情境的组织文化二元论观点，以作后续理论与实证研究的最基础理论。

3.1 组织文化的理论与实践

3.1.1 组织文化执行面临的挑战

为力求研究严谨性、直观性、现实性和易懂性，以 2010～2013 年为调研时间段，围绕"组织文化执行面临的挑战"和"应用组织文化所解决的现实问题"主题，分别选取以实践研究和理论研究为主的代表性刊物和信息网站进行归纳分析。以实践研究为主的刊物和信息网站调研主要为提炼组织文化执行面临的挑战词条，而以理论研究为主的刊物和信息网站调研为剥离现有解决组织文化执行问题的研究存在哪些视角，以分析理论研究与实践所需之间存在的差异，进而指出现有理论研究中存在的问题。

以实践研究为主的刊物和信息网站主要选取 *Harvard Business Review*、《中外企业文化》、国研网等 6 个信息源，以理论研究为主的刊物和信息网站主要来自于 *Academy of Management Journal*、*Academy of Management Review*、*Strategic Management Journal*、中国国家自然科学基金委员会指定期刊（如《管理世界》《南开管理评论》等）、ProQuest 硕博士论文和中国知网博硕士论文。在所选信息源中，通过主题筛选，共搜集到 587 篇代表性文章。其中，理论研究类为 325 篇，占据总文章数的 55.37%；实践类研究为 262 篇，占总文章数的 44.63%。

（1）实践问题

通过对该时间段内刊出文献的检索和信息查询，在论及组织文化执行存在的问题时，主要聚焦于 13 类词条（表 3-1），如"组织文化建设只做表面文章，执行不力""组织制度与组织理念之间存在矛盾""组织文化建设中'以人为本'的观念淡漠"等。仔细分析组织文化执行中所面临的 13 类挑战可以看出，这 13 类词条所描述的现象只是组织文化建设中的表层问题。为便于分析理论研究指向与实践问题的对接，这里将实践问题提炼出的 13 类词条顺序用 P（N）来表示，将理论研究指向性研究内容的提炼用 T（N）来表示。值得注意的是，搜集的是 2010～2014 年的文献，2010 年存在的如"员工对组织文化缺少认同感"等现象在 2014 年的实践问题类文章中依然存在，说明组织文化执行所面临挑战的顽固性、长期性和困难性。

表 3-1　组织文化理论与实践的融合与差异

期刊来源	实践问题的提炼	理论研究指向和问题解决视角	理论与实践问题的对接
Harvard Business Review	组织文化建设各部分没有相互融合，缺乏一体化（P1）	个人-组织价值观契合视角（T1）	问题指向和解决视角下实践与理论的对接：(P4)(P5)(P6)(P7)(P8)→(T1)(T2)；(P13)→(T3)(T4)(T5)(T6)
《中外企业文化》	没有管理支撑，缺乏制度化（P2）	个人-组织文化匹配视角（T2）	
《企业文化》	组织制度与组织价值观之间存在矛盾（P3）	组织文化维度或类型对知识管理的影响研究（T3）	
《现代企业文化》	员工对组织文化的内涵不能理解（P4）		
中国企业文化网	员工对组织文化认同度低（P5）	组织文化维度或类型对组织绩效的影响研究（T4）	
国研网	组织文化建设中"以人为本"的观念淡漠（P6）		

续表

期刊来源	实践问题的提炼	理论研究指向和问题解决视角	理论与实践问题的对接
Academy of Management Journal	过度要求价值观统一，导致了企业内部的价值观冲突频发（P7）	组织文化维度或类型对员工行为或态度的影响研究（T5）	
Academy of Management Review	多元价值主体的存在，使组织价值观与员工价值取向产生差异，导致适应外部环境的能力和企业内部整体导向的保障缺失（P8）	组织文化维度或类型对组织变革的影响研究（T6）	理论与实践问题的脱节
Strategic Management Journal	组织文化建设只做表面文章，执行不力（P9）	组织文化维度或类型对组织创新的影响研究（T7）	（P1）（P2）（P3）---？（P9）（P10）（P11）（P12）--？
	组织文化与企业管理的脱节（P10）		
国家自然科学基金委指定期刊；ProQuest硕博士论文	组织文化建设过程中核心价值观缺位的问题（P11）		
	在制度内容和执行方式上忽略了价值观的多样化，引起企业内部的价值观冲突（P12）		
中国知网博硕士论文	组织变革引发的组织文化冲突难以消除（P13）		

（2）理论研究

为探寻现有理论和实证研究的主题是否具有问题指向性，以及问题解决性，这里对以理论/实证研究为主的杂志期刊所研究的组织文化主题内容进行分析，结论如下。

1）现有理论或实证研究型期刊针对组织文化研究的思路大都是对组织文化内涵、组织文化结构维度及类型等的应用移植性研究，即从现有组织文化本质和内涵出发，将现有组织文化结构维度、文化类型等，应用移植到所研究的行业或企业，通常作为自变量、情境变量来探讨其对知识管理[158, 159]、组织绩效[160-162]、组织变革[163, 164]和人员行为[165-167]等的影响，具有较强的工具性特点。例如，孟坤[168]将 Goffee 和 Jones 的双 S 立方体模型作为组织文化分类的基础，探讨了 4 种组织文化对知识管理活动的影响机制；Fehr[169]在现有组织文化内涵及本质的基础上，创新了宽恕文化理论；Mohanty 和 Rath[170]以制造业、信息行业和金融行业为调研对象，研究了 3 个主要组织文化特征对组织公民行为影响关系等。

2）"契合"一直是组织文化相关研究的关键视角。近年来，研究者更关注人-组织（P-O）契合理论[171]，认为组织的社会环境特征（如核心价值观系统、奖惩晋升制度、经营目标等）会与员工价值观、需求等特征相结合，共同作用于员工的行为与态度[172, 173]，强调员工的内在特征与组织特征之间的吻合。但 O'Reilly 等[75]认为，组织文化的核心是价值观，个人价值观和组织价值观的契合是"个人-组织契合"的关键，由此提出了以价值观契合为特征的"个人-文化契合"的概念。无论是哪类概念的契合研究，大都把其作为自变量，探讨其对员工效能[174]、工作满意度[175-177]、员工敬业度[178-180]等的影响研究。

综上，从现有研究内容进行 13 类实践问题的指向性分析，发现只有"员工对组织文化内涵不能理解"、"组织变革引发的组织文化冲突难以消除"等 6 项词条的实践问题与理论研究问题指向产生了有效对接，具体分析如下。

1）从理论研究的"契合"视角，无论是文化契合还是组织价值观契合，都凸显了组织文化的双主体结构，即"契合"理论总是建立在"员工与组织的文化或者价值观存在一定程度的不一致"这一理论假设基础上。因此，"契合"视角可用于研究实践中"过度要求价值观统一，导致组织内部价值观冲突"、"多元价值存在，使得组织价值观与员工价值观取向存在差异"等问题（表 3-1）。

2）从组织文化的类型、"契合"等视角，研究其对"组织创新"、"员工行为"、"组织变革"、"组织效能"等影响关系的实证研究，或许可以指导企业管理实践，如通过塑造合适的组织文化类型激发研发人员的创新行为等，以帮助解决"组织文化与管理理论脱节"的实践问题（表 3-1）。

然而，针对"组织文化建设是表面文章，执行不力"、"组织文化各部分没有相互融合、缺乏一体化"、"组织制度与组织理念之间存在矛盾"、"员工对组织文化内涵理解不够"等实践问题（表 3-1），现有理论研究的视角、思路和结论都还未与其形成直接、系统的对接。可见，组织文化理论研究与实践问题存在一定程度的分离。

3.1.2　理论与实践：文献研究中的差异

理论与实践的关系是企业管理中老生常谈的话题。实践是理论的基础，是理论的出发点和归宿点，实践对理论起决定作用，理论必须与实践紧密结合，理论必须接受实践的检验，为实践服务，随着实践的发展而发展。组织文化理论起源于美国学者对日本企业在 20 世纪 70 年代迅速崛起致因的调查研究结论，随后美国企业开始在实践中应用该理论，接着该理论又很快传入世界其他国家，并在企业中得到广泛应用，如中国的海尔集团。然而，对比本书进行的组织文化实践问题和理论研究视角提炼可以看出，组织文化理论与实践虽有一定程度的贴合，但仍存在较大的差异，具体如下。

1）实践问题未能及时修正组织文化理论。成熟的组织文化理论研究关注的是

"组织文化是什么"，缺少"如何成功建构组织文化"的理论研究。已经成功的企业或许拥有自己特色的组织文化，追求成功的企业才渴望建立合适的组织文化，而理论先驱者是在探究"日本企业成功的秘密"问题上而发展出的组织文化理论，研究对象是成功企业，未必适合正在追求成功的企业。如果照搬照套组织文化理论，不立足企业实际情境，就会产生企业管理中的混乱，出现"组织文化建设表面化，执行不力"等问题。因而，组织文化理论自身内涵、结构和体系等问题或许是在企业实践中无法有效应用的重要原因之一。

2）企业构建的组织文化体系的内在逻辑较混乱。"没有管理支撑，缺乏制度化"、"过度要求价值观统一，导致组织内部价值观冲突"等实践问题，说明企业在理论应用中自身存在的问题：理想化、形式化和强制化。例如，企业或许一直提倡某类组织价值观，但由于没有与组织价值观对应的制度等管理工具支撑，使组织文化建设流于形式；企业过于理想化文化建设形成的图景，而过度要求组织价值观的统一和同化，忽略了多元价值主体的存在，得不到员工的理解与支持等，凸显出组织文化体系层次结构的执行问题。

3）没有对症下药，理论研究的问题导向和解决特征不明显。时尚、流行、热点通常是研究者选取研究主题时的心理偏好，"组织变革"、"组织创新"等是近些年组织文化相关研究的热点名词，它们多次出现在以理论研究为主的期刊杂志中，以至于上述的实践问题虽然被提出，但没有得到研究者的青睐。此外，"组织制度与组织理念之间的矛盾"、"没有管理支撑，缺乏制度化"等反映的是组织文化层次结构问题，现有研究大都引用 Schein[52]的三层次模型去解释问题为何存在，对于如何解决问题并未进行深入探究。于是，问题依然是问题，并未得到有效解决。

Schein[52]曾指出，思想简单化是人们理解文化的最大危险，如把文化说成"我们这儿做事的方式"、"我们公司的仪式和礼节"、"公司的气氛"、"薪酬体系"、"基本价值观"等，确实十分诱人，虽然它们也都是文化的表现方式，但在文化起作用的层次上却没有一个是真正的文化，即组织文化的存在并不等于组织文化发挥作用，而组织文化的层次结构或许是发挥组织文化作用的重要途径。因此，组织文化的层次间结构，以及层次内结构的运作过程或许是造成企业构建组织文化体系内在逻辑混乱的主要原因。同时，组织文化的差异视角（假定组织文化是由重叠的、雀巢状的子文化相互影响组成的，彼此相互冲突或者相互漠视[181]）、分裂视角（组织文化内部结构是四分五裂的，组织使命是多样的，组织文化结构具备模糊、矛盾甚至冲突等特征[182]）等都唤起研究者应该从组织文化自身结构视角去重新审视"组织文化到底是什么样"的问题，以反思理论与实践分离的深层次原因。

因此，本书将在组织文化结构剖析的基础上，深入探究"组织文化到底是什么"，以了解组织文化执行面临挑战问题的潜在根源，并实现组织文化理论与实践的有效对接。

3.2　组织文化结构特征分析

3.2.1　组织文化结构的内涵和类型

（1）组织文化结构内涵

Gorham[183]把组织文化结构分为内容维度和形式维度。其中，内容维度是指在一个组织和它的文化当中作为一种暗示，能够帮助个体识别其组织核心价值观的一些方面；形式维度是指能够通过文化评估工具打分而得到的文化概要[184]。现有研究过于聚焦形式维度，本书力求从补充视角去完善现有组织文化理论，仅选取内容维度视角进行相关研究。组织文化的内容维度在前面的章节中已经提到，如与组织相关并且应该能够反映和塑造组织行为的人工制品、象征符号、价值观，以及意识形态等，组织正是通过这些内容维度来进行经营管理活动的。内容维度是组织文化的层级结构，说明层级性是组织文化结构的主要体现，本书称谓的组织文化结构就是以层级性为代表，将以下所研究的组织文化层级结构统称为"组织文化结构"（见附录）。

（2）本书认同的组织文化结构

现有存在 4 类组织层级的划分：Hofstede[64]的 2 层级结构（实用主义和价值观），以 Schein[52]为代表的 3 层级结构、4 层级结构[185]，Rousseau[80]提出的 5 层级结构（人工制品、行为模式、行为规范、价值观及基本假设）。现有理论研究中应用广泛的当属 Schein[52]的 3 层级结构和 Hawkins[10]提出的 4 层级结构，而在中国企业实践中应用最广泛的是刘光明[81]提出的 4 层级结构，具体内容见表 3-2。

表 3-2　代表性组织文化层级结构

提出者	层次数目	内容
Schein[52]（现有理论研究中引用最多的）	3	人工制品（artifacts）
		组织宣称价值观（espoused values）
		基本假设（basic underlying assumptions）
Hatch[185]	4	象征（symbols）
		人工制品（artifacts）
		组织宣称价值观（espoused values）
		基本假设（assumptions）

续表

提出者	层次数目	内容
Hawkins[10]	4	宣称的文化（espoused culture）
		实际的文化（lived culture）
		精神（mindest）
		基本假设（assumptions）
中国企业文化实践模型[81][186]	4	物质层（看得见、摸得着的企业文化现象）
		行为层
		制度层
		精神层

虽然 Schein[52]、Hatch[185] 和 Hawkins[10] 各自层级模型中的层级数和层级称谓存在差异，但内涵表达上却较一致［如组织宣称价值观（espoused values）被 Hawkins 表示为精神（mindest）］，具体分析如下。

基本假设（assumptions）层和组织宣称价值观（espoused values）层在模型中的层级位置相同。理论上，各类组织文化都是通过学习去解决外部适应及内部整合问题的，通过较长时间的孕育，所创造发现或发展出来的一套共享的基本假设，再透过组织成员的知觉、思考等逐渐形成的一个组织特有的价值观或信念体系。因而，基本假设和价值观是国外学者进行组织文化层次结构研究中共有的层级。

组织文化的外显层级，3 位国外学者的研究在层级构成和称谓上均有差异。虽然 Hatch[185] 从组织文化动力的视角深化了 Schein[52] 的 3 层级结构，认为象征和外显虽然不是等同概念，但象征属于外显，意味着象征和外显（symbols and artifacts）在内涵上其实都是 Schein[52] 强调的人工制品（artifacts），指可以观察到的组织结构和组织过程，包括艺术品的陈设、成员所使用的语言和行为模式、典礼、仪式等。Hawkins[10] 所谓的组织宣称文化（espoused culture）（指组织外显的人工制品，如组织政策、服饰外观、口语标志等反映在组织的物理表征和文化活动中）和实际的文化（lived culture）（指组织的行为形态，对组织外的人而言具有可观察性，如成员的所言所行、冲突解决的方式、处理错误的方法、决策及协调沟通等，又如英雄事迹、公司的典礼或利益等）在内涵上也与 Schein[52] 提出的人工制品（artifacts）的内涵较相近，只是 Hawkins[10] 各个层级内的内容更具体，更能反映组织实践的事实。

然而，企业在实践中发现基本假设（assumptions）因其过于抽象而无法在组织文化体系建设中执行，特别是中国企业在实际应用中已经摒弃了该层次，中国特有的四层次结构（物质层、行为层、制度层和精神层）得到了中国学者和企业实践者的认同[81]。这里，物质层是指组织成员创造的产品和各种物质设施等所构成的文化，包括组织的商标、产品、设备、工作环境，以及文化设施等；行为层是指组织成员在生产经营、人际交往中产生的、并以行为形态表现的文化；制度层是指制定并贯彻组织各项规章制度，强化企业成员的规范化行为，引导和教育员工树立组织所倡导的统一的价值观念，是得到广泛员工认同和遵守、约束企业成员行为的规范性文化；精神层，即为组织价值观层，是组织愿景、使命、目标等的体现，是组织文化的核心层。该模型也强调了各个层次之间的循环关系，即从下往上，精神层是形成制度层的基础，制度规范和约束组织成员的行为，最终行为外显于物质层；从上往下各层次之间同样也是相互影响的。该模型在实践中易于操作，在理论上同时兼备了 Schein[52]、Hatch[185] 和 Hawkins[10] 组织文化层级模型的综合特点，因此本书将选取该层次模型作为组织文化结构特征分析的基础。为与国外研究保持一致，本书将精神层统一称为价值观层。

　　组织文化各个层次之间相互推进又往复循环，这是组织文化层级之间的纵向结构特征，显示的是各个层级的构成秩序。由于本书关注的是组织文化的内部结构，因此只需从单向视角进行研究，即从作为基础的价值观层入手，分析各层级的内在结构特征。事实上，这种从下往上的单向视角分析也就代表了从上往下的逆向分析，两者都能大致反映组织文化内部结构的特征。容易被研究者和实践者忽视的是，价值观层是组织文化的核心和基础层面，而组织中多元价值主体存在意味着组织价值观层次内仍存在特殊的结构特征，在该层次内结构特征的推进和影响下，其他 3 个层次内都会存在相应的结构特征，这类结构称为组织文化的横向结构（图 3-1）。

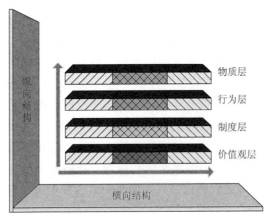

图 3-1　组织文化横向与纵向结构

表示组织的"名义"文化；　　表示组织的"隐真"文化；　　、　　、　　、　　分别表示组织"名义"文化与"隐真"文化错位后在价值观层、制度层、行为层、物质层的重合部分无论横向抑或是纵向结构，作为组织文化的核心层面，价值观是制度层次、行为层次和物质层次的思想基础，是组织文化的核心和灵魂，是两类结构形态存在的坚实根基。这里将在重点分析价值观层内结构的基础上，再从组织文化的纵向结构和横向结构两方面进行组织文化内部结构的分析。

3.2.2 组织价值观结构分析

（1）组织价值观的"二元"结构内涵

组织价值观内涵是价值观的定义在"组织"这一情境下衍生而来的，如果依照组织文化产生的背景来看，美国学者在研究日本企业的成功之道时发现了企业文化的作用，认为企业文化中存在员工共享的组织价值观；如果再考虑组织文化在其他企业实际应用等因素，那么组织价值观还必须是以实现组织目标为前提的，应该是组织"期望"的。总而言之，组织价值观不仅是员工实际共享的，也是组织"期望"员工应该共同拥有的价值观，具有"组织"期望和"员工"实际共享的"二元"主体特征。

然而，现有组织价值观内涵大都是基于员工视角的价值观，强调只有组织成员共有的并对员工工作行为产生影响的才是组织价值观，这些观点关注的是已经成功的组织文化应该拥有什么样的价值观，忽略了组织实践中"二元"价值主体的存在形态。只有 Kanika 和 Nishtha[113]从组织和员工两类视角出发，认为组织价值观是组织"期望"成员共享的信念，这些信念同时"应该"得到成员的认同，本书认同此类观点。因此，也说明一个问题：组织价值观的建立并不代表组织成员共享价值观的必然形成。虽然众多学者在理论上一直为两类主体主导价值观的完全一致规划着美好愿景，但无论是"人-组织匹配"还是"价值观契合"等理论都承认了两类主体主导价值观在实践中的不一致，即组织文化的价值观层内将会存在"二元"价值观的"相容"或"不相容"形态。虽然"人-组织匹配"等理论承认了组织实践中"二元"价值主体（组织期望与员工实际共享）的存在，也支撑了组织文化内部共存两类主体各自主导的价值观形态，但认为 Argyris 和 Schon[8]提出的"宣称价值观"和"执行价值观"更恰当地反映了"二元"价值观存在的形态。只是现有价值观研究往往趋向于关注宣称价值观而非执行价值观，从宣称和执行价值观完形视角进行的研究较少，本书将在剖析宣称价值观和执行价值观内涵的基础上，深入解析组织文化的内部结构。

（2）宣称价值观和执行价值观的内涵与错位关系解析

Argyris 和 Schon[8]认为，为了整合思想与行动，所有人都需要在采取行动的同时对行动进行有效的反思，以从中学习，人们的头脑中总会形成如何行动的有效计划,而这些行动计划就是"行动理论"。因此,人们的行动存在两种形式,一种是名义理论(espoused theory),另一种是实践理论(theory in use)。前者是人们宣称自己行为所遵循的行动理论,后者是从人们实际行动中所推论出来的行动理论。Argyris 和 Schon[8]正是基于名义理论和实践理论,提出了宣称价值观和执行价值观的概念。

宣称价值观是组织对内和对外宣称的价值观,既然宣称的对象分为内部和外部两种,那么对应于宣称价值观可能存在两类内涵。赵玎[187]在研究中指出,组织目标是组织文化建设的基础,也就是说,组织为了实现战略目标需要建设组织文化。Howell 等[9]将组织宣称价值观阐释为组织将其认为比较重要的核心价值观通过文件等载体宣称出来,以使员工清楚组织倡导什么,并用来指导员工的日常行为。由此可见,对内的宣称价值观应该是一种"目标实现型宣称价值观",即组织"期望"员工"应该"共享的价值观,通过各类承载组织宣称价值观的载体(如组织使命、组织各类活动、组织奖惩等各类制度等),以及日常宣讲、文件规定等各类观念灌输形式,来影响、强化或者约束成员的行为,使其有助于组织战略目标的实现。对外来说,组织文化具有组织形象美化的辐射作用[188],有助于塑造积极的外部形象,是一种印象管理手段。印象管理在组织行为学中是指个体通过一定方式影响别人形成对自己印象的过程,同理,组织可能出于为应对国家或行业等微观及宏观制度要求、缓解竞争压力、吸引人才、维护社会形象等目的来刻意影响个体、组织乃至国家对该组织的印象而进行相应的组织文化建设,从而形成"印象管理型宣称价值观"(见附录)。无论是"目标实现型"还是"印象管理型"宣称价值观,都是基于组织视角的考虑,是组织"期望"员工共享的,同时又是组织"期望"影响个体或其他组织对该组织印象的价值观,但忽略了员工行为的真实价值观存在,并不一定是组织实际的价值观,正如 Schein[52]所说:"把价值观理解为'组织应该是这么样子的',而非'组织事实是什么样子的'。"

而执行价值观则表现了组织真实价值观的存在形态。执行价值观是反映在组织员工工作情境下实际行为之中的价值观,代表员工最真实的价值观,同时也构成了组织最真实的价值观。员工在组织中的行为反应其实就是员工在特定工作情境下的行为反应,其受到个人特征和情境特征的共同影响,因此员工在组织中表现出的真实行为也是个人特征与情境特征共同作用的结果,意味着执行价值观并非是员工个人价值观的完全代理,应该是员工个人价值观与工作情境互动产生的存在形态。而宣称价值观所表达的其实就是工作情境下折射出的价值观,在某种意义上,执行价值观的存在形态总是受到宣称价值观的牵制与影响,是员工个人价值观与组织宣称价值观互动的结果。如果员工个人价值观与组织宣称价值观恰好一致,反映出的执行价值观与组织宣称价值观也一致,该情境下员工的行为恰好符合组织期望的行为,无论是印象管理型还是目标实现型,员工的行为都是主动的。例如，宣称价值观是充满"激情"的，同时组织员工实际行为表现也都是充满激情、阳光和向上的，当员工感知到"激情、阳光和向上"的行为且能得到组织的肯定时，积极的行为将得到不断的正强化，这里将此类执行价值观称为"一致型执行价值观"。如果员工个人价值观与组织宣称价值观不一致，反映出的执行价值观与组织宣称价值观并不一定不一致，但会出现两种情况：①员工出于某些压力，不得不按照宣称价值观的要求去做，这种行为提炼出的执行价值观，虽表面上与宣称价值观保持一致，但实际上却是员工隐藏了自己的真实意愿，属于不得已而为之，行为是被动的。例如，组织"期望"员工的共享价值观是"勤奋"，而人的本质却是懒惰的[185]，此时执行价值观与宣称价值观本质上是不一致的，但因为组织中存在如制度等各种约束工具，员工不得不去遵从组织宣称价值观，使得组织执行价值观与组织宣称价值观表面上一致，这里将此类执行价值观称为"被动型执行价值观"。②员工中普遍存在的背离于宣称价值观的行为表现出的执行价值观虽然形式上得不到组织的支持，但却是组织中真实存在却被隐藏掉的真实执行价值观，如"贿赂"是任何组织都会反对的，但中国的"关系"文化使得"贿赂"现象以一种"隐性规则"在组织中普遍存在，但组织为了印象管理等多种原因，虽表面上反对，但实际上接受，这是组织隐藏掉的执行价值观，将此类执行价值观称为"自我型执行价值观"（见附录）。可见，在员工个人价值观与组织宣称价值观的互动作用下，宣称价值观与执行价值观存在 3 种关系：体现二者真实一致的"一致型执行价值观"、二者表面一致但本质不同的"被动型执行价值观"和二者完全不一致的"自我型执行价值观"（图 3-2）。

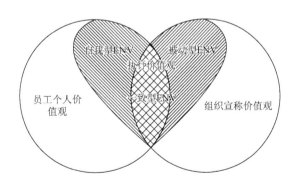

图 3-2 宣称、执行与个人价值观关系

ENV 为执行价值观的缩写，下同。▨表示员工个人价值观与组织实际执行价值观相一致的部分；▨表示组织宣称价值观与组织实际执行价值观相一致的部分；⊠表示员工个人价值观与组织宣称价值观相一致部分同组织实际执行价值观重合的部分

可以看出，组织宣称价值观表达的内涵是"组织应该是什么样子的"，组织执行价值观表达的则是"组织实际是什么样子的"，组织和员工的价值取向不同，隐

含在组织外显物、组织制度等之内的宣称价值观与工作情境中的执行价值观也不完全相同。前者是组织"名正言顺"提倡宣称的价值观，后者则是组织真实的但在一定程度上又不得不被组织隐藏掉的执行价值观，前者是后者的一种修饰。同时，由于"一致型执行价值观"和"被动型执行价值观"可能存在，使得宣称价值观和执行价值观之间既存在某种程度的契合，又存在某种程度的分离，从而形成"宣称-执行"价值观错位形态，造成组织价值观内部结构的错位（需强调的是，这里使用"错位"一词，源于其水平位移的本意，包含契合或分离两类形态）。"宣称-执行"价值观错位形态源自组织内"二元"价值主体结构，因此价值观的"二元"错位是组织价值观内部构成的重要特征（图 3-2）。

（3）"人-组织"价值观还是"宣称-执行"价值观？

价值观契合虽然一直是人-组织匹配（person-organization fit，P-O）理论相关研究的热点，但这里所采用的宣称价值观、执行价值观与 P-O 理论中的组织价值观、员工价值观存在一定的差异。研究内涵上，P-O 理论中的组织价值观是指工作场所引导雇员决策和行为的规范，员工价值观则指超越具体情境被员工广泛接受并引导其行为的信仰[189]；而组织宣称价值观是指反映在文件、使命陈述等组织对外宣称并代表组织态度的价值观，执行价值观是指反映在组织员工实际行为中的被执行的价值观。

测量方式上，P-O 理论中的组织价值观和员工价值观分别以员工感知到的组织价值观和期待的组织价值观为代理变量进行测量；组织宣称价值观和执行价值观则分别以员工对所在组织通过如文件、使命陈述等形式表达的价值观重要性程度评价和员工根据日常工作经验对组织行为中折射出的价值观的重要性程度评价进行测量。可以看出，P-O 理论的契合研究只是从组织视角的价值观作用出发，忽视了引导员工实际行为的价值观作用，且员工感知的组织价值观并不能反映组织自身的价值观，而组织宣称价值观和执行价值观的表达无论是在研究内涵上还是在测量方式上都更为严谨、精确。因此，选择组织宣称价值观和组织执行价值观作为研究对象之一。

3.2.3 组织文化横向结构特征

组织文化是一个复杂的变量，组织文化各层级间逐步递进、一脉相承，同时又互为循环，共同构筑和支撑了组织文化内部结构。在我们认同的组织文化四层级结构中，价值观层是制度层、行为层和物质层的思想基础，制度层则约束和规范行为层和物质层的实现，行为层的表现又影响了组织对外表现的物质内容。依照组织文化各层级间的逻辑关系，价值观层内存在"二元"错位形态，将影响组织文化其他三层级内的结构形态。而组织文化单个层次内都有不同的内容特征，但这些不同的内容特征在整体上是完形的，共同形成了组织文化的横向结构。同时，考虑到重点分析的是行为选择，为明确重点，本书在此只进行制度层与行为层内结构形态的分析。

（1）制度层内结构形态分析

与组织宣称价值观对应的是组织为了实现目标以约束和规范员工行为而建立的组织正式制度，组织正式制度是组织"要求"和"期望"员工行为准则的反映。该类行为准则是组织对外和对内宣称与倡导的，也是组织为了实现目标并进行组织印象管理的主要手段，体现的是组织"名义"上对员工要求的行为准则。

而与组织执行价值观对应的是反映在工作情境下员工实际行为的准则，这一真实行为准则可能与组织正式制度相一致（对应于"一致型执行价值观"，简称"一致型行为准则"），也可能与组织正式制度相违背，但出于强力约束不得不与组织正式制度要求相一致的行为准则（对应于"被动型执行价值观"，简称"被动型行为准则"），当然也会出现与组织正式制度完全背离，但却是组织私下认同的行为准则（对应于"自我型执行价值观"，简称"自我型行为准则"）。该类行为准则不仅反映了员工的真实行为准则，也反映了员工隐藏自我真实意志而服从组织意志，以及组织私下认同却不得不藏匿起来的部分行为准则，可见在员工的真实行为准则中存在一部分被隐藏起的真实，连同其他不被隐藏的真实行为准则，该类行为准则可以称为"隐真"状态的行为准则，属于前述所讲的"隐规则"范畴（"隐规则"强调在可控范围内与正式规则存在一定程度的错位、藏匿于正式制度之下、成形并被受众共同遵循的行为准则）。

因此，在组织文化的层级结构中，制度层内部结构包括体现组织"名义"状态的组织正式制度和体现组织"隐真"状态行为准则的隐规则两类形态（图3-3）。例如，"公平"、"诚实"是中国社会乃至企业中被倡导的价值观，在组织正式制度、管理层对外宣称的行为，以及物质层中都有显现；而"贿赂"、"走后门"等现象，虽然不是组织所倡导的，却是员工所熟知的游戏规则，存在于组织文化中的执行价值观层和隐规则层。

（2）行为层内结构形态分析

在组织宣称价值观和组织正式制度的共同作用下，与其对应的是组织"名义"上要求和期望的员工行为，如果假设组织宣称价值观和组织正式制度的内涵完全一致，虽然组织宣称价值观也会作用于员工行为，但在组织文化层级结构中直接作用于员工行为的载体依然是组织正式制度，因此组织"名义"上要求的员工行为实际上就是对应于组织正式制度的制度遵从行为。

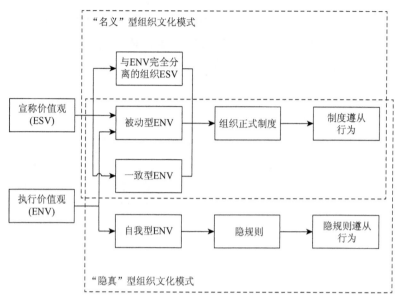

图 3-3　名义型与隐真型组织文化模式

与组织执行价值观和隐规则对应的是在组织中以"隐真"状态存在的员工行为，这类行为的产生源自于 3 类组织执行价值观和 3 类行为准则的存在。对应于"一致型执行价值观"和"一致型行为准则"的是与组织正式制度要求相一致的员工行为，对应于"被动型执行价值观"和"被动型行为准则"的是与组织正式制度相违背但又不得不去遵从其要求的员工行为，对应于"自我型执行价值观"和"自我型行为准则"的则是看似与正式制度背离却是组织私下认可的员工行为。这 3 类员工行为不仅反映了员工最真实的行为，也反映了员工隐藏自我真实意志而服从组织意志，以及遵循组织私下认可隐规则的行为，这类行为在组织中同样以"隐真"状态存在，对应于组织隐规则遵从行为。

通过上述分析可以发现，在组织文化层级结构中，行为层内部结构同样包括体现组织"名义"状态的制度遵从行为和体现组织"隐真"状态的隐规则遵从行为两类形态（图 3-3）。

（3）组织文化横向结构及错位特征分析

依据组织文化层级结构中价值观层、制度层和行为层单个层级的内在结构特征进行分析，再考虑组织文化各个层级间的递进影响关系，说明组织文化在整体层级结构形成特点上既受到来自于各个层级本身内部结构的影响，同时也受到各个层级间相互关系特征的影响，从而使得组织文化层级结构具有如下模式。

与组织宣称价值观对应的是组织正式制度，在正式制度的激励和约束下对应的是员工的制度遵从行为，形成了"组织宣称价值观－组织正式制度－制度遵从行为"的内在逻辑模式（图3-3）。

与组织执行价值观对应的是员工实际的行为规范，这一行为规范可能与组织正式制度相吻合，也可能与正式制度相背离，甚至相冲突。当员工的行为恰好符合组织的期望，即组织执行价值观是一种"一致型执行价值观"时，组织所建立的正式制度就能够作为行为准则有效引导员工产生制度遵从行为。当组织制度所规范的人员行为准则无法与企业人员的实际行为准则保持一致时，员工将进行这一冲突情境下的行为选择。如果员工选择了与组织制度一致的行为，所体现出的是"被动型执行价值观"，虽非员工自愿遵从制度，但却仍然是遵从制度的结果，遵循的是"一致型执行价值观/被动型执行价值观—组织正式制度—制度遵从行为"的内在逻辑模式。如果员工没有选择与组织制度一致的行为，而是表现出与组织私下认同的隐规则一致的行为，员工行为中所隐含的就是"自我型执行价值观"，所遵循的是"自我型执行价值观—隐规则—隐规则遵从行为"的内在逻辑模式（图3-3）。

综上，组织文化因价值观层内"二元"结构的存在，促发了其他各个层级内的多元结构形态，在层级内结构和层级间关系结构的双重作用下，组织文化整体层级结构呈现"组织宣称价值观—组织正式制度—制度遵从行为"、"一致型执行价值观/被动型执行价值观—组织正式制度—制度遵从行为"和"自我型执行价值观—隐规则—隐规则遵从行为"3类逻辑模式。其中，第一种逻辑模式表达了基于宣称价值观的"名义"组织文化结构；第二种逻辑模式不仅表达了与宣称价值观一致的"名义"文化，同时也代表了基于执行价值观却是隐藏员工真实意志的"隐真"组织文化结构；第三种逻辑模式直观显示了基于执行价值观的却是组织私下认同的"隐真"组织文化结构。可见，这种反映在组织文化层级内和层级间的3类逻辑模式决定了组织文化内部存在的"名义"结构和"隐真"结构两类形态，这两类形态虽然在内容具有区别，但在整体上是完形的，共同影响和决定了组织文化的内部结构。同时，组织宣称价值观与组织执行价值观存在的错位关系影响了组织文化横向结构的内部特征，即组织文化的"名义"结构和"隐真"结构并非完全分离也非完全契合，而是在相容的基础上又存在一定程度的背离，也是典型的"错位"形态（图3-3）。导致错位的横向作用力最初作用于价值观层面，形成了宣称价值观与执行价值观的错位；由价值观层错位产生的"冲击波"向上传导至"制度层"，影响了制度制定的有效性，形成了制度层"组织正式制度"与"组织隐规则"的错位；继续向上传导至"行为层"，影响了行为层的执行力，形成了行为层"制度遵从行为"与"隐规则遵从行为"的错位。由于上述错位形态反映在组织文化结构中呈水平形状错位，因此将该类形态的错位称为组织文化横向结构的错位特征（见附录）（图3-4）。

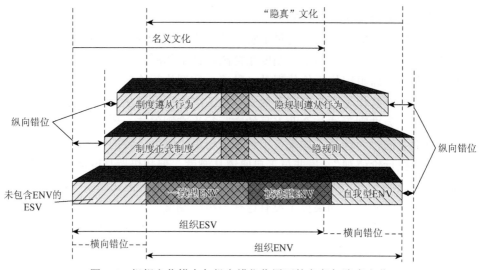

图 3-4 组织文化横向与纵向错位作用下的名义与隐真文化

░表示组织的"名义"文化；▓表示组织的"隐真"文化；▨表示组织"名义"文化与"隐真"文化错位后的重合部分

3.2.4 组织文化纵向结构特征

如果说组织文化横向结构的"二元"特征是因为过于忽略实践客观存在的双主体特征，又过于理想化日本成功企业组织文化的作用与魅力等诸多理论构建因素而产生，那么组织文化纵向结构特征的产生则源于组织文化的横向结构特征，以及企业在实践中应用组织文化理论的"漫不经心"。表 3-2 的代表性组织文化层次结构很鲜明地展示了组织文化各个层级之间的关系，组织文化是一个复杂的变量，组织文化各层级间逐步递进、互为支持、一脉相承，同时又互为循环，共同构筑和支撑了组织文化的内部结构。然而，分析这 4 类组织文化层次构成，对比各个层次之间的内容及相互关系，发现组织文化的纵向结构虽逐步递进，但并非相互支持和一脉相承，各个层次之间的内容存在错位。为简化分析，与组织文化横向结构分析一致，这里仅从价值观层、物质层和行为层进行分析，具体分析如下。

（1）价值观层与制度层的内容错位

在组织文化四层级结构中，价值观层是组织所倡导并"期望"员工所共享的价值观。在研究中常常被冠以"espoused values"之名，该层次是制度层的思想基础。同时，制度层在组织中的载体表现是组织为了引导和强化员工形成组织所倡导的价值观而制定的组织各项规章制度，是用以实现宣称价值观的组织支持。可见，理论上价值观层与制度层的内容是一致的。

实践中，组织要实现所"期望"的价值观，成为员工共享的价值观，一方面需要组织本身的支持，另一方面需要员工自身的努力，意味着这里所提及的"期望"有两层含义：一层是组织"期望"自身所具有的支持型价值观，另一层是组织"期望"员工共享的努力型价值观。然而，组织"期望"员工共享的价值观并非完全得到组织制度的支持，组织制度更容易表达的是努力型价值观。例如，组织"期望"员工的共享价值观是"勤奋"，而人的本质却是懒惰的[185]，就需要制定系列，如组织奖惩制度、组织绩效考核制度、组织晋升制度等来引导员工形成"勤奋"价值观，这时组织制度所表达的价值观与宣称价值观在内容上是一致的。不同的是，组织制度在支持型价值观的表达上似乎更难一些。例如，几乎所有的组织都在组织文化建设中倡导"公平"这一核心价值观，"公平"一般是指对于以利益分配对称为核心的、人与人之间社会关系的现实状态而做出的规范要求和价值评判[190]，要实现"公平"，组织必须通过政策制定等各项手段加以支持。然而，现实中众多因素的存在使得组织制度并不能实现"公平"，反而让员工感知到的是组织制度所表达的"不公平"[191]，从而体现了制度与价值观的矛盾性。

可见，实践中制度层无法有效承载组织价值观。制度层在内容上具有既容易表达努力型价值观，又容易与支持型价值观相矛盾的特点，从而与价值观层在内容上既有一致性又有矛盾性，形成制度层与价值观层的纵向"错位"，于是产生了"组织制度与组织价值观之间存在矛盾"等现象。也就是说，制度在表达支持型价值观上的欠缺，是造成价值观层与制度层错位的纵向作用力（图3-4）。

（2）制度层与行为层的实践错位

人们普遍认同的观点是价值观和制度都会作用于人的行为。价值观领域的理论研究建立了组织中价值观与行为之间的联系，如 Rokeach[192]认为，价值观具有动机的功能，是行为和态度的引导。但价值观并不完全影响员工行为，Argyris 和 Schon[8]"行动理论"中的名义理论（espoused theory）和实践理论（theory in use）说明，直接作用于员工行为的价值观并非完全是组织宣称价值观。要想在组织宣称价值观与员工自身价值观不一致时发挥宣称价值观对员工行为的影响作用，可能就需要通过组织正式制度的强制约束作用了，即制度对个体行为有着一定的规范和约束作用。例如，上述内容中曾提到，组织"期望"员工的共享价值观是"勤奋"，而人的本质却是懒惰的，组织就需要制定系列制度等来引导和规范行为人的行为。

组织文化四层级结构模型中，组织宣称价值观是组织制度的思想基础，即组织制度必须是为实现组织宣称价值观服务的。然而，组织"宣称-执行"价值观的"二元"错位形态说明组织制度并非是完美的，实践中价值观层与制度层的内容错位说明制度层无法有效承载组织价值观，意味着组织可能存在自身的结构性矛盾，即组织制度隐含的价值观可能由于主观或客观原因而无法有效表达宣称价值观，以及有效兼容执行价值观，从而导致组织制度与实际行为规则分离，可能造成行为人一方面对组织制度的"主动或被动遵从"，另一方面又表现出对组织制度的"故意或无意违规"，产生行为人的制度遵从和非遵从的行为选择问题，引发制度层与行为层的实践错位。例如，"勤奋"是组织宣称价值观的内容之一，既然人的本质是懒惰的，员工就会有偷懒行为，组织可能会制定相应制度来约束此类偷懒行为。但组织制度自身并非是完美的，为实现"勤奋"而要求员工"不迟到、不缺席"等建立起的严格考勤制度，因忽略了员工追求"快乐"这一最真实的主观意愿（无法有效兼容执行价值观），使得员工在监管不严的情况下出现"代签"等现象，凸显出制度层与行为层的实践错位，由此可见，组织制度在表达组织宣称价值观时不能有效兼容执行价值观，这是导致制度执行不力，制度层与行为层出现"错位"的纵向作用力（图 3-4）。

综上，因为价值观层与制度层在内容上的错位、制度层与行为层在实践中的错位等都凸显了组织文化层级结构在纵向上的错位特征，因此本书将该类形态的错位称为组织文化纵向结构的错位（见附录）。

3.2.5　组织文化二元结构特征

通过上述分析可以发现，组织文化结构（组织文化层级结构）的横向结构错位特征与纵向结构错位特征共同构成了组织文化内部结构的错位特征。

组织价值观的"宣称-执行"二元错位形态，以及组织文化各个层间的递进和对应关系产生了横向作用力，决定了组织文化横向结构的存在。"组织宣称价值观－组织正式制度－制度遵从行为"、"一致型执行价值观/被动型执行价值观－组织正式制度—制度遵从行为"和"自我型执行价值观——隐规则—隐规则遵从行为"3 类逻辑模式分别表达了"名义"型和"隐真"型两类组织文化模式，两类组织文化模式在结构内部呈现的是错位形态，该内容在组织文化横向结构分析中已经充分论述，这里就不再赘述。

"支持型"和"努力型"组织价值观的存在、组织制度自身的结构性矛盾，以及组织文化各个层级间的相互关系产生了纵向作用力，决定了组织文化纵向结构的存在。本书沿用的组织文化四层级结构中，行为层和制度层属于组织文化的执行层面，具有可观测、易改变等"显性"特征；价值观层则属于组织文化的精神层，具有隐蔽性、难以变更与不可衡量等"隐性"特征。"价值观层与制度层的内容错位"、"制度层与行为层的实践错位"的分析说明，组织文化纵向结构分为"显性"特征错位和"显性-隐性"特征错位两类。"显性"特征错位是指制度层、行为层之间的错位，代表组织内人员对该组织的观察、感知及反应，因此"显性"特征错位意味着组织外人员及其他组织对该组织的感知与组织内人员的感知存在一定程度的差异，组织外人员及其他组织对该组织感知到的是"名义"组织文化，组织内人员感知到的才是"真实"的组织文化，只是这部分的"真实"，组织不希望外人感知到，不得不加以"粉饰"以"隐藏真实"而已。同理，"显性-隐性"错位则是指行为层、制度层、价值观层之间的错位，价值观层的核心是组织宣称价值观，是组织"期望"组织内和组织外人员或组织感知到的"名义"组织文化，制度层和行为层是组织内成员感知的"真实"组织文化。因此，组织文化纵向结构主要是感知视角的"名义"和"隐真"两类组织文化表达模式。

通过组织文化横向结构和纵向结构的错位特征分析，组织文化横向结构的"名义"和"隐真"两类组织文化表达模式，以及组织文化纵向结构中感知视角的"名义"和"隐真"两类组织文化表达模式，共同构成了组织文化结构的"二元"特征，这是横向和纵向两种作用力共同作用的结果。这里，"二元"特征所强调的不仅是组织文化结构的"横向"和"纵向"二元特性，更强调了内部构成的"名义"和"隐真"二元特性。

3.3　组织文化二元论

3.3.1　现有组织文化内涵评述

关于组织文化内涵的相关研究及评述已经在第 2 章中进行了详细分析，透过相关分析可以发现，无论是国内学者还是国外学者，都是从组织文化的"两类视角——组织视角和员工视角"进行研究的。不同的是，国外学者提出的组织文化内涵多是综合两类视角的研究，而国内学者提出的内涵研究偏向于组织视角，这一点可能和中国的传统文化特征相关。例如，沃伟东[73]认为，组织文化是为企业适应市场竞争的需要，通过物质、行为、制度等各种载体所表现出来的，对包括成员、管理层等所有企业成员、企业甚至股东都发生作用的价值、信念等指导行为的意识形态，表达的是组织所"期望"企业所有成员都表现出的行为及意识形态等。组织文化内部结构的"二元"特征恰恰反映了组织与员工两类文化视角的整合与分裂程度，而现有组织文化内涵对其内部"二元"特征的忽视，将引发企业在组织文化建设中的努力方向产生偏离。因此，无论是国外企业还是中国企业进行组织文化建设，如果缺少更合适的组织文化内涵为引导，或者是对组织文化内涵没有正确的理解和应用，仅仅偏向于一方利益诉求而忽略另一方的真正需求，将会带来组织实际要求的员工行为规范与员工实际行为规范的不一致，从而导致实践中组织文化建设出现各种问题。

3.3.2　组织文化"二元"内涵的提出

（1）可纳错位的存在

组织是指人们为实现一定目标，互相协作结合而成的集体或团体，即组织内人员的相互协作是为了实现组织既定的目标，说明组织的存在得益于组织与人员目标、需求等方面的统一性和一致性。然而，现有组织文化内涵，无论从组织视角还是员工视角，在一定程度上都割裂了组织和员工需求、目标等的统一性和一致性。如果组织文化内涵仅仅关注的是组织视角，也就是说关注的是组织"期望"员工该怎样做，将导致组织文化在实际建设中过于偏重"组织应该是什么样子"的理想图景而忽略了员工真实的需求，使得组织宣称价值观只起装饰作用、组织制度的"强制"特征偏重，以及员工真实行为与组织实际要求的不一致，组织文化呈现表面上的外部适应性，属于"名义"型组织文化。反之，如果组织文化内涵仅关注员工视角，强调组织的"真实模样"，实践中的组织文化将过于迎合员工需求而忽视人的"劣根性"，导致组织方向的偏离，无法实现组织既定的目标，属于"隐真"型组织文化。

"组织"的概念提醒我们，组织文化无论是理论上还是实践中，只有兼顾组织和员工两类视角的平衡，使得组织诉求与员工诉求具有"共荣"基础，才能使得员工在真正意义上相互协作，进而达成组织既定目标。"名义-隐真"错位既然反映的是组织与员工两类文化视角的整合与分裂程度，可以认为实践中或许存在某种程度的"名义-隐真"错位形态，是组织和员工共同利益的可纳范畴，也是"名义-隐真"错位的可纳范畴。在这一范畴内，"名义"型和"隐真"型两类文化形态既有"适合的契合"，也有"适合的差异"，存在的是组织和员工共同接纳和认同的组织文化形态，可称为"可纳错位"范畴。例如，组织宣称"以人为本"，在正式制度制定上会考虑员工的个人需求，但是组织不可能将员工的全部私人需求都考虑在内，没有考虑到的需求一方面可能与组织关系不大，另一方面也给了员工自由的生活空间，双方都能够接受，此种情况下"名义"和"隐真"两种文化形态的错位就是"可纳"的，并且是在员工自主意识形态下的。

（2）组织文化新内涵的提出

理想状态的组织文化建设力求"名义"型组织文化和"隐真"型组织文化的完全一致，于是理论上组织文化内涵可以被学者理解为"组织诉求和员工诉求完全一致的理想状态"。然而，实践中组织文化结构的横向错位和纵向错位，组织和员工作为劳资双方在诉求中必然存在不一致的地方。同时，"名义-隐真"文化本质与"阴阳"二元性思想类似。"阴阳"是中国独特的二元性思想，与西方的辩证思维有相似之处[193]。中国古代哲学盖以"阴阳"为本，即整体、动态、辩证的世界观[194, 195]。阴阳文化包含二重性的三原理："整体二重性"，即世间一切事物都是由对立相反的两个方面构成；"动态二重性"是指事物所包含的阴阳两个方面互相转化，趋于动态平衡，和谐统一组合；"辩证二重性"意味着一切事物都存在相互对立的阴阳两个方面，这两个方面既对立又统一，有时相互排斥，有时又相互补充[194]。组织文化以"名义"和"隐真"两种形式共存，符合阴阳文化的"整体二重性"；理想状态的组织文化各个层级内和层级间内容的和谐统一是"名义"文化特征，而实践中的文化各个层级内和层级间的纵向错位和横向错位导致了"隐真"文化的产生，且在一定环境下"名义"文化和"隐真"文化既相互转化，又相互制衡，恰恰印证了"名义-隐真"的"动态二重性"和"辩证二重性"。

　　由上述分析可知，"名义"型和"隐真"型组织文化的相互错位所形成的"名义-隐真"错位其实是组织文化内部结构的自然属性，也就是说，"名义"和"隐真"两类组织文化并非相互独立，二者在结构上是统一的，共存于组织文化结构内部。可见，"名义-隐真"错位形态是组织文化本质上的固有存在，"理想状态"的组织文化建设在实践中或许无法存在。因此，本书认为，既然"名义"型和"隐真"型是组织文化内部的固有形态，同时二者的相互错位又属于组织文化结构的自然属性，那么组织文化在内涵研究中就不必强求"名义"型与"隐真"型组织文化的完全一致，只需强调二者的"可纳错位"关系即可。此外，组织价值观依然是组织文化的核心与基础，物质层、行为层、制度层依然是组织文化的外显和可执行层级，组织文化"可纳错位"的"二元"结构其实就是建立在组织宣称价值观和组织执行价值观"可纳错位"的基础上，再通过纵向层次之间的传导作用而形成的。因此，基于"二元"结构的组织文化内涵应该就是组织内部固有的系列"名义-隐真"文化错位形态的集合，为了实现组织战略目标，错位形态集合应处于"可纳错位"的范畴内，并通过物质、行为、制度等各种载体表现出作用于组织所有成员的意识形态（见附录）。

3.3.3　基于组织文化"二元"论的组织文化建设问题分析

　　当组织文化实际形态处于"可纳错位"范畴内时，组织文化"二元"结构是相互平衡的，组织文化内部结构稳固，否则将会引起组织文化横向结构和纵向结构的内部失衡，带来实践中的诸多问题。可见，理论上的组织文化内涵研究"如果"考虑到其"二元"形态及其内部结构自然属性的存在，就不会过于追求理想化图景；同样，在实践中的组织文化建设必然存在"名义-隐真"错位的形态，但"如果"考虑并兼顾到"可纳错位"范畴，或许就不会存在前述的 13 类问题。或许正是因为这两个"如果"的存在，才致使组织文化理论与现实无法实现有效对接。

　　这里应用组织文化二元论来重新解析上述 13 类问题，发现都可以通过组织文化的横向结构与纵向结构特征来进行解释。"组织文化建设各部分没有相互融合，缺乏一体化（P1）"，"没有管理支撑，缺乏制度化（P2）"，"组织制度与价值观之间存在矛盾（P3）"，以及"企业在制度内容和执行方式上忽略了价值观的多样化，引起内部的价值观冲突（P12）"，都说明组织文化各层次之间没能实现有效承载，甚至出现了矛盾和背离，产生了纵向错位。这种"错位"超出了"可纳错位"的范围，从而导致组织文化结构的纵向错位（图3-5）。

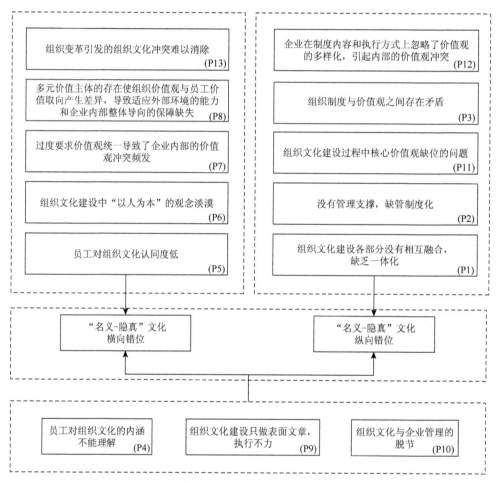

图3-5　基于组织文化二元论的组织文化实践问题分析

"组织文化与企业管理的脱节（P10）"，把文化看成是外在的东西，忽视了文化作为内生性动力和外生性资源的重要作用，形成了文化"两张皮"的现象。这说明组织的执行价值观和宣称价值观偏差较大，产生了横向的结构失衡。另外，组织的宣称价值观在制度层、行为层和物质层中都很少体现出来，形成了组织文化纵向的结构失衡，所以"员工对组织文化的内涵不能理解"应该是由组织文化横向和纵向结构错位共同导致的（图3-5）。

"员工对组织文化认同度低（P5）"，"组织文化建设中'以人为本'的观念淡漠（P6）"，"过度要求价值观统一导致了企业内部的价值观冲突频发（P7）"，"多元价值主体的存在使组织价值观与员工价值取向产生差异，导致适应外部环境的能力和企业内部整体导向的保障缺失（P8）"都说明组织关注更多的可能是组织目标的实现，组织文化反映出来的主要是组织"期望"员工怎样做，而很少关注员工的真实诉求，这是一种"名义"上的文化，带有一定的"强制性"，员工则处于被动地位，其执行价值观更多的是一种"被动型执行价值观"或"自我型执行价值观"，而与组织宣称价值观相匹配的"一致性执行价值观"很少，也就是说，组织宣称价值观不能有效兼容组织执行价值观，意味着在组织文化的横向结构上超出了"可纳错位"的范围，形成了横向结构错位（图3-5）。

"员工对组织文化的内涵不能理解（P4）"，"组织文化建设只做表面文章，执行不力（P9）"，一方面说明组织的宣称价值观虽然在组织的正式制度中得以体现，但在制度的执行过程中却没能有效落实，如同"一纸空文"，失去了制度应有的规范人行为的作用，在行为层中难以体现出来，使得员工对制度表现出的文化与实际文化的理解出现偏差，这是纵向结构的失衡；另一方面也说明组织的宣称价值观与执行价值观存在较大差异，员工对于组织所提倡的价值观并非是不了解内容，而是不了解为何宣称如此的价值观，由此出现了横向结构的失衡。因此，"员工对组织文化的内涵不能理解（P4）"和"组织文化建设只做表面文章，执行不力（P9）"是由横向结构错位与纵向结构错位共同造成的（图3-5）。

关于"组织文化建设过程中核心价值观缺位的问题（P11）"，潘权骁[196]指出，这一方面是由历史延续中的文化断层所造成的，即改革开放诞生了一部分"草根"民营企业家，他们在利益导向下对组织文化建设的重视程度不高；另一方面也在于"企业内部缺乏行之有效的组织文化创建与维系体系"，也就是说，组织当中缺乏文化层次之间的有效承载，因此"组织文化建设过程中核心价值观缺位的问题（P11）"是由组织文化纵向结构内部错位导致的（图3-5）。

在组织文化建设当中，当组织发生变革以后，组织的文化也应该作出相应的调整。而在实践中往往出现这样的现象，虽然组织发生了变革，如兼并，兼并后组织的宣称价值观可能相较于之前有所变化，但组织中的成员还保留着以前的执行价值观，产生了组织内部价值观的冲突。由此可见，"组织变革引发的组织文化冲突难以消除（P13）"是由组织横向结构错位导致的。

综上所述，在上述13类组织文化建设问题当中，由横向结构错位导致的问题包括P5、P6、P7、P8、P13；由纵向结构错位导致的问题包括P1、P2、P3、P11、P12；由横向结构错位和纵向结构错位位共同导致的问题包括P4、P9、P10（图3-5）。

4 "名义-隐真" 文化错位与安全管理制度遵从关系解构

在社会科学领域内，任何一项构建自变量与因变量的理论概念模型及相互关系特征的分析都不是想当然，必须建立在充分的理论研究和严密的逻辑推理基础上。涉及所关注的"名义-隐真"文化错位与制度遵从二者关系的理论构件更需如此，不仅仅是因为创新提出的"名义-隐真"二元文化理论，更因为制度遵从特别是煤矿企业安全管理制度遵从行为方面的研究至今仍未涉及，可见要想论证二元文化形态与制度遵从二者之间可能存在的关系，必须经过大量的理论分析与逻辑推理。

幸运的是，原本陌生的两个变量似乎总是通过某些现有理论的"铺路搭桥"可以"幸运牵手"。本章力图寻找此类理论，拟对制度结构、安全管理制度结构、遵从行为和安全管理制度遵从行为等围绕两类变量的内部结构进行深入分析。首先，参考制度经济学和新制度经济学的相关理论，以剖析制度结构作为安全管理制度结构基础。其次，参考遵从行为的相关研究深入剖析制度遵从行为特征及类型，从驱动力视角对制度遵从行为类型进行划分。再次，在此基础上汲取人性假设理论、认同理论等多种理论，在严密逻辑推理中试图构建"名义-隐真"文化错位与制度遵从二者之间的理论关系。最后，为进一步验证理论推理的可靠性，需要借助经济学的博弈论模型进行论证分析，以验证前述推理的合理性。本章将围绕以上问题对研究内容进行展开分析。

4.1 煤矿企业安全管理制度结构分析

4.1.1 制度结构分析

制度经济学包括经济性、权力和知识 3 个层面的分析。其中，经济性问题关注的是什么制度更有效，涉及的是制度选择、制度变迁等问题；权力分析强调的是经济性的规则运作中何方的利益偏好更重要？在确定应该以何方利益偏好为主的前提下，考虑制度如何涉及才能有效满足主方利益的目的？也就是说，制度设计应该以何方偏好为主；知识这个层面要研究的问题与本书所涉及的内容的关系较少，在此不做赘述（这里所讲的"何方"主要是指微观制度层面中的两方代表，分别是组织高权利代表的制度制定者一方和组织低权利代表的制度执行者一方）。然而，制度经济学关注的始终是"制度应该是怎样的？"，却无法回答"制度在实际中如何影响、约束人的行为选择，如何进行制度的有效设计和有效应用等微观运作层面的问题"，那么从制度与行为人行为关系的微观视角来探讨制度的相关问题或许是另一个出路。

于是，A·爱伦·斯密德[23]在《制度与行为经济学》的开篇中就提出"理解人类相互依赖性的源泉对于以特定经济绩效为目的的制度设计是有益的，而通过不同商品与服务可以产生不同类型的相互依赖性，因此需要不同的制度对其予以控制与引导"，这句话有三层涵义：一是制度设计的目的之一就是实现特定经济绩效，此层点明"制度存在的目的要明确"；二是由于资源的相互依赖性，组织运作过程中将存在大量合作与冲突的机会，而单类制度对不同类型的组织运作作用有限，需要制定一系列相互支持、相互补充且侧重点不同的制度加以控制和引导，此层点明"制度的表现形式"；三是要想设计有效的制度，不妨考虑人类相互依赖性的根源，从行为学视角讲，就是在权力资源不平等的情境下来考虑人类合作与冲突的行为规律，关乎制度设计是否能有效平衡权力层面的各方利益，以提升制度对实现特定目标的贡献率，而此类平衡各方权益的制度设计思想可称为"制度的表现手段"，即制度表现手段考虑的不仅是以何方利益为主的问题，还兼顾考虑了非主方利益未能有效满足的状态下，非主方代表如何进行选择等问题，表达了制度对于利益选择的思想。

可见，制度内部结构中包括制度存在目的、制度表现手段和制度表现形式 3 个维度。制度的表现形式和表现手段都是为了实现制度目的而服务的，制度手段是制度设计的思想体现，表达的是权力层面作为主方代表的利益诉求，以及各方利益诉求的平衡问题，同时也决定了制度的表现形式。

4.1.2　安全管理制度结构分析

微观层面的组织制度结构理应符合上述制度结构，组织在制度设计中除了要考虑制度制定的目的、表现手段、表现形式等问题中以哪方利益为主的问题，以及在此基础上如何制定和选择制度手段和形式问题，还要考虑双方面临组织中大量存在的合作和冲突时，如何对制度进行相关选择的问题。本书重点研究的是煤矿企业安全管理制度问题，后续将针对此制度进行具体分析。煤矿企业安全管理制度是指煤矿企业为了引导管理者和一线员工采取安全行为、控制和远离不安全行为，以保证企业人员自身行为安全和企业安全生产而制定的一系列规定、规则等的统称[197]，其存在目的、表现形式和表现手段恰恰可以用以上 3 个维度来分析（图 4-1）。

一是煤矿企业安全管理制度存在的目的就是实现煤矿企业安全与生产这个特定经济绩效目标（图 4-1），"生产"带来的是直接的、显性的经济绩效，"安全"保障减少事故发生，带给组织的是间接的、隐性的经济绩效。

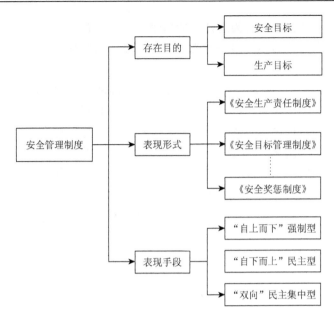

图 4-1　安全管理制度结构

　　二是如前所述，"煤矿企业安全管理制度是一系列在内容和作用效果上互为支持且互为补充的制度系统"，点明安全管理制度的系列性、相互支持与补充性的表现形式（图 4-1）。例如，国家安全生产监督管理总局 2004 年印发的"关于印发《煤矿企业安全生产管理制度》的通知"规定，煤矿企业必须要制定《安全生产责任制度》、《安全目标管理制度》、《安全教育与培训制度》、《安全奖惩制度》和《安全操作规程管理制度》等一系列 15 项制度来保证安全与生产，这 15 项制度反映了制度的表现形式，它们之间互相支持、互相补充，以实现制度目标。

　　三是安全管理制度在激励和约束等表现手段上需要考虑以何方利益为主或者如何平衡各方利益诉求的问题，分为"自上而下"强制型、"自下而上"民主型和"双向"民主集中型 3 类制度表现手段，表达了安全管理制度在煤矿企业安全管理中的利益偏好导向（图 4-1）。例如，煤矿企业一直大力推行"准军事化管理"，围绕该思想设计了一系列制度，"准军事化管理"就是制度的表现手段。煤矿企业的"准军事化管理"[198]是指煤矿企业仿效军事管理方式和经验实施的管理，主要通过全员军事教育和军事训练，严格规范员工行为，强调对制度、规范等的无条件服从，从而养成吃苦耐劳、不畏艰险、令行禁止的军人作风。那么，围绕该类管理进行的安全管理制度设计思想体现出的是"自上而下"强制性的表现手段，无论是制度目标还是制度表现形式和表现手段都是完全以组织利益为主的，忽略了员工的个人意志。与此类表现手段相对应的是"自下而上"民主型和"双向"民主集中型表现手段，其中"自下而上"民主型表现手段是指制度设计的思想完全以员工个人意志为主，与"自上而下"强制型表现手段相反，该类表现手段完全考虑员工的实际需求，可能无法有效兼顾组织与员工个人目标的一致；而"双向"民主集中型表现手段体现出组织与员工个人利益并非完全一致，也非完全背离，而是存在一个双方都能接纳的范围，在此范围内双方利益可以达成一致。煤矿企业在制度设计中，究竟选择以上3类表现手段的哪一种，都将意味着安全管理制度在表现形式和设计思想上的利益偏好和维护方向，员工在不同表现形式和表现手段下对制度遵从行为的选择倾向。

4.2 安全管理制度遵从选择分析

4.2.1 驱动视角的制度遵从行为内涵研究

安全管理制度遵从行为选择（简称"制度遵从选择"）是行为人在制度规则约束情境下对制度是否遵从、遵从程度，以及如何遵从进行的行为选择，也就是说，制度行为选择本质上就是行为人对制度遵从行为存在形态的选择，因此在后续研究中拟将"制度遵从行为"作为制度行为选择的研究代理，从遵从行为内涵、遵从行为类型和安全管理制度遵从行为分析等进行如下研究工作。

（1）遵从行为的内涵

遵从行为是企业管理的常见现象。国外研究中，"遵从"和"从众"在英文中都被表达为"conformity"。最早关于遵从或从众的研究可以追溯到社会心理学家Ash's 1951 年提出的见解，他认为遵从产生是因为社团内其他成员对这个社团个体产生的群体影响[199]。随后的相关研究也一致认为遵从行为是由于个体面临真实的或臆想的群体压力而进行的行为或态度变化。我国学者宋官东[200]认为，以往研究忽略了其内涵与实验结果的和谐统一，提出了遵从行为新观点"遵从是在客观或心理上模糊的情境中，人们自觉或不自觉地以他人确定行为为准则，做出的与他人一致的行为或行为反应倾向"。同时，认为遵从行为是内发的、主动的且有目的的，而非被动的盲从，其与顺从、服从有着本质的区别。随后，宋官东[201]又从意志过程、情绪体验、行为归因 3 个方面对遵从、服从和顺从进行了内涵和特点的分析，指出"遵从"是行为人在深刻认识所面临情境的基础上产生的认知行为，意志过程和情绪体现具有主动性、积极性；"服从"指行为人基于他人期望影响而不得不采取的行为，意志过程和情绪体验是被动的、消极的；而"顺从"在行为归因上则与"服从"相似，其情绪体验是消极的，但意志过程在主动性和被动性上都有体现。例如，消费者受广告影响而产生自发购买行为，煤矿一线矿工受到安全文化浸染自发产生的安全行为等都是典型的遵从行为。

就制度遵从而言，由于组织管理制度体现的是组织为了实现战略目标而激励和约束员工行为的一种手段，多伴有外部奖惩因素。那么，员工面对组织各项制度时，如果组织制度制定科学有效，考虑到员工的实际情况和需求，员工产生的可能是遵从行为。相反，如果制度制定过于强制而忽略员工需求，员工表现就是服从或顺从行为。可见，制度遵从行为在内涵上较前述研究具有宽泛界限，无论是遵从、服从还是顺从都应该属于制度遵从行为，那么认为制度遵从行为就是行为人面临制度激励、约束或压力等情境下产生的认知行为，其意志过程和情绪体验可能是主动、积极的，也可能是被动、消极的，或者是二者兼有之。

（2）基于驱动方式的遵从行为分类

关于遵从行为分类，Allen[202]基于群体层面将遵从分为公众服从（public compliance）和私下认可（private acceptance）。其中，公众遵从是指人们为了获得奖励或避免惩罚而顺从群体规则，不会随着自己想法的改变而改变；私下认可是指人们自愿接受群体的态度、信仰、价值观和期望，并且改变自己的想法而和群体保持一致。此外，人们渴望被接受和被喜欢，因此会受到社会影响的制约，Deutsch 和 Gerard[203]在将社会影响分为法规型和信息型两个类型的基础上，进一步讨论了服从和认同的区别，认为规范型社会影响是为了符合他人积极期望而产生的压力，当行为人面临这类影响时，通过服从行为和认同行为来实现。其中，认同是指为了和群体成员保持好的关系而做出的符合群体规范的决策[204]，而服从则是为了从他人那里获得认可而被动地接受规范影响。

对比 Allen[202]、Deutsch 和 Gerard[203]和宋官东[201]3 位学者提出的遵从、服从或顺从等行为内涵可以发现，公众服从（public compliance）和服从或顺从的内涵较为一致，强调的是行为人为符合他人或群体的期望（这种期望并非符合自我意志）不得不采取的行为，是被动的；而私下认可（private acceptance）与遵从的内涵虽有一致但也略有不同，内涵一致体现在二者都强调遵从行为是行为人意志主动的表现，内涵不一致体现在行为主动性的驱动源不同，前者关注的是规范本身与行为人意志可能存在一定程度的不同，而后者则强调情境中的规范自身大都与行为人意志较为相符。可见，无论是私下认可、遵从还是公众服从或顺从，都在个人意志的被动和主动方面有着一致的区分，也就是说他人或群体对行为人行为的驱动方式上存在内源性驱动和外源性驱动两类，前者驱动力来自于自我意志，而后者驱动力大部分来自外部因素。

心理学中的内源性驱动和外源性驱动恰好说明了二者的区别[205]。内源性驱动是内部产生的激励因子，是这些激励因子将个体与任务或者工作本身联系起来的；外源性驱动是由其他人或机构进行分配的，在工作环境中包括工资、福利、晋升、避免惩罚和获得外在奖励等[205]。因此，参考内外源驱动力的相关研究和宋官东[201]

研究中的分类依据,本书仅从行为人行为驱动方式的内源性、外源性两种类型出发,将制度遵从行为分为"内源性制度遵从行为"和"外源性制度遵从行为"(图4-2)。

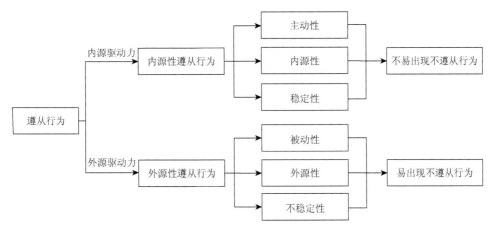

图4-2　遵从行为的分类及特征

1)内源性遵从行为(简称"内源性遵从")。内源性遵从行为是真正意义上的遵从行为,是行为人自愿且积极主动选择与他人或群体要求一致的行为或行为反映倾向,此时他人或群体确定行为的行为准则与行为人自我行为准则相一致,行为人面临的不再是客观或心理上的模糊情境,而是清晰的情境,其遵从行为的驱动力来自个人自主意志,具有主动性、内源性、"表里如一"和行为保持的持久性等特征。

2)外源性遵从行为(简称"外源性遵从")。外源性遵从行为则类似于服从或顺从,行为人之所以选择与他人或群体要求一致的行为并非主动自愿,而是为了满足他人或群体的积极期望,又或是为了避免惩罚或获得奖励等外部原因,不得已而为之,类似于控制性动机主导下的遵从行为[206]。这些积极期望或外部因素可能有悖于行为人的实际需求,使得人们在服从或顺从行为时将面临一定压力[203],可能引发行为人面对压力的消极应对策略,其遵从行为驱动力来自外部因素,具有被动性、"表里不一"和行为持久性不稳定等特征(例如,表面上遵从制度,在监管不力的情况下会产生不遵从行为,也就是所谓的"当面一套,背后一套"),很容易出现违规行为。正如Amabile[207]所述,在工作情境下,控制型动机在相对机械的任务中具有短期优势,但这种短期优势在一周内就会消失[208](图4-2)。

4.2.2　基于"内外源"的安全管理制度遵从分析

就煤矿企业安全管理而言,安全管理制度是煤矿企业为了实现安全管理目标而激励、引导和约束员工行为的一种手段,特别是煤矿企业一直都在大力推行"准军事化管理"，理所当然会配有严格、强制的安全管理制度，以期望减少管理者和员工的不安全行为。然而，在后续相关调研过程中发现，所调研煤矿企业的安全管理制度制定得虽然细致、规范且具体，但访谈过程中有不少人员表示由于安全管理制度过于规范、严谨而未能考虑到员工的实际需求而无法得到有效执行，即行为人无法真正对安全管理制度进行遵从。可见，如果安全管理制度的制定未能考虑被约束行为人实际的态度、价值观及自我期望等需求，其对行为人产生的影响属于规范型社会影响，则行为人对制度采取服从或顺从行为的概率更大。

依据上述分析，安全管理制度在实施过程中可能出现两种情境：一类情境是安全管理制度制定的规则恰好与行为人的自我期望、价值观或态度等需求相吻合，行为人采取"表里如一"的"内源性遵从行为"，此情境中行为人的制度遵从行为是内发性的，具有较为稳定的持久性；另一类情境是调研中所出现的情况，即制度制定的规则与行为人实际需求不符，此时的安全管理制度对行为人产生的是规范型社会影响，对行为人产生较大程度的压力，行为人不得不去服从或顺从制度要求，属于"外源性遵从行为"，如果制度带给对方的压力过大，可能会出现行为人的消极应对策略，即为了避免惩罚或获得奖励而造假，产生表面上的遵从。此类情境中行为人的制度遵从行为持久性较差，引发不安全行为而产生安全风险。从后续所调研的煤矿企业安全管理制度的执行情况来看，相当一部分员工执行的都是"外源性遵从"，意味着员工的制度遵从行为持久性较差，很容易产生弄虚作假、欺下瞒上甚至违章等不良行为。

通过以上分析，本书将安全管理制度遵从行为分为"内源性制度遵从行为"和"外源性制度遵从行为"。其中，"内源性制度遵从行为"是指制度作用对象自愿且积极主动选择与制度要求一致的行为或行为倾向；"外源性制度遵从行为"是指制度作用对象仅仅为了避免制度惩罚或获得奖励，又或是为了满足他人或群体期望等外部原因不得不进行的遵从行为或行为倾向。

由于人们在阶层、知识、认知等方面的差异性，特别是煤矿一线矿工知识结构普遍较低，工作需求较为单一，如果煤矿安全管理制度过于强制而忽略员工的实际需求，员工对于制度的遵从虽有一定程度的"内源性遵从"，但会有更高程度的"外源性遵从"。既然 Amabile[207]认为，在机械型任务中控制性动机具有较短的时效性，一旦煤矿企业的安全管理制度与员工个体要求出现矛盾，将会有人员采取违章行为来实现自身经济或非经济利益的满足。因此，煤矿企业的安全管理制度要想成功实施，并非是人员进行普遍意义上的制度遵从，也就是说，不能仅仅强调员工遵从制度就万事大吉，还要考虑制度自身对员工遵从行为的驱动特征，通过合理的制度设计提升内源性驱动，从"要我遵从"转为"我要遵从"，让绝大部分员工产生积极主动、持久的制度遵从行为。

4.3 "名义-隐真"文化错位与安全管理制度遵从关系理论解析

4.3.1 制度表现手段的人性假设基础

（1）制度表现手段与人性假设

上述对制度结构的理论分析得出，制度手段是制度自身设计思想的体现，表达了制度作用范围内各方利益诉求的主导偏好。而组织作为双主体结构，包含组织与员工视角的两种利益诉求，在组织制度的作用范围内两方利益诉求必然存在不一致的地方，可能存在"自上而下"强制型、"自下而上"民主型和"双向"民主集中型3类制度表现手段（图4-3）。同时，组织制度是组织中全体成员必须遵守的行为准则，是引导、激励和约束组织员工行为的手段，而人的性质和人的行为假设对于组织和管理人员引导、激励和约束人们行为极其重要，因此分析制度表现手段就要探究其人性假设的深层原因。

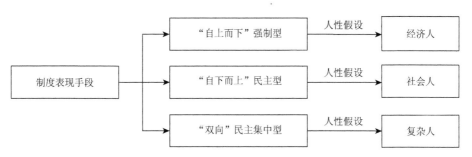

图4-3 制度表现手段与人性假设

翟学伟[209]认为，"人性被假定成什么样子，则是一个理论问题，需要通过对一系列文化的预设考察来理解人们如何看待自身，如何构建社会，即一系列制度为什么这样设立而不那样设立"，说明不同的人性假设将引导不同制度设计的方向，即人性假设是决定制度表现手段的基础。在管理学中，现有人性假设的观点主要包括"经济人"、"社会人"、"自我实现人"和"复杂人"4种假设。

（2）基于"经济人"假设的制度表现手段

"经济人"假设被认为是传统经济学最基本的假设，也是引进到古典管理理论的理论基石，其内涵包括人都是追求自己的利益（即每个人都是自利的）和人都是理性的（即都精于算计的）两个方面。在古典管理理论中，"经济人"假设隐含着"人性本恶"的观点，认为经济利益最大化才是人们工作动机的根源，因此要把人放在被动的位置上进行严格管理，忽略人的社会性和复杂性。在组织中，如果员工是完全意义上的"经济人"，每个人追逐的仅仅是经济利益而非如社会性的非经济利益，那么以金钱刺激为中心并施以高度奖惩的"自上而下"强制型制度在表现手段上完全以组织利益为主，完全忽略员工的自主意志，这恰好符合此人性假设基础上的员工行为规律（图4-3）。

（3）基于"社会人"与"自我实现人"假设的制度表现手段

"社会人"假设与"自我实现人"假设具有相似内涵。"社会人"假设不仅承认人具有满足自身物质需要的需求，更强调人具有尊重、社交等社会性需求，而管理者必须从员工自身的经济与非经济利益诉求上来激励和约束员工。"自我实现人"则是对"社会人"假设的继承与发展，该假设不再认为人在工作中是被动的、懒惰的，相反则认为人不仅具有社会和心理需要，更具有能动性和创造性，以及追求工作成就的需要，能够进行自我控制，是积极的人性假设。"经济人"和"自我实现人"假设都使人在工作中的地位得到极大提升，"以人为中心"的思想得到强化。在组织中，如果员工是完全意义上的"社会人"或"自我实现人"，则每个人追逐的不仅仅是经济利益，更多的是成就、尊重等非经济利益，那么以尊重并满足员工个人自主意志为中心的"自下而上"民主型制度在表现手段上是宽容和民主的管理方式，更符合此人性假设基础上的员工行为规律（图4-3）。

（4）基于"复杂人"假设的制度表现手段

"复杂人"假设是在综合"经济人"、"社会人"和"自我实现人"3种人性假设上提出的，是对这3种人性假设的综合归纳。该假设认为人性是多元化的，不同的人或者同一人在不同时期和不同场合都会表现出不同的动机与需求，因此人性是权变的，需要采取权变的管理方法。在组织中，每位员工的个性、教育、经历等特征不同，其需求必然也各不相同，那么"复杂人"假设基础上的制度设计则需要采取权变的制度表现手段，即不仅要考虑组织的利益，更要兼顾员工的实际需求；不仅要考虑人性的积极面，也要考虑人性的消极面；不可仅对员工采取单向强制约束，也不可仅采取单向民主激励。因此，"复杂人"假设基础上的制度管理，即不适合忽略员工需求的"自上而下"强制型制度，也不适合完全以员工需求为中心的"自下而上"民主型制度，而应该是兼顾自上而下和自下而上的"双向型"民主集中型制度表现手段。

可见，人性假设不同，制度的表现手段也不同。制度在设计时不仅要考虑制度的目标和表现形式，更应在深入研究制度作用对象的人性假设基础上采取适合的制度表现手段，否则制度的作用可能适得其反。

4.3.2　安全管理制度表现手段与内外源遵从关系分析

（1）煤矿作业人员的"复杂人"人性假设

依据陈红等[197]提出的煤矿企业安全管理制度内涵，煤矿企业安全管理制度的作用对象不仅包括企业的一线作业人员、普通员工等，还包括中层和高层管理者。然而，由于管理者、普通员工和一线作业人员等的个性、教育程度、年龄等人口统计特征不同，相对应的制度表现手段的人性假设基础也不尽相同。虽然煤矿安全管理制度的表现形式貌似已经对不同人性假设进行了区别对待，如针对管理者强调的《安全生产责任制度》、《领导及管理人员带班入井制度》等，以及面向一线作业人员和管理者的《管理者与员工不安全行为管理制度》，但在制度的表现手段上却较为相似——"高奖惩力度，特别是高惩罚力度"依然是煤矿企业安全管理制度的主要表现手段，正如陈红等[197]指出的，当前众多煤矿企业采取的是安全惩罚制度和安全监管制度，希望通过加大罚款力度等方式来减少作业人员的不安全行为选择。可见，煤矿企业安全管理制度的制定者将制度作用人员假设为"经济人"，采取的是"自上而下"强制型制度表现手段。

陈红等[197]同时也提出，煤矿普遍存在员工非正常流失的情况，而造成员工流失的一个重要原因是员工觉得企业罚款的力度和频次较高，超出了自己所能承受的范围，给作业人员身心带来伤害，引发消极怠工。可以发现，即使煤矿企业在人性假设基础上采取了适合的制度表现手段，但却是建立在不当人性假设的基础上，因此煤矿企业安全管理制度的表现手段并没有区别对待相关人员，也没有深入研究安全管理制度作用对象的人性假设，更没有采取适合的制度表现手段。

无论是煤矿企业的一线管理者抑或是一线作业人员，他们不仅存在群体间的人性假设区别，也存在群体内的人性假设区别。特别在社会转型背景下，新生代矿工在人员构成中的比重越来越大。新生代矿工是指国有企业用工制度改革之后，进入煤矿工作的年龄在18~35岁的所有80后、90后人员。代际价值观的存在使得老矿工价值诉求差异明显[210]，一线矿工群体内的价值诉求呈现复杂化和多元化，意味着一线矿工群体存在复杂又多元的需求，因此"复杂人"更适合作为面向一线矿工制定安全管理制度表现手段的人性假设。

（2）安全管理制度表现手段与制度认同

制度的根本问题是人们对制度的认同与遵从问题。蔡辰梅[211]在研究教育制度的遵从问题时提出教育制度认同是遵守教育制度的前提。同理，对安全管理制度的认同同样是遵从该类制度的前提。既然制度合法性的基础是同意（哈贝马斯），要想使制度得到制度作用对象的认同，制度的制定就必须是民主的，也就是说制度制定时制度作用对象必须参与制度的制定。

Kelman 和 Hamilton[212]提出 3 种认同成分，分别是依从、认可和内化，反映了个体在面对外部影响时的 3 种态度，具体到制度认同方面，这 3 种认同成分同样代表了制度作用对象对制度自身持有的 3 种态度。参照 Kelman 和 Hamilton[212]提出的 3 种态度概念，这里将分别对制度的 3 种态度理解如下：①制度依从，指个人因为想要从组织或制度中获得自己期望的回报结果而选择接受组织或制度的要求和影响。在这种情况下，个体选择表现出制度希望其表现的行为，只是为了获得特定报酬或避免未做到该行为的惩罚，而非出于自身思考。②制度认可，指个体为了建立或是保持与组织或制度的某种能够让其得到满足的关系而选择接受组织或制度的要求。对制度的认可使得个体和组织都得到一定程度利益的满足，虽然可能有时个体所期许的制度回报和制度认可行为并非完全相关，但他们总坚信这样的回报是他们选择制度认可的结果，因此制度认可所带来的满足源自于制度表现手段中个体与组织双方利益的一致性。③制度内化，个体选择接受组织或制度希望给予的影响，是因为这种影响本身就是个体所认为的报酬，个体接受这种行为是因为这种行为与个体价值观具有一致性，是员工对制度的高度认可，是对制度的自觉遵从。

安全管理制度的 3 类表现手段充分展现了制度设计的民主程度与作用对象的参与程度，不同程度的民主与参与都将影响制度作用对象对制度自身的认同程度，也就是说，不同类型的制度表现手段都将影响制度作用对象对制度本身产生不同的依从、认可和内化等态度。同时，不同的态度又会影响个体在接受外部影响时的行为表现，在制度依从、制度认可和制度内化态度下，员工对制度遵从行为的内源性特征和外源性特征都不相同（图 4-4）。

（3）基于"复杂人"假设的制度表现手段与制度遵从分析

基于煤矿企业一线作业人员的"复杂人"假设，综合上述制度表现手段与人性假设关系分析，"双向"民主集中型表现手段很有可能适合作为面向作业人员进行煤矿安全管理制度设计的思想基础。然而，鉴于制度表现手段的 3 种类型，以及煤矿企业实践中的种种原因，企业可能会采取多种表现手段的安全管理制度设计，这就要求企业在实践中必须在正确的人性假设基础上设计适合的安全管理制度。如果煤矿企业安全管理制度制定者以错误的人性假设视角看待员工，势必采取错误的制度表现手段，而这种表现手段错误地看待了制度作用对象的实际价值和利益诉求，使得制度要求与制度作用对象的实际需求发生偏离，给制度作用对象带来不匹配的压力，导致作用对象面临制度要求时采取积极或消极的应对策略，引发员工对制度遵从的行为选择。

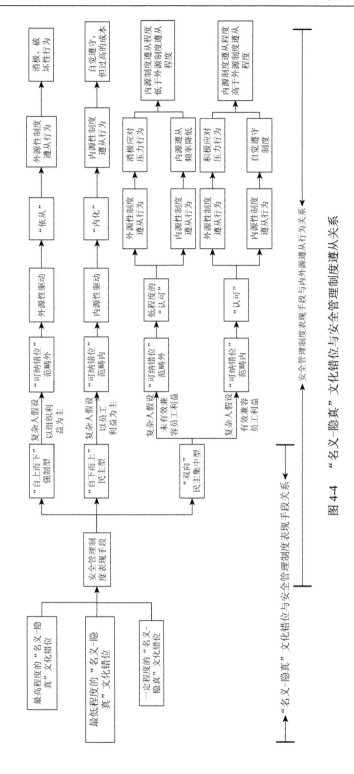

图 4-4 "名义-隐真"文化错位与安全管理制度遵从关系

本书的主要目的之一是探究适合煤矿一线作业人员的安全管理制度表现形式与表现手段，以此给予一线作业人员适合的压力，使得矿工在面对制度要求时一方面表现出积极主动的内源性制度遵从行为，另一方面减少消极被动的外源性遵从行为，以及由外源性遵从行为可能引发的危及煤矿安全的行为。因此，有必要从3类制度表现手段出发，从理论推理的视角来讨论不同制度表现手段情境下一线作业人员制度遵从选择的规律。

1）"自上而下"强制型制度表现手段与制度遵从分析。煤矿企业的"自上而下"强制型制度表现手段非常类似于 Kelman 和 Hamilton[212]提到的组织命令与控制模式，该模式关注通过惩罚与制裁人们错误行为的方式来控制他们的行为。也就是说，在一定程度上，员工在该模式下接受的是组织进行的外部刺激，这种外部刺激力量可以规范员工行为，特别是在组织情境下，这种外部刺激力量通常以激励（激励期望的行为）与惩罚制裁（阻碍不期望的行为）的形式存在，是传统的制度遵从模式[213]。煤矿企业"自上而下"强制型制度表现手段所表现的就是高度的奖惩力度，但是该手段是建立在"经济人"假设的基础上的，完全以组织利益为主，过于忽略员工的自主需求。

"自上而下"强制型制度表现手段更多侧重于组织利益而忽视员工利益，一线员工在工作操作中选择遵从制度并不会给自己带来任何利益或是心理上的满足，但是因为制度的存在建立起了员工的约束机制，如果员工不按制度要求规范自己的行为，就会受到相应的惩罚，为了避免受到惩罚，员工就必须遵从制度要求，制度表现手段的作用力偏向于"外源性驱动"，此时煤矿作业人员对制度自身将产生依从的态度，即因为外部的强制因素致使员工必须按照制度做出行为的改变，产生对制度的"外源性遵从行为"。但这种外源性制度遵从只是员工在表面上的制度遵从，一旦监管不力，员工很有可能出现消极怠工，表现出故意装病请假、破坏机器设备，以发泄内心对企业的不满情绪，甚至会引发事故，给企业和员工带来经济性与非经济性的损失（图4-4）。

2）"自下而上"民主型制度表现手段与制度遵从分析。煤矿企业"自下而上"民主型制度表现手段关注的是员工的实际需求，非常符合"社会人"人性假设，时刻将员工需求置于组织利益之上，制度体现出高度"以人为本"的思想，将会得到员工的高度认同，激发员工对制度自觉遵从。此种表现手段类似于自我决定模式，该模式强调员工的内在激励，认为员工是否选择遵从制度根源在于员工自己，而非组织强加给员工的外部激励与制裁，即组织可以通过内在激励让员工遵从组织制度[213]。

基于"复杂人"假设的煤矿企业一线作业人员，当煤矿企业采取"自下而上"民主型制度表现手段对该群体进行制度激励和约束时，更确切地说，是对该群体进行制度激励时，由于制度设计完全迎合一线作业人员的实际需求，势必得到他们的拥护与欢迎，在此条件下，当一线作业人员在实际工作中选择遵从制度设计来规范自己行为时，能够获得切实回报和满足，极大程度地满足了员工的内在需求，制度所要求的行为与一线作业人员本身的需求保持了极高的一致性，员工认为制度所要求的行为就是自身想要做的，是与自己的价值体系保持一致的此时，一线员工对制度报以的态度就是内化，通过强调对员工的内在激励而非外部约束，来让员工遵从制度，制度手段偏向于"内源性驱动"，那么一线矿工对安全管理制度是发自内心的认同，也将自觉遵从制度要求，表现出的是制度的"内源性遵从行为"。然而，需要反思的是，员工利益与组织利益必然存在不一致，如果在表现手段上完全顾及员工利益，纵然安全管理制度的目的仍然是以组织利益为主，但在制度设计、执行和完善方面将产生更高成本，使得制度设计形式过于"曲线救国"，偏离了组织利益最大化的初衷。此外，人都是具有劣根性的，过于迎合员工需求可能使某些组织原则丧失效力，可能会削弱制度权威性，长此以往，员工可能会漠视制度的存在，使得"内源性制度遵从行为"降低（图4-4）。

3）"双向"民主集中型制度表现手段与制度遵从分析。如果把组织利益与员工利益作为整体比喻为"天秤"的话，组织与员工则分属于天秤的两端，它（他）们利益诉求本质上并不相同，但可以通过组织制度等管理手段的调节来平衡各方利益。通过上述两种制度表现手段与制度遵从行为选择的分析可以看出，"自上而下"强制型和"自下而上"民主型制度表现手段似乎代表天秤两端的砝码，完全或过于投入任何一端，都会造成整个天秤的不平衡，使得煤矿企业安全管理制度的制定、执行等整个过程极端化。

本书在上述分析中提出"双向"民主集中型制度表现手段适合于"复杂人"人性假设，该表现手段认为，组织与员工存在一个双方都能接纳的利益范围，因此制度要有效兼容组织与员工的双方利益，使得此范围内双方的利益达成一致。反映在"天秤"中就是通过增加或减少"天秤"任何一端的砝码来达到两端的平等，形成"天秤"的平衡状态，可见"双向"民主集中型制度表现手段介于命令控制模式与自我决定模式之间，是中国传统文化"中庸之道"的体现。

煤矿企业"双向"民主集中型制度表现手段是对组织与员工利益的双向考虑，对基于"复杂人"假设的煤矿企业一线作业人员而言，该类手段对其行为塑造既有激励方式也有约束措施，制度本身表现手段既有"内源性动机"也有"外源性动机"。当煤矿企业有效兼容了作业人员的利益诉求时，即虽然没有完全迎合员工的个人需求，但顾及了员工的重要需求部分，员工也会认同此类制度，自觉遵从制度，员工认为当下遵从制度要求的行为能够为组织和自己带来一种平衡的互惠关系，在这种关系中，虽然员工不是完全优势的一方，但是因为员工最重要的核心需求部分得到了满足，使得这种互惠关系变为一种较为稳定的联系，这是员工所不愿意轻易破坏的良好状态，为稳定和维持这种状态，员工就必须选择遵从制度，此时员工所持的态度就是"认同"，遵从制度的意愿来自员工想要对这种互惠关系的维持，其是由内源性驱动产生的"内源性制度遵从行为"；同时，为了预防人的劣根性和保证组织利益的有效实现，员工的行为也会受到如奖惩等措施的约束，给员工心理带来一定压力，但考虑到企业对员工利益的关注，为了应对压力，员工可能更多采取积极应对压力的行为——"外源性制度遵从行为"。如果煤矿企业未能有效兼容员工的个人利益诉求，虽然看似迎合了员工的个人需求，但实际上未能顾及员工的重要需求部分，员工对于制度的认同度将会降低，"内源性制度遵从行为"的频率也将会降低；随着员工对制度自身的认同度降低，制度约束措施引起的压力会致使员工不仅采取积极应对压力的行为——"外源性制度遵从行为"，也会出现消极应对压力的行为——监管不利的时候，员工可能会采取反生产行为，引发安全事故的发生，给企业和个人带来损失（图4-4）

4.3.3　"名义-隐真"文化错位与安全管理制度关系分析

（1）安全管理制度的文化特征解析

组织文化层级结构中，组织制度嵌入于中间层，应企业在经营管理中对软硬管理的迫切要求而产生，是组织为实现员工共享价值观最直接、最重要的管理手段，也是引导和约束行为人实现组织目标必须遵循的行为准则，其形成的思想基础就是组织价值观（见第3章）。当企业围绕组织价值观制定的制度在实施执行过程中产生效用，并逐渐内化为员工遵从的自律形态时，就显示了组织制度的文化约束和引导效力。然而，理想中的制度形态与效用总是在遇到现实情境时显得无奈，由于组织印象管理、组织隐规则等诸多影响因素的存在，使得组织自身的内部结构固有存在着"名义文化"和"隐真文化"两类形态，在组织文化的二元结构中已经论述到，"名义-隐真"文化结构存在错位形态，即组织正式制度与隐规则总是存在一定程度的背离。某些在正式场合不能公开的隐规则却成为大家私下流行的做法，如果这些隐规则出现在组织正式制度中，企业将会面临声誉受损等风险，因此出于印象管理等原因，企业不得不在制定制度时反对或不提倡某类规则，但实际执行中却只能"睁只眼、闭只眼"。因此，组织制度原本反映的是名义文化通过制度手段表现出的，但却因隐真文化的存在，使得组织制度的某些方面不得不成为"摆设"。

煤矿企业的安全管理制度作为组织正式制度的一种，同样存在上述的被动情境。煤矿企业安全管理的目标是安全和生产，围绕兼顾安全与生产两类目标的实现，煤矿企业必须要制定《安全生产责任制》、《安全奖惩制度》和《安全操作规程管理制度》等一系列15项制度来保证安全与生产，反映出是企业的"名义文化"形态。但近年来，煤矿企业管理中出现的员工或管理者的不安全行为、员工偷盗或故意损害公共物品、为了经济利益赶进度导致事故发生等事件层出不穷，以及事故发生后对死亡数据的瞒报欺骗等行为，均折射出企业存在着另一套真实的执行文化，但这些文化形态因为道德约束、企业形象等多种原因不得不以"隐性"形态存在于组织中，即是企业的"隐真"文化形态。可见，"名义-隐真"文化错位的存在是煤矿安全管理制度最重要的文化特征。

（2）"名义-隐真"文化错位与安全管理制度表现手段关系

依据上述分析可知，煤矿企业安全管理制度的"名义文化"表达的是组织对员工的期望，是以组织利益为主的文化；而"隐真文化"代表的是员工最真实的渴望，是存在于人员关系中最真实的文化形态，但出于种种原因不得不隐藏于组织中，是以员工利益为主的文化，体现了员工的自主意志。同时，在组织文化二元论的理论创新部分，本书提出，"名义-隐真"文化错位形态是组织文化的自然属性，是组织内部固有的结构形态。但"名义"与"隐真"文化不可能完全一致，要想保持组织文化内部结构的稳固，"名义"与"隐真"文化可能存在"一定程度适合的一致和一定程度适合的差异"形态，既"名义-隐真"文化的"可纳错位"形态，反之，如果超出"可纳错位"或者不符合这个范畴，将会引发组织文化内部结构的失衡，以及组织价值观内部结构失衡、组织制度无效等问题。

安全管理制度表现手段是煤矿企业在制度设计中双方利益诉求偏好的选择形式，这种偏好可以是完全以组织利益为主的选择，也可以是完全以员工利益为主的选择，同时还可以是组织与员工利益兼顾且平衡的选择，前者对应的文化基础是"名义文化"，中间对应的文化基础是"隐真文化"，后者对应的文化基础就是"名义-隐真"文化的错位。如果把"名义文化"和"隐真文化"分别作为"名义-隐真"文化错位的两个表现极端，那么煤矿企业安全管理中的"名义-隐真"文化错位程度恰恰对应了3种类型的安全管理制度表现手段。

首先，最高程度的"名义-隐真"文化错位，即反映在煤矿企业安全管理制度中的"名义文化"形态，是"超可纳错位"范畴内的文化形态。该形态是完全以组织利益为主的文化，强调的是组织对员工的要求，期望员工应该如何做，对应的应该是煤矿企业"自上而下"强制型制度表现手段，只是该类制度表现手段所对应的文化错位在"可纳错位"范畴外，容易引发制度失效等问题（图4-4）。

其次，最低程度的"名义-隐真"文化错位，即反映在煤矿企业安全管理制度中的"隐真文化"形态，是完全不符合"可纳错位"范畴内的文化形态。该形态体现了较高程度的"隐规则"要求，是完全以员工利益为主的文化，强调的是员工自主意志，组织应该迎合员工的实际需求去开展工作，对应的应该是煤矿企业"自下而上"民主型制度表现手段，只是该类制度表现手段所对应的文化错位同样在"可纳错位"范畴外，会引发组织文化内部失衡、制度失效等问题（图4-4）。

最后，排除最高程度与最低程度的基于"名义-隐真"文化错位的煤矿安全管理制度，体现了对组织"隐规则"一定程度的包容，是对组织利益与员工利益兼顾的文化形态，对应的应该是煤矿企业"双向"民主集中型制度表现手段，虽然该类制度的文化特征符合"可纳错位"范畴，但并不意味着基于所有程度的错位都属于"可纳错位"范畴。在上述"双向"民主集中型制度表现手段与制度遵从行为选择分析中，提出两种情境：一种是"当煤矿企业有效兼容员工个人利益诉求，即虽然没有完全迎合员工个人需求，但顾及了员工重要需求部分，员工也会认同此类制度"；另一种是"如果煤矿企业未能有效兼容员工个人利益诉求，虽看似迎合了员工个人需求，但实际上未能顾及员工重要需求部分，员工对于制度的认同度将会降低"。依据"可纳错位"的内涵，显然第一种情境是属于"可纳错位"范畴，第二种情境处在"可纳错位"范畴之外（图4-4）。

4.3.4　"名义-隐真"文化错位与安全管理制度遵从行为关系推理

基于上述"制度表现手段的人性假设基础"、"安全管理制度表现手段与内外源遵从行为关系分析"和"'名义-隐真'文化错位与安全管理制度关系分析"等问题的深入解析，可以看出基于"名义-隐真"文化错位的煤矿安全管理制度遵从研究框架在整体上存在这样的逻辑关系："名义-隐真"文化错位是煤矿企业安全管理制度的深层文化特征，"名义-隐真"文化错位程度决定了煤矿安全管理制度3类表现手段，这3类表现手段在"复杂人"假设前提下将会影响一线矿工对煤矿安全管理制度不同程度的"内源性制度遵从行为"和"外源性制度遵从行为"。其具体关系如下。

1）最高程度的"名义-隐真"文化错位对应的是煤矿企业"自上而下"强制型制度表现手段，在"复杂人"假设前提下，煤矿企业一线矿工不得不去遵从制度，表现出的是对制度的"外源性遵从行为"，一旦监管不力，员工会出现对抗制度的情况，可能引发事故，给企业带来损失（图4-4）。

2）最低程度的"名义-隐真"文化错位对应的是煤矿企业"自下而上"民主型制度表现手段，在"复杂人"假设前提下，煤矿一线矿工表现出积极主动地遵从制度，是"内源性遵从行为"。然而，该制度表现手段可能会削弱制度权威性，长此以往，员工会漠视该制度，导致"内源性制度遵从行为"减少（图4-4）。

3）排除最高程度与最低程度的"名义-隐真"文化错位依然存在较高程度的文化错位和较低程度的文化错位两种情境，认为较高程度的文化错位更有可能处于"可纳错位"范畴之内，而较低程度的文化错位更可能处于"可纳错位"范畴之外，这里对两种情境进行分析（图4-4）。

较高程度的"名义-隐真"文化错位对应的是煤矿企业"双向"民主集中型制度表现手段，在"复杂人"假设的前提下，由于该类制度表现手段隐含的文化错位更可能在"可纳错位"范畴之内，煤矿企业一线矿工表现出高度积极主动地遵从制度，体现出较高程度的"内源性遵从行为"。

较低程度的"名义-隐真"文化错位对应的依然是煤矿企业"双向"民主集中型制度表现手段，在"复杂人"假设的前提下，由于该类制度表现手段隐含的文化错位可能在"可纳错位"范畴之外，煤矿企业一线矿工虽然表现出积极主动地遵从制度，但仅仅是一定程度的"内源性遵从行为"，一旦监管不力，一样容易出现违章行为，给企业和个人带来损失。

综上，研究煤矿企业安全管理制度有效问题，其实就是研究"名义-隐真"文化错位与制度遵从行为的问题，也是研究"名义-隐真"文化错位中"可纳错位"范畴的问题。同时，为方便后续分析，这里将3类"名义-隐真"文化错位系统概括为两类文化错位形态："高度'名义-隐真'文化错位"和"低度'名义-隐真'文化错位"。

4.4 基于博弈论视角的论证分析

4.4.1 基于煤矿安全管理制度的博弈主体解析

组织进行制度设计不仅要考虑应选择何方利益诉求为主，同时还需从行为学视角考虑合作与冲突背景下非主方进行的自我相关利益行为选择问题。这里涉及的选择问题，其实就是多方的博弈问题，是组织内利益主体之间的较量和博弈。

煤矿企业中安全管理制度制定者包括一把手、外部专家等，制度代表的是煤矿利益，而制度的执行则需要在高层管理者，即矿长、书记、各个部门主管及相关人员的推动和监督下，由矿上全体人员（包括一把手和部门主管）去贯彻和执行。也就是说，煤矿企业各类个体（包括一把手和部门主管）、煤矿自身，以及煤矿内各个组织都是不同利益的主体，相互之间的利益冲突是必然的。可见，3类煤矿企业安全管理制度性质不同，制度表现手段理当不同。当组织选择不同制度表现手段时，个体面对不同手段时的行为选择也不尽相同，煤矿企业如何选择合适的制度，管理层如何选择制度实施和执行，而个体又如何选择对制度的行为（最为直观的表达就是个体对制度的遵从行为），因此就构成了煤矿企业的安全管理制度选择策略与个体对制度遵从行为选择策略的3个博弈方。本章试图运用经济学中的博弈理论相关方法，将煤矿企业、管理层和企业人员个体作为3个博弈方，通过建立模型对各自为实现自身利益最大化引起的博弈机理进行分析。

4.4.2 基本博弈模型构建

（1）模型假设

首先，假设个体行为是完全理性的，即参与博弈的煤矿企业行为、管理层行为或个体行为始终都以实现自身利益最大化为前提条件；其次，假设收益可以量化，即在整个博弈分析过程中，博弈分都依据可以量化的收益作为策略选择的判断取舍，该收益是一种标准；再次，假设煤矿企业、管理层和企业人员作为博弈方，符合博弈论中所确定的博弈方特征，即独立决策、独立承担结果，同时为简化分析，个体面对制度总有实现自我利益的机会，即各方是平等的，管理层在执行过程中如果选择高推行度，则一切遵章和违章行为都会被发现，并依据制度规定作出相应反馈；最后，假定煤矿企业处于制度变革时期，需要在制度表现手段上进行选择，而煤矿企业和企业人员双方对于对方的策略选择并不知晓。

（2）博弈参与方策略分析

煤矿企业作为博弈参与方的策略选择：依据组织文化二元结构和煤矿企业安全管理制度文化特征的相关分析，煤矿企业"名义-隐真"错位程度可以反映上述3类制度表现手段在性质上的深层差异。即使管理者是制度的推动者，但同时也是制度的被约束者，博弈中煤矿企业的人员理应包括管理者与普通（一线）员工，因此煤矿企业"名义-隐真"错位程度反映的是企业面向管理者和普通（一线）员工的制度表现手段。同时，上述的"'名义-隐真'文化错位与安全管理制度遵从行为关系"分析中指出，考虑到"可纳错位"，煤矿企业安全管理制度3类制度表现手段其实就是处于"可纳错位"范畴内的最高和较高"名义-隐真"文化错位程度特征与处于"可纳错位"范畴外的较低和最低"名义-隐真"文化错位程度特征。由此得出，煤矿企业作为博弈方的策略选择是基于"高度名义文化与隐真文化错位"（简称"高度错位"）的制度设计和基于"低度名义文化与隐真文化错位"（简称"低度错位"）的制度设计。错位程度越高，意味着安全管理制度中体现的员工意志越弱，自上而下的强制性就越强；相反，错位程度越低，意味着安全管理制度中体现的组织与员工意志一致性越强，其民主集中性就越强。

企业人员作为博弈参与方的策略选择：既然煤矿安全生产主体是煤矿工人，这里主要将煤矿工人作为企业人员进行博弈参与方的策略分析。然而，煤矿工人素质参差不齐，其认知水平及个人收益是安全管理制度能否得到有效遵从的制约因素[214]。安全管理制度作为组织政策的一种，是煤矿工人组织内部的压力源，对工人产生一定程度的压力，如果安全管理制度表现形式和表现手段与工人自身利益不符合，特别是与煤矿企业存在的"隐规则"产生矛盾时，还会引发工人个体内部冲突，可能给煤矿工人带来不同程度的压力，让工人在"安全管理制度"与"隐规则"中徘徊选择，对工人的心理和生理上形成不同程度的消极影响。而煤矿工人为了缓解这种压力并实现自身的利益，可能会采取积极应对行为和消极应对行为。因此，将煤矿工人作为博弈方的策略选择分为两种：对应积极应对的安全管理制度遵从行为（简称"制度遵从"）和对应消极应对而放弃对正式制度遵守的安全管理制度不遵从行为（简称"制度不遵从"）。

煤矿企业管理层虽然同为企业人员，但与普通（一线）工人具有截然不同的主体特征，区别于普通工人单纯是制度的接受者和被约束者，管理层在受制度约束的同时，也是制度的执行者和监督者，管理层的价值取向和作为决定了既定的安全管理制度是否能够被有效地执行到员工的工作中。在主体利益分析上，管理层既区别于普通工人，也不完全等同于煤矿企业。普通工人的利益来源于制度表现形式和表现手段是否能够切合自身的价值取向，以及由此所选择的遵从行为与不遵从行为所带来的奖励与惩罚的综合，而企业的利益则表现在对经济价值的追求，是企业在生产过程中创造的经济价值和与生产相关的各种成本（制度设计成本、安全工程成本、事故赔付等）的差值。而管理层作为企业管理者，拥有制度推行度决定权，即管理层价值取向决定了既定制度被执行和落实程度，管理层依据自身价值偏好从"高推行度"和"低推行度"中选择将要表现的行为，"高推行度"意味着管理层将花费更多的时间和精力在制度执行和监督工作上；而"低推行度"意味着管理层将花费更少的时间和精力在制度执行和监督工作上（图4-5）。

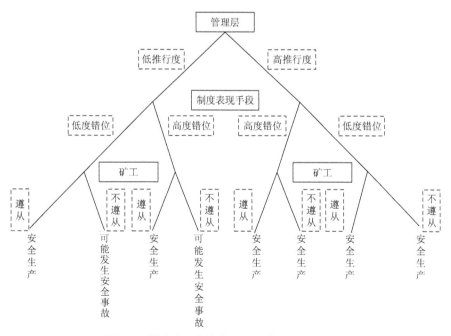

图4-5　煤矿企业安全管理制度遵从博弈决策树

（3）模型构建与分析

依据博弈参与方、相关策略选择分析和模型假设得出，无论哪类表现形式和表现手段的安全管理制度，最终都是为了"安全生产"目的服务，其对目标实现贡献的收益应该是相同的,因此本书假定执行安全管理制度带来的安全收益为 U。与此同时,制度成本也是客观存在的。制度成本是指在一个完整的制度周期中,每个阶段相应需要支付的成本,包括制度形成成本、制度执行成本、制度监督成本和制度变迁成本[215]。为简化分析,参考模型假设,针对企业成本层面,拟选取制度形成成本和制度执行成本来作为制度成本的构成,将制度形成成本设定为 C_1,制度执行成本设定为 C_2,那么安全管理制度带来的净收益为 $U-C_1-C_2$;另外,鉴于现实情况中企业管理层承担了制度监督工作,以及与之匹配的对遵章行为和违章行为的奖罚等制度推行工作,将制度监督成本作为管理层博弈行为选择成本的构成,即制度推行成本的构成,其设为 C_3。

对企业来说,在不同制度表现手段下,制度成本也不相同。就制度形成成本而言,制度形成过程其实就是决策过程,分为集权式和民主式两种,前者是个别领导或专家意见、制度形成资源消耗少、时间效率高、制度形成成本较低,后者是制度制定参与人数多、资源消耗多、时间效率低、制度形成成本较高[215]。煤矿企业基于"高度名义文化与隐真文化错位"的制度设计表现手段类似于集权式,基于"低度名义文化与隐真文化错位"的制度设计表现手段类似于民主式,这里将"高度错位"表现手段下的制度形成成本设定为 C_{11},将"低度错位"表现手段下的制度形成成本设定为 C_{12}。通过上述分析得知,煤矿企业安全管理制度两类表现手段策略中,$C_1=C_{11}+C_{12}$,且 $C_{11}<C_{12}$。

另外,制度从形成到被员工认可,企业必须克服员工对制度的抵触,以及消除员工价值观与制度传达价值观之间差异所带来的影响,这同样需要企业花费成本。此外,如果制度得不到有效执行,也将额外增加执行成本。无论是社会还是企业都存在大量"隐规则",煤矿企业也不例外。在特定情形下,"隐规则"的存在无疑会增加制度的执行成本。同时,在第 2 章中指出:"产生与正式制度对抗的'潜规则'源自于正式制度约束与价值观等文化目标的背离"(这里的价值观指的就是组织中实际存在的价值观),那么"高度错位"制度表现手段意味着正式制度约束与价值观等文化目标的高度背离,可能有大量"隐规则"存在,致使制度执行成本偏高;"低度错位"制度表现手段意味着正式制度约束与价值观等文化目标的低度背离,虽有"隐规则"存在但影响力较小,此时制度执行成本较低。就企业层面而言,将"高度错位"表现手段下的制度执行成本设定为 C_{21},将"低度错位"表现手段下的制度执行成本设定为 C_{22}。通过上述分析得知,在煤矿企业安全管理制度两类表现手段策略下,企业进行制度推行工作所需要承担的成本分别为 C_{21} 和 C_{22},且 $C_{21}>C_{22}$。

此外,假定安全管理制度为了约束和激励煤矿人员对制度的遵从,设有一定的奖惩金额。如果人员对制度遵从,可得的安全奖励为 S;如果对制度不遵从,遭受的惩罚为 F;体现煤矿人员"执行价值观"的自得利益为 R。

若煤矿企业选择"高度错位"制度表现手段，当管理层采取"高推行度"策略，若员工选择制度遵从，则行为表现符合安全管理制度要求，实现了企业安全生产，企业获得安全生产所能带来的收益为 U，考虑到企业所承担的制度成本为 $C_{11}+C_{12}$，则企业的收益为 $U-C_{11}-C_{21}$。若员工选择对制度不遵从，但由于在管理层"高推行度"策略的条件下，管理层将会投入足够的时间和精力在制度的监督和推行工作上，员工不遵从行为就会被发现并予以惩罚，最终表现为制度遵从行为，从而实现安全生产，因此这种情况下企业收益仍为 $U-C_{11}-C_{21}$。另外，当管理层采取"低推行度"策略，若员工选择制度遵从，则保证了企业安全生产的实现，同样，企业收益为 $U-C_{11}-C_{21}$。若员工选择不遵从制度，由于管理层采取"低推行度"策略致使监督力度下降，员工的违规行为得以实现，导致安全隐患出现，可能会易发事故，设定事故发生概率为 P_1（服从 $0\sim1$ 分布），事故引发损失为 D，则此时企业期望净收益为 $U-C_{11}-C_{21}-P_1 \cdot D$。

若煤矿企业采取"低度错位"制度表现手段，当管理层采取"高推行度"策略，若员工遵从制度，企业承担的制度成本为 $C_{12}+C_{22}$，企业收益为 $U-C_{12}-C_{22}$。若员工选择对制度不遵从，但由于在管理层"高推行度"策略的条件下，员工的不遵从行为就会被发现并予以惩罚，最终表现为对制度的遵从行为，从而实现安全生产，因此企业的收益仍为 $U-C_{12}-C_{22}$。另外，当管理层采取"低推行度"策略，若员工选择对制度的遵从，则保证了企业安全生产的实现，同样，企业的收益为 $U-C_{12}-C_{22}$。若员工选择不遵从制度，由于管理层采取的"低推行度"策略无法有效阻止违规行为的实现，导致安全隐患出现，可能会易发事故，此时事故发生的概率为 P_2（服从 $0\sim1$ 分布），企业期望净收益为 $U-C_{12}-C_{22}-P_2 \cdot D$。需指出的是，"高度错位"情境下由于过于忽视个人价值诉求，易引发员工的不安全行为，致使事故发生概率增加，反义，亦然，因此 $P_1>P_2$。

管理层作为企业利益的分享者，企业安全高效生产对管理层收益有正向作用，因此当企业实现安全生产时，管理层得到收益 U'。而管理层职责是维持企业生产经营过程的安全稳定，正如上述分析，管理层承担制度监督成本，职责是监督和保证制度在工作和生产过程中的推行，区别于企业所承担的执行成本，即消除组织"隐规则"带来的负面影响，管理层制度推行成本来源于为保证已形成的制度在员工生产作业中落实，管理层在相关制度监督与执行工作上必须花费时间、精力和感情，要做到违规行为必被罚，遵规行为必被奖。在"高推行度"条件下，管理层需要付出较多时间和精力在制度执行和监督工作上，以保证矿工行为表现符合制度要求，确保制度执行工作的贯彻和落实，此时管理层所需要投入的成本设为 C_3，因此管理层期望收益为 $U'-C_3$；在"低推行度"条件下，管理层对制度推行报以懈怠的消极态度，没有履行对制度执行的促进和监督工作，因此其投入成本为 0，此时，当矿工制度遵从行为选择为遵从，企业能够安全生产，即管理

层期望收益仍为 U'；当矿工选择不遵从时，表现为企业安全管理制度失效，将会导致生产效率下降和安全事故的可能发生，管理层对此负有不可推卸的责任，其收益将会被剥夺并被处罚 D'。而在不同制度表现手段下，员工选择不遵从所导致安全事故发生的可能性也不尽相同，从而导致管理层预期收益的不同，具体情况为，在管理层选择"低推行度"条件下，当员工选择不遵从，则安全事故有可能发生，若企业选择为"高错位度"表现手段，则事故发生率为 P_1，管理层的期望收益为（$1-P_1$）$\cdot$ $U'+P_1 \cdot$（$-D'$），若企业选择为"低错位度"表现手段，则事故发生率为 P_2，管理层的期望收益为（$1-P_2$）$\cdot$ $U'+P_2 \cdot$（$-D'$）。

对于煤矿企业人员，当管理层采取"高推行度"，煤矿企业人员在"高度错位"制度表现手段下选择制度遵从行为，将会获取作为安全奖励的 S（$S>0$），但此时的制度表现手段并不考虑人员个体执行价值诉求，遵从制度意味着人员执行价值诉求未能满足，个体牺牲了人员的自得利益 R，煤矿企业人员的期望个人收益为 $S-R$；如果个体选择不遵从制度，人员维护了自得利益 R（$R>0$），但会受到安全惩罚 F（$F>0$），煤矿人员的期望个人收益为 $-F+R$。当煤矿企业人员在"低度错位"制度表现手段下选择制度遵从行为时，将会获取作为安全奖励的 S，此时的制度表现手段考虑了人员个体执行价值诉求，遵从制度意味着人员执行价值诉求得到满足，同时获得自得利益 R，煤矿企业人员的期望个人收益为 $S+R$；如个体选择不遵从制度，人员维护了自得利益 R，但会受到安全惩罚 F，煤矿人员的期望个人收益为 $-F+R$。当管理层采取"低推行度"，表现为对制度贯彻和执行的懈怠，遵从行为应得到的安全奖励和不遵从行为应得到的安全惩罚都得不到落实，煤矿企业人员的收益只区别在不同制度表现手段下自得利益的差别，即"高度错位"制度表现手段企业人员收益为 $-R$；"低度错位"制度表现手段企业人员收益为 R。

依据以上分析，博弈矩阵见表4-1。

表4-1　博弈矩阵

遵从行为	高度错位		低度错位	
	高推行度	低推行度	高推行度	低推行度
遵从	$S-R$, $U-C_{11}-C_{21}$, $U'-C_3$	$-R$, $U-C_{11}-C_{21}$, U'	$S+R$, $U-C_{12}-C_{22}$, $U'-C_3$	R, $U-C_{12}-C_{22}$, U'
不遵从	$-F+R$, $U-C_{11}-C_{21}$, $U'-C_3$	R, $U-C_{11}-C_{21}-P_1 \cdot D$, （$1-P_1$）$\cdot$ $U'+P_1 \cdot$（$-D'$）	$-F+R$, $U-C_{12}-C_{22}$, $U'-C_3$	R, $U-C_{12}-C_{22}-P_2 \cdot D$, （$1-P_2$）$\cdot$ $U'+P_2 \cdot$（$-D'$）

这里设定 ρ 为煤矿企业选择"低度错位"制度表现手段的概率，设定 λ 为煤矿企业人员选择制度遵从的概率，设定 θ 为管理层选择高推行度的概率，依据上述博弈矩阵，对策略的纳什均衡进行求解。可以得到：

$$(1-\rho)[\theta(S-R)+(1-\theta)(-R)]+\rho[\theta(S+R)+(1-\theta)R]$$
$$=(1-\rho)[\theta(-F+R)+(1-\theta)R]+\rho[\theta(-F+R)+(1-\theta)R]$$

求解可得

$$\rho=1-\frac{(S+F)\theta}{2R}$$

在 $S>0$，$F>0$，$R>0$ 的条件下，分析该公式可以得出如下推论。

1）随着 $F+S$ 和 θ 的增大，ρ 减少。说明煤矿企业安全管理制度中的奖惩力度增大和管理层选择高推行度倾向性增加，企业选择"高度错位"制度表现手段的概率增大。具体到企业实际管理中可以解释为，如果煤矿企业加大制度中的奖惩力度和管理层加大对制度执行和监督工作的投入程度，可以有效降低人员制度遵从选择中的认知失调，促使员工遵从制度，如此就没有必要选择制度形成成本较高的"低度错位"制度表现手段。

2）随着 R 的增大，ρ 增大。说明煤矿企业人员的个人执行价值诉求增大，企业选择"低度错位"制度表现手段的概率增大。具体到企业实际管理中可以解释为，如果煤矿企业人员执行价值诉求增大，员工对自我价值实现的愿望很强烈，此时如果采取强制性制度或许会引发员工对制度的对抗情绪，为了顾及个人价值诉求，煤矿企业会更多地考虑采取"低度错位"制度表现手段。

对于煤矿企业制度表现手段的选择而言，可以得到：

$$(1-\theta)[\lambda(U-C_{11}-C_{21})+(1-\lambda)(U-C_{11}-C_{21}-P_1\cdot D)]$$
$$+\theta[\lambda(U-C_{11}-C_{21})+(1-\lambda)(U-C_{11}-C_{21})]$$
$$=(1-\theta)[\lambda(U-C_{12}-C_{22})+(1-\lambda)(U-C_{12}-C_{22}-P_2\cdot D)]$$
$$+\theta[\lambda(U-C_{12}-C_{22})+(1-\lambda)(U-C_{12}-C_{22})]$$

求解可得

$$\lambda=1-\frac{(C_{12}-C_{11})-(C_{21}-C_{22})}{(1-\theta)(P_1-P_2)D}$$

在前述所给定的 $C_{11}<C_{12}$，$C_{21}<C_{22}$，$P_1>P_2$ 的条件下，"低度错位"的制度形成成本与"高度错位"的制度形成成本之差，即 $C_{12}-C_{11}>0$；"高度错位"的制度执行成本与"低度错位"的制度执行成本之差，即 $C_{21}-C_{22}>0$，而 P_1 和 P_2 分别为"高度错位"和"低度错位"下煤矿员工选择不遵从时可能发生安全事故的概率，在当前技术条件和煤矿作业客观条件短期不可变的情况下，P_1 和 P_2 为定值，P_1-P_2 也为定值，仅需要分别在 $(C_{12}-C_{11})-(C_{21}-C_{22})>0$ 和 $(C_{12}-C_{11})-(C_{21}-C_{22})<0$ 的情况下讨论人员制度遵从选择的概率问题，具体分析如下。

1）$(C_{12}-C_{11})-(C_{21}-C_{22})>0$ 时，$P_1-P_2>0$，$(C_{12}-C_{11})>0$，$(C_{21}-C_{22})>0$，随着 $(C_{12}-C_{11})-(C_{21}-C_{22})$ 的差值增大，λ 减小；随着 $(C_{12}-C_{11})-(C_{21}-C_{22})$ 的差值减少，λ 增大。另外，随着 θ 的增大，λ 减小；随着 θ 的减小，λ 增大。为简化分析，假定"高

度错位"制度形成成本 C_{11} 和制度执行成本 C_{21} 保持不变,随着错位程度的降低,"低度错位"制度形成成本 C_{12} 增加,制度执行成本 C_{22} 降低,那么$(C_{12}-C_{11})-(C_{21}-C_{22})$ 的差值问题就简化为错位降低不同程度下的 C_{12} 增速与 C_{22} 降速的比较问题,即 ΔC_{12} 与 ΔC_{22} 的比较问题,当ΔC_{12} 大于ΔC_{22},λ 减小;当ΔC_{12} 小于ΔC_{22},λ 增大。

具体到企业实际管理中,可以解释为随着错位程度的降低,制度形成成本增大,制度执行成本降低。如果 C_{12} 增速大于 C_{22} 降速,说明制度表现手段虽然考虑了员工的实际价值诉求,使得制度形成成本 C_{12} 增大,但如本章前述中所说的"执行价值观是一个体系,具有内容和强度特征",而制度表现手段可能未能有效顾及价值观强度问题,而在此制度表现手段下,当θ增大,管理层对"高推行度"选择倾向性的增加更加剧了该非有效兼容问题的影响,那么使"隐规则"依然是制度执行的强大阻力,制度执行成本 C_{22} 降速将没有设想的那么明显,员工对于制度遵从选择的概率λ就会减少。例如,企业人员的隐真文化体系中"生命安全",是第一的,然而制度表现手段中虽有考虑"生命安全",却把其重要性程度排到最后,显然人员还是不满意的。反之,如果制度表现手段有效考虑了人员实际价值观体系的内容和强度,虽然 C_{12} 增加,但此时的安全管理制度表现手段有效包容了"隐规则",C_{22} 降速超出预想而大于 C_{12} 增速,即使管理层没有对制度执行进行监督,但由于制度表现手段对员工实际价值观的兼容,使员工自愿选择遵从行为,人员对于制度遵从行为的选择概率λ增大。

2)$(C_{12}-C_{11})-(C_{21}-C_{22})<0$ 时,$P_1-P_2>0$,随着$(C_{12}-C_{11})-(C_{21}-C_{22})$ 的差值增大,λ增大;反之,随着$(C_{12}-C_{11})-(C_{21}-C_{22})$ 的差值减小,λ减少。另外,随着θ的减小,λ减小;随着θ的增大,λ增大。同上,为简化分析,假定"低度错位"制度成本不变,将$(C_{12}-C_{11})-(C_{21}-C_{22})$ 的差值问题就简化为错位增高不同程度下 C_{11} 降速与 C_{21} 增速的比较问题,即ΔC_{11} 与ΔC_{21} 的比较问题,ΔC_{11} 大于ΔC_{21},λ增大;ΔC_{11} 小于ΔC_{21},λ减小。

具体到企业实际管理中可以解释为,随着错位程度的提升,制度形成成本降低,制度执行成本增大。如果 C_{11} 降速大于 C_{21} 增速,说明制度形成成本降低,虽然制度的强制性增强,但表现手段或许顾及了人员的重要执行价值诉求,以至于制度执行成本的增速减慢,使得 C_{21} 的增速小于 C_{11} 的降速。另外,当θ增大,管理层对高错位度下制度执行采取高监督力度,使得不遵从而导致的处罚成本,以及失去遵从所获得安全奖励的成本变高,此时人员选择制度遵从的概率λ增加。如果 C_{11} 降速小于 C_{21} 增速,说明虽然制度形成成本降低,但制度的强制性增强,制度推行的阻力很大,"隐规则"与安全管理制度的对抗性增强较快,使得 C_{21} 的增速要高于 C_{11} 的降速,加之θ的减小,表示管理层采取"低推行度"选择,制度执行形同虚设,未能投入足够的时间和精力来保证制度的落实,让员工对安全管理制度产生负面认识,激化了员工对制度的抵触心理,使人员选择制度遵从的概率λ减少。

$$(1-\lambda)[\rho(U'-C_3)+(1-\rho)(U'-C_3)]+\lambda[\rho(U'-C_3)+(1-\rho)(U'-C_3)]$$
$$=(1-\lambda)[\rho(U'-P_2\cdot U'-P_2\cdot D')+(1-\rho)(U'-P_1\cdot U'-P_1\cdot D')]+\lambda[\rho\cdot U'+(1-\rho)U']$$

求解可得

$$\lambda=1-\frac{C_3}{(U'+D')[P_1(1-\rho)+\rho P_2]}$$

在 $P_1>P_2>0$ 且 P_1、P_2 为定值，$U'>0$，$D'>0$，$C_3>0$ 的条件下，分析该公式可以得出如下推论。

1) 在 ρ 为定值，即企业制度表现手段确定的条件下，当 C_3 增大，λ 减小；当 C_3 减小，λ 增大。当 C_3 增大，说明企业管理层选择"高推行度"的投入成本增加，员工选择遵从制度的概率减小。具体到企业实际管理中可以解释为，在企业制度表现手段选择固定，无论是在"高错位度"或是"低错位度"的条件下，随着管理层选择"高推行度"需要花费在制度执行和监督工作的时间和精力的增加，员工选择遵从制度的概率减小。企业管理层选择"高推行度"的投入成本增加，选择"低推行度"的机会成本将会下降，管理层会越来越倾向于选择"低推行度"而疏于监督管理，使员工认为制度设计和执行浮于表面，很难得到员工在实际工作中的肯定和认同，导致员工选择遵从的概率减小；反之，当 C_3 减小，管理层选择"高推行度"的可能性更大，员工的不遵从行为给自身带来惩罚和遵从行为带来安全奖励的可能性增大，使员工更倾向于选择遵从，从而导致 λ 增大。通过对制度推行成本 C_3 在三方博弈中对员工制度遵从影响的分析，可以直观地看到制度推行对制度遵从行为的条件作用。

2) U' 增大，D' 增大，则 λ 增大。说明当煤矿实现安全生产，管理员得到的预期收益越高，员工选择遵从制度的概率越高。具体到企业实际管理中可以解释为，安全生产为管理层带来的预期收益 U' 越大，"高推行度"的投入成本 C_3 占 U' 的比重就越小，也就意味着管理人员选择"低推行度"所能节约投入成本的吸引力相对越小，再者，当预期收益 U' 越大，管理人员选择"低推行度"时管理层所可能承受的损失（当员工选择不遵从而可能引发安全事故）越高，出于规避风险的考虑，管理层更倾向于选择"高推行度"。因此，当 U' 增大，管理层越加倾向于选择"高推行度"，有效履行监督责任，使得员工选择不遵从制度的成本上升而更加倾向于选择遵从行为，表现为 λ 的增大。另外，说明当煤矿由于管理层工作懈怠而导致安全事故时，管理员得到的惩罚越大，员工选择遵从制度的概率越高。D' 作为管理层选择"低推行度"时可能导致安全事故时的惩罚，是管理层必须考虑的负收益项目，当 D' 较大时，管理层选择"低推行度"时可能承担的收益损失也就越大，为了保证自己的预期收益，将会认真落实制度执行工作，从而使得员工选择不遵从制度的成本上升，最终导致员工更加倾向于选择遵从行为，表现为 λ 的增大。

通过上述分析，可得如下推论。

1）无论是"高度错位"的制度表现手段还是"低度错位"的制度表现手段都与安全管理制度遵从行为选择存在一定的相关关系。

2）无论是"高度错位"的制度表现手段还是"低度错位"的制度表现手段，与安全管理制度遵从行为选择并非是简单的线性关系，可能存在非线性关系，"错位"可能存在各个博弈参与方都能接纳的范围，由此证明了在组织文化二元结构中所推理的"可纳错位"的存在。

3）制度的推行程度对员工安全管理制度遵从行为选择具有显著的调节作用。通过分析博弈模型中制度推行对员工选择制度遵从行为概率的影响，证明了制度推行程度作为制度遵从行为选择调节因素的存在。

综上，"名义-隐真"文化错位程度是煤矿企业安全管理制度必须要考虑的因素，并非是"名义-隐真"文化错位程度越高就越好，也不是越低就越好，而是存在一个"可纳错位"范围。也就是说，在这个范围内，安全管理制度的表现手段既非单向的自上而下，也非单向的自下而上，而是双向利益的有效包容，这种包容也非单纯的双方利益的包容，更强调的是利益的重要性程度包容。

5　煤矿企业"名义-隐真"文化维度开发与结构验证

任何理论都在矛盾中不断得到挑战和修正，然后逐步走向完善，组织文化理论也是如此。第 3 章较为具体地阐述了组织文化理论与实践存在的差异，凸显了组织文化现有理论需进一步修正的原因，并在大量文献研究和理论分析的基础上提出了符合"阴阳"思想的组织文化二元论，即"名义-隐真"文化错位是组织文化内部结构的自然属性，并提出组织文化新内涵。同时，中国国有大型煤矿企业的组织文化必然存在本土化和行业化双重特征，意味着组织文化二元论思想下的煤矿企业文化结构与以往组织文化结构必然存在不同之处。此外，考虑到后续所需实证研究的理论假设和检验验证，煤矿企业"名义-隐真"文化结构都是后续研究的基础工作。因此，本章内容主要是对煤矿企业"名义-隐真"文化维度开发、问卷编制和结构验证 3 个内容进行研究。

5.1　基于"宣称-执行"价值观的"名义-隐真"文化结构理论分析

5.1.1　煤矿企业"名义-隐真"文化量表开发需求分析

在组织文化"二元"结构分析中提出，组织文化内部结构并非单纯的"一元"结构形态，组织作为双主体结构必然存在以组织利益为代表的"名义"文化与以员工利益为代表的"隐真"文化两类形态，组织文化的二元结构反映的就是"名义文化"与"隐真文化"的整合与分裂程度，简称"名义-隐真"文化错位，该特征是组织文化内部结构的自然属性，共存于组织文化内部。因此，基于"二元"结构的组织文化测量就不能简单地借助以往组织文化或组织价值观的测量形式，因其内涵与以往的组织文化或组织价值观内涵并不相同。

以往研究中，组织文化或组织价值观的内部结构是不能分割的整体，是"一元"结构形态，此时组织文化或组织价值观测量中主要以组织"期望"员工所共享的价值观作为研究的切入点，而组织的"名义-隐真"文化结构中不仅包括组织"期望"员工所共享的积极价值观，也包括那些虽不能被组织正式认同，却作为"隐规则"形态存在于组织中的积极或消极价值观。可见，"名义-隐真"文化内部构成可能与"一元"结构形态的组织文化结构存在差异，同时为后续研究提供方便，因此有必要探寻"名义-隐真"文化真实的内部结构，特别是煤矿企业"名义-隐真"文化结构，以进行煤矿企业"名义-隐真"文化的问卷编制工作。

5.1.2　以价值观测量为主的"名义-隐真"文化结构开发

虽然组织价值观是组织文化的核心层次，在层级结构中应该从属于组织文化，但在组织文化测量研究中，很多学者都将员工所共有的价值观作为组织文化分析的框架[216]，认为个人价值观相对稳定且能长久影响个人行为，而且价值观是文化传统表现的根源，以价值观来衡量组织文化是可行的[102]，因此研究中往往以"组织价值观"作为测量对象来进行组织文化测量及量表研究，煤矿企业"名义-隐真"文化结构研究也应如此。

组织文化二元结构分析中，本书深入剖析了组织价值观的内部结构，指出了组织内部共存组织与员工两类主体各自主导的"二元"价值观形态，而Argyris 和 Schon[8]提出的"宣称价值观"和"执行价值观"更恰当地反映了"二元"价值观存在的形态。同时还指出，正是因为宣称与执行这"二元"价值观的存在，才形成组织文化横向错位形态和纵向错位形态，并在整体上形成了"名义-隐真"文化结构。可以说，"名义-隐真"文化对应的价值观基础就是"宣称-执行"价值观，如果以"组织价值观"作为测量对象来进行组织文化结构研究，那么研究"名义-隐真"文化结构就是研究"宣称-执行"价值观结构的构成。

5.1.3　"名义-隐真"文化与"宣称-执行"价值观

王晓春[216]提出了"宣称价值观"和"践行价值观"新概念，认为："宣称价值观"是组织管理者依据组织的目标、任务、顾客面向及其他利益相关者的标准、要求而确立并标榜的组织价值主张；"践行价值观"是组织管理者在组织运营过程中具体实现的价值倾向。本书认同王晓春[216]提出的宣称价值观概念，但践行价值观的内涵过于偏重管理者的决策视角，可能未考虑组织非管理者成员的价值取向，因为组织运营过程中的理念、目标、制度等都需要通过员工的实际工作行为来执行和实现，而"执行价值观"恰好反映的是组织员工的实际工作行为。这里，煤矿企业宣称价值观对应的是煤矿企业的"名义文化"，执行价值观对应的是煤矿企业的"隐真文化"。

无论是基于宣称价值观的"名义文化"还是基于执行价值观的"隐真文化"，二者都是组织文化的内部结构，由此可以推论：在理论上，二者的内部构成维度内容应该是一致的，不同的或许是二者文化体系中价值观构成因子的重要性排序。

基于以上推理，假设"名义文化"与"隐真文化"的结构维度一致，即"宣称价值观"与"执行价值观"的结构维度一致，初步确定将两类文化统称为"'宣称-执行'价值观"，以方便后续的维度开发与数据统计分析。需要指出的是，既然宣称价值观和执行价值观是组织价值观的内部结构，将依据现有组织价值观维度研究来进行基于"宣称-执行"价值观结构的煤矿企业"名义-隐真"文化维度提炼（为简化表述，以下将基于"宣称-执行"价值观结构的煤矿企业"名义-隐真"文化简称为煤矿企业"名义-隐真"文化）。

5.2 基于"宣称-执行"价值观的煤矿"名义-隐真"文化维度开发

虽然国内外学者已经针对价值观、企业价值观的内涵、结构维度，以及问卷编制做了大量的相关研究，如王晓春[216]阐释并构建了中国企业宣称价值观和践行价值观的内涵、结构和测量工具，但 Howell 等[9]认为，每个组织都有与其特定行业和特殊运作方式相关的特殊价值观。煤炭行业的高危特性及其特殊运作方式和企业员工特别是一线作业人员的素质及需求，使得煤矿企业宣称价值观和执行价值观都将呈现较强的行业特色，因此很有必要结合中国本土文化和行业特色重新探讨煤矿企业宣称价值观和执行价值观的内涵、结构，并进行量表开发。本书采取被管理领域广泛应用的 Churchill 式测量工具开发范式作为量表开发所遵循的步骤，Churchill[217]认为，量表通过反复开发与测试之后可以获取满意的有效性和可靠性，并提出量表开发可以总结为 4 个主要步骤：①定义研究概念并确定研究架构；②确定研究架构的初始条目；③预先测试并收集数据；④精炼测试题项。这里将基于 Churchill 量表开发范式，考虑到兼顾煤矿企业价值观的行业特色，拟在文献研究初步价值观架构的基础上，通过资料分析和深度访谈来完善煤矿企业宣称价值观与执行价值观的概念构架，以此进行问卷条目的编制，因此将依照煤矿企业宣称和执行价值观的初始概念架构提炼—访谈提纲编制—执行深入访谈—访谈结果处理并修正价值观初始概念架构—编制问卷最初条目—预试—精炼测试题项 7 个步骤进行相关研究工作，力图建立一个可靠、有效的煤矿企业宣称价值观和执行价值观测量量表。

5.2.1 基于"宣称-执行"价值观的"名义-隐真"文化维度初始结构研究

国内外学者基于组织价值观的组织文化维度的研究较为丰富，在文献研究的基础上，选取 10 个具有代表性的基于组织价值观的组织文化维度内容进行分析（表 5-1）。

表 5-1　代表性组织文化结构维度

序号	研究者（时间）	维度
1	Miller（1984 年）	实证原则、卓越原则、一体原则、共识原则、正直原则、目标原则[218]
2	郑伯埙（1990 年）	社会责任、顾客取向、正直诚信、表现绩效、卓越创新、团队精神、甘苦与共、科学求真、敦亲睦邻[102]
3	Hofstede（1991 年）	安全需要、以工作为中心、对权威的需要[64]
4	O'Reilly 等（1991 年）	创新与冒险承受、关注细节、结果导向、强调成长与报酬、合作与团队导向、决策果断性、进取性与竞争性、支持性[75]
5	陈亭献（2003）	全员一体、人力至上、踏实经营、改革创新、照顾体恤[72]
6	Dobni 等（2000 年）	员工成长、竞争意识、顾客关系、执行效率、组织保存、变化回避、社会责任[219]
7	Xin 等（2002 年）	员工奉献、员工发展、和谐、领导、实用主义、报酬、顾客取向、未来取向、结果取向、改革创新[77]
8	Tepeci 和 Barlett（2002 年）	团队导向、合理报酬、关注细节、忠于顾客、员工发展、结果导向、诚信伦理、创新[220]
9	魏钧和张德（2004 年）	社会责任、制度遵从、创新精神、平衡兼顾、争创一流、变中求胜、和谐仁义、客户导向[221]
10	谭小宏和秦启文（2009 年）	人本取向、团队取向、形象取向、客户取向、产品取向、社会责任、创新、绩效、求真[114]

　　虽然考虑到国度文化差异及行业差异会对不同国家的组织价值观内容或强度产生影响，但价值观结构中的子维度构成基本大同小异，如"创新"这一维度在不同学者建立的结构中均有出现，由此可以推理，出现频率越高的价值观子维度，其在不同文化甚至不同行业背景下的企业价值观体系中的代表性越强，就越有可能是国有大型煤矿企业价值观的存在形态。因此，设定研究煤矿企业"宣称-执行"价值观初始结构时，可以根据文献中价值观子维度的普遍性程度（子维度在不同结构中重复出现的频次）来决定是否将其留在结构中，并以此来作为煤矿企业与其他行业共有的维度。在提取子维度的普遍性程度时，要遵循各个子维度之间的独立性、系统性等原则，将涵义相同或相近，以及具有包含关系的价值观词汇进行整合，得到如下反映价值观频次排序的内容，如改革创新、以人为本等 8 个维度，可拟定为煤矿企业文化（价值观）的初始结构（表 5-2）。

表 5-2　煤矿企业文化初始结构

序号	价值观提炼	频次
1	改革创新（包括变化回避、变种求胜等）	9
2	职业道德（包括正直、诚信、求真、奉献、实证、踏实经营等）	9
3	结果取向（包括目标原则、表现、执行效率、产品取向、绩效等）	9

续表

序号	价值观提炼	频次
4	以人为本（包括安全需要、强调成长与报酬、合理报酬、人力至上、员工发展、员工成长等）	8
5	团队精神（包括一体原则、全员一体等）	6
6	顾客取向（包括客户关系等）	6
7	社会责任（包括未来取向等）	6
8	关系取向（包括共识原则、敦亲睦邻、和谐仁义等）	6

5.2.2　基于"宣称-执行"价值观的煤矿"名义-隐真"文化访谈提纲编制

访谈提纲的编制是问卷编制的基础，虽然 5.2.1 已经给出了煤矿企业价值观初步结构，但给出的仅仅是煤炭行业与其他行业可能存在共性的维度，对于具有煤炭行业特色的个性维度还需通过深度访谈来进一步揭示，本小节以探寻煤矿企业宣称价值观与执行价值观的表现特征为目的，通过科学有效的访谈提纲设计过程，来确定科学有效的煤矿企业"宣称-执行"价值观访谈提纲。

金盛华等[157]认为，价值观本身具备高度的敏感性，为了避免由此引发的偏差，应该选取强调事实驱动的研究路线，通过对实际生活的实描技术来深入了解调研对象价值观的背景及与生活的联系，深入调研对象价值观的核心，从而保证研究的科学性和系统性，而"执行价值观"强调的是员工实际工作行为表现的价值观，关注工作事实，恰好符合事实驱动的要求。因此，本书采取事实驱动的研究策略，结合目前组织价值观维度现有研究结果进行访谈提纲的编制，其形成主要经过五个阶段。

1）第一阶段：煤矿企业"宣称-执行"价值观访谈提纲框架设计。采用文献研究方法对现有学者探讨的组织宣称价值观传递渠道进行汇总与分析，以"企业文化传播"和"组织文化传播"作为篇名进行精确搜索，得到以"企业文化传播"为篇名的文献 67 篇和以"组织文化传播"为篇名的文献 2 篇，一共 69 篇。此外，考虑到宣称价值观分为对内宣称和对外宣称两类视角，因此又分别以"企业文化内部传播"、"企业文化外部传播"、"组织文化内部传播"和"组织文化外部传播"为主题进行宣称价值观传播渠道的精确搜索，共得到"企业文化内部传播"为篇名的文献 8 篇，其他 3 个主题的文献数量都为 0 篇。综合文化传播和文化内部传播的 75 篇文献，以发表在国家自然科学基金委认定期刊和高质量硕博论文为标准，选取代表性文献进行汇总分析，共得到发表在《南开管理评论》、《科学学与科学技术管理》等期刊的论文 3 篇，高质量硕博论文 3 篇，共 6 篇。以"企业或组织文化传播渠道"为主题进行文献的研读，汇总和提炼出故事、制度、培训等共 11 项企业或组织文化传播渠道。

为编制煤矿企业执行价值观测量量表，需设计提炼执行价值观词条的访谈提纲。在访谈提纲设计的理论依据上，由于执行价值观相关文献的缺乏，只能通过工作情境下员工行为特征折射员工真实价值观的"价值观-行为"关系理论的推理方法来梳理执行价值观的行为表达思路。因此，在测量方式上，只能通过工作情境下人员的行为表现特征来推理所谓的"执行价值观"结构，即可以把"工作情境下组织人员行为特征"为主题的访谈提纲作为"组织执行价值观词条提炼"访谈提纲的直接代理。同时，引用目前组织文化研究中覆盖力最强、内容最全的模型，即巴雷特七层次企业意识理论模型作为访谈提纲的思路，其中与个人意识相对应的 7 个层级意识（又称其为层级个人价值及行为），从低层级到高层级分别为生存意识、关系意识、自尊意识、转换升华意识、内部和谐意识、发挥作用意识和服务意识。

2）第二阶段：煤矿企业"宣称-执行"价值观预访谈提纲设计。企业或组织文化传播对象有面向组织内人员和组织外人员传播两种形式，同时依据文化传播渠道可观察程度的不同来设计不同的价值观信息获取方式（主要包括访谈和观察两种方式），并兼顾传播形式和访谈对象的组织层级、知识和素质不同等多方面原因，针对同一传递渠道的价值观获取来设计不同的访谈题项和观察题项，其中针对组织内普通员工的访谈题项有 15 项，观察题项有 2 项；针对组织中高层管理者的访谈题项有 11 项。

关于煤矿企业执行价值观访谈提纲设计方面，由于人的心理、时间等多种因素的影响，以第三方视角进行工作情境下人员日常行为的观察会有诸多限制，如观察到的或许是人员的伪装性行为而非习惯性行为，因此针对组织执行价值观的词条提炼仅选用访谈方式进行，为提高访谈信息获得的真实程度，在访谈问题中将"自我"、"最熟悉的同事"和"直接领导"分别作为访谈源进行问题的设置。其中，依据每个需求层级所对应的价值观词汇来设计可以包含对应价值观的问题，如问题"你为什么选择这个工作？矿工是高危职业，你为什么不选择其他工作？"可以折射出的就是"经济来源、财富、安全"等价值观。根据面谈对象的不同，所设计的访谈题目将有所差别，面向普通员工的题项有 21 项，面向中高层管理者的题项有 20 项。

3）第三阶段：采用初始访谈提纲在同行间进行预谈，检验访谈各个程序是否恰当、访谈题目的表达及顺序是否符合预想结果，以确定建构访谈题目的适宜程度。通过同行间的预访谈，发现有些题目的表达方式不够恰当，在专家的指导下对相应题项予以修改。调整之后，宣称价值观面向普通员工的访谈题项有 12 项、面向中高层管理者访谈题项有 11 项，执行价值观访谈题项不变，综合起来，面向普通员工的访谈题项一共 33 项、面向中高层管理者的访谈题项一共 31 项。

4）第四阶段：选择代表性企业的一般预试做预访谈，搜集并提炼具有煤矿企业特色的相关信息，对提纲做进一步的修改。

为尽可能选择具有代表性的样本，考虑到样本的地域分布、单位性质、企业生命周期发展阶段，以及初步了解到的企业文化差异程度等，选择 3 个具有代表性的国有大型煤矿企业下属的 3 个煤矿作为初始深度访谈的对象，但由于研究经费、人力等条件的限制，样本的选择或许不是最优的。对访谈结果进行整理提炼之后，拟在执行价值观访谈提纲中加入"你的工友有哪些违章行为？他们明知道违章会带来危险，为什么还要去做？是故意的，还是无意的？举例子"和"即使没人看见且没有证据留下，你会不会照样遵守单位规章和程序？"两个题项，后者仅针对中高层管理者，两项都面向普通员工。同时，考虑到员工日常行为总具有两面性，即积极行为和消极行为，意味着执行价值观同样具有积极价值观和消极价值观两面，因此特意设置反向问题以剖析驱动消极行为的对应价值观，其中面向普通员工的反项题项为 4 项，面向中高层管理者的反项题项为 3 项。因此，需要加入的新题项针对普通员工的有 6 项，针对中高层管理者的有 4 项。

5）第五阶段：在进一步修订的基础上形成煤矿企业"宣称-执行"价值观正式访谈提纲。在煤矿企业"宣称-执行"价值观预访谈提纲的基础上，通过删除、添加等题项调整工作，形成正式访谈提纲的题项一共有 74 项，其中面向普通员工的题项有 39 项、面向中高层管理者的题项有 35 项。

5.2.3 煤矿企业"宣称-执行"价值观结构修正

（1）煤矿企业"宣称-执行"价值观正式访谈及分析

煤矿企业的宣称价值观可以通过网络等多种渠道获得，而执行价值观反映的是员工实际行为中的价值观，必须要从调研中获得数据，因此在煤矿企业"宣称-执行"价值观正式访谈提纲的基础上，在全国选择 5 个省（自治区）（山西、河南、河北、江苏、内蒙古）5 个大型国有煤炭企业下属的 6 个煤矿的 97 例被试进行实地、网络或电话访谈，实地访谈均采用一对一的访谈方式，用文字记录，以及用手机录音。访谈的 6 个煤矿分别是 S 集团 BD 煤矿（山西）、S 集团 SW 煤矿（内蒙古）、J 有限公司 XD 矿（河北）、H 集团 CSL 煤矿（河南）、X 集团 ZJ 煤矿（江苏）、SX 集团 H 露天煤业有限公司（山西），具体见表 5-3。访谈对象中男性 92 人，女性 3 人，记录缺失 2 人。此外，考虑到其他人口统计学变量指标（如年龄、受教育程度、婚姻状况、职务特征、经济收入、家庭结构、长期居住地等）对访谈的影响，在抽样过程中应做出一定的平衡处理。

表5-3 煤矿价值观正式访谈对象

序号	访谈煤矿名称	归属省份	访谈人数（人）	访谈方式
1	S集团BD煤矿	山西	11	网络或电话
2	S集团SW煤矿	内蒙古	9	网络或电话
3	J有限公司XD矿	河北	26	实地，一对一
4	H集团CSL煤矿	河南	20	实地，一对一
5	X集团ZJ煤矿	江苏	18	实地，一对一
6	SX集团H露天煤业有限公司	山西	13	实地，一对一

访谈结束后，通过对文字资料的逻辑整理和对访谈资料的语音转录，分别从宣称价值观和执行价值观的视角对95例访谈对象的结果进行编码、分析和提炼。如果某个价值观词条在1例访谈对象的描述中出现多次，就仅把该价值观的出现频率定量为1次，也就是说，一项价值观词汇出现频次为1~95次。同时，遵循独立性、系统性等原则，将含义相同或相近，以及具有包含关系的价值观词汇进行整合，并分析宣称价值观和执行价值观词条的普遍性程度（重复出现的频次）来决定是否将其作为煤矿企业"宣称-执行"价值观结构内容。需要指出的是，由于访谈提纲中设计了反向问题，因此在分析提炼价值观时自然也有消极价值观之说，即提炼之后的价值观要分为积极价值观和消极价值观。整理分析提炼之后相关的宣称价值观和执行价值观词条及出现频次见表5-4和表5-5，将频率小于总数一半，即小于45的予以剔除。

表5-4 企业实地调研驱动的煤矿企业"宣称-执行"积极价值观体系

序号	宣称价值观词条	频次	序号	执行价值观词条	频次
1	安全（安全意识与技能教育和培训）	95	1	诚实守信、求真务实	95
2	关心员工（尊重员工生命、员工参与）	95	2	团结合作	95
3	应急与预防	95	3	安全第一	95
4	开拓创新	95	4	保证工作质量	95
5	责任心	95	5	能力或业绩被及时认同	94
6	军事化管理	95	6	身心健康	92
7	爱岗敬业	94	7	工作有保障	92
8	卓越高效（工作效率）	94	8	责任心	90
9	诚实守信	93	9	关心服务他人	89
10	安全管理制度遵从	93	10	工作家庭的平衡	87
11	公平公正	89	11	人际关系维护	87
12	保证工作质量	89	12	关注职工权益	86

序号	宣称价值观词条	频次	序号	执行价值观词条	频次
13	环保节约	87	13	工作家庭的平衡	86
14	工作家庭的平衡	87	14	关注职工实际需求	85
15	管理理念追求创新	86	15	相互包容	84
16	团队精神（甘苦与共）	82	16	安全管理制度制定规范、利于员工执行	82
17	主动学习	81	17	愉快的工作环境	82
18	员工归属感	80	18	主动学习	82
19	职业道德	79	19	避免冲突	79
20	对上级要求的顺从	78	20	对矿工生命的尊重	77
21	热心公益（慈善、帮助他人）	78	21	节能环保	76
22	身心健康	77	22	积极进取	68
23	踏实勤奋	75	23	自尊	67
24	奉献精神（吃苦耐劳，加班不要求加班费等）	72	24	分担责任与风险	50
25	积极进取	70	25	关注细节	50
26	勇于承担责任	68	26	更新自身知识技能	49
27	廉洁	56			
28	重视组织财产安全	56			
29	维护社区关系	56			
30	服务他人	52			
31	维护市场秩序	49			
32	爱国思想	47			
33	维护企业形象	46			

表 5-5　企业实地调研驱动的煤矿企业"宣称-执行"消极价值观体系

序号	消极价值观词条	频次	序号	消极价值观词条	频次
1	贪图省事，故意违章	90	7	过于追求结果而采取违法行为	52
2	对安全遵从的思想麻痹	86	8	人际关系运作	52
3	制度缺陷（逆现实，不考虑员工实际需求）	79	9	为了个人利益弄虚造假	50
4	基于个人关系背景的晋升	74	10	请客送礼	48
5	官僚作风	58	11	明哲保身	48
6	任人唯亲	57	12	以公谋私、贪污受贿	47

（2）国家安全管理制度驱动的煤矿企业宣称价值观体系

不管是煤矿企业安全管理制度的制定还是煤矿企业文化的建设，都需要严格贯彻国家层面的法律法规，如《中华人民共和国安全生产法》在总则中就强调"在中华人民共和国领域内从事生产经营活动的单位（简称生产经营单位）的安全生产，适用本法"，可见国家层面的法律法规体现出的价值观是煤矿企业安全管理制度所应体现的价值观，属于宣称价值观，应该作为煤矿企业宣称价值观结构内容的依据。选取与煤矿安全管理制度制定相关的如《中华人民共和国安全生产法》、《中华人民共和国矿山安全法》、《中华人民共和国煤炭法》等 6 部国家安全管理法制、法规进行逐条分析，提炼宣称价值观的内容和出现频次。具体内容见表 5-6。

表 5-6　国家安全管理制度驱动的煤矿企业宣称价值观体系

序号	宣称价值观词条提炼	法律法规名称
1	员工生命及安全（包括员工健康）	
2	社会责任（政府责任、环保、环境安全等）	
3	诚实守信（面向企业与员工）	
4	生产及公共设备的安全	
5	安全意识与技能的培训	
6	应急与预防	
7	严谨规范	
8	廉洁（反对假公济私）	
9	安全生产	《中华人民共和国安全生产法》、《中华人民共和国矿山安全法》、《中华人民共和国矿山资源法》、《中华人民共和国煤炭法》、《中华人民共和国职业病防治法》、《煤矿安全监察条例》
10	工作效率	
11	技术创新	
12	对权力的监督	
13	对制度的遵从	
14	员工具备责任心	
15	员工参与	
16	科学规范的管理	
17	维护员工权力	
18	团结合作	
19	工作质量	

（3）代表性企业文化驱动的煤矿企业"名义"文化体系

本书从系统观的视角，考虑到煤矿企业"宣称-执行"价值观正式访谈的对象，以及人力、资金、关系等资源条件的利弊，初步决定后续调研的代表性国有大型煤矿集团仍是上述 5 家大型企业，分别是 S 集团、H 集团、SX 集团、J 有限公司、X 集团，同时这 5 家企业在规模、发展阶段、地理等因素上存在差异，其文化建设和价值观建设在中国整个煤炭行业具有一定的代表性。从这 5 家企业的网站、其他相关网站搜集文化建设的相关资料，具体见表 5-7。

表 5-7　代表性企业文化驱动的煤矿企业"名义"文化体系

序号	宣称价值观词条提炼	频次	集团名称
1	社会责任（包括低碳、环保、节约等）	5	S 集团、H 集团、SX 集团、J 有限公司、X 集团
2	安全（包括安全意识、安全教育及制度规范等）	5	
3	以人为本（包括尊重员工生命、身心健康等）	5	
4	改革创新	5	
5	效率、效益	5	
6	职业道德（包括廉洁、守法、诚信等）	5	
7	团结合作	5	
8	科学发展	5	
9	爱国精神	5	
10	热爱企业，对企业忠诚	3	
11	和谐发展	3	
12	公平公正（不任人唯亲）	3	
13	权力监督	3	

（4）煤矿企业"宣称-执行"价值观结构修正

根据煤矿企业价值观的初始结构和调研数据分析，可以发现以下问题：①煤矿企业价值观初始结构中的改革创新、职业道德、结果取向、以人为本、团队精神、社会责任、关系取向 7 个维度和 3 类价值观体系任一体系的内容均有重叠，可以保留在煤矿企业"宣称-执行"价值观结构中。②煤矿企业价值观初始结构中的"顾客取向"维度在 3 类价值观体系的任一体系均无体现，即没有发生重叠。③依据意义相近和包容原则，把 3 类价值观体系中的宣称价值观和执行价值观的积极和消极词条逐步归纳到上述煤矿企业价值观的改革创新等 7 个维度中，而"请客送礼"、"基于个人关系背景的晋升"、"人际关系运作"、"对上级要求的顺从"、"官僚作风"、"尽量避免冲突"和"员工意见达成共识"一起被归纳到"关系取向"。④发现"应急与预防"、"安全管理制度遵从"、"军事化管理"、"安全管理制度制定规范、利于员工执行"等 8 个词条没有归属，分析之后认为这些词条在理论意义中属于煤矿企业安全与风险控制范畴，因此把这些词条暂且归纳到"安全与风险"维度中。

通过以上分析，煤矿企业"宣称-执行"价值观修正后的结构拟定为 8 个维度，分别是改革创新、职业道德、结果取向、以人为本、团队精神、社会责任、关系取向和安全与风险，形成煤矿企业"宣称-执行"价值观修正后结构共有 60 个条目。然后，由专家组讨论确认与最初设计框架偏离的题项，最后剩 55 个条目，并在每个维度对应价值观词条后采取数字标注显示该词条的来源，见表 5-8。其中，1 代表源自 O'Reilly 等[75]组织价值观量表结构、2 代表源自郑伯埙[102]组织价值观量表结构、3 代表源自企业实地调研、4 代表源自国家安全管理制度、5 代表源自代表性企业文化。

表 5-8　煤矿企业"宣称-执行"价值观结构修正后结构

维度	价值观词条	维度	价值观词条
改革创新	鼓励技术创新 12345	以人为本	创造愉悦工作环境 3
	主动学习相关知识技能 35		容忍错误与失败 1
	管理理念追求创新 3	职业道德	正直廉洁 234
	更新自身知识技能 3		诚实守信 2345
	重视适应环境变化 1		员工对组织忠诚 2345
	鼓励员工积极进取 13		敬业爱岗 2345
以人为本	维护员工权力 134		为人谦虚 2
	保护矿工生命安全 34		强烈责任心 345
	注重员工身心健康 345		不计个人得失 34
	对员工一视同仁 15		组织利益高于个人利益 3
	工作保障 135		踏实勤奋 34
	及时认可员工能力和业绩 3	社会责任	热心公益 3
	顾及员工实际需求 3		维护企业形象 13
	员工归属感 3		维护市场秩序 1
	关于员工家庭工作平衡 3		维护周边社区关系 3

续表

维度	价值观词条	维度	价值观词条
社会责任	爱国思想 35	团队精神	团队利益放在第一位 12
	节能环保 345		包容与和谐 3
关系取向	杜绝官僚作风 3		集体奖励 1
	尽量避免冲突 13		强调合作完成任务 13
	反对上级要求的顺从 3		服务与奉献 235
	竞争与合作 1	安全与风险	安全意识和技能教育与培训 345
	反对基于人际关系的晋升 3		事故的应急与预防 345
	反对人际关系运作与维护 3		重视细节，精益求精 1235
	员工意见达成共识 13		勇于承担安全责任 34
结果取向	员工业绩卓越 1		维护公共财产的安全 235
	工作效率高效 135		安全管理制度遵从 35
	重视工作产出质量 15		安全管理制度严谨规范 3
			军事化管理 3

5.3　基于"宣称-执行"价值观的煤矿"名义-隐真"文化正式结构研究

5.3.1　基于"宣称-执行"价值观的煤矿"名义-隐真"文化初始问卷编制与预试

（1）煤矿企业"名义-隐真"文化初始问卷编制

根据煤矿企业"宣称-执行"价值观修正后得出的价值观词条，完成煤矿企业"名义-隐真"文化预试问卷条目编制，对应的测量项目统计与编码见表5-9。

表5-9　煤矿企业"名义-隐真"文化测量项目编码

维度	项目数	编码
改革创新	6	V11～V16
以人为本	11	V21～V211
团队精神	5	V31～V35
职业道德	9	V41～V49

续表

维度	项目数	编码
结果取向	3	V51～V53
社会责任	6	V61～V66
关系取向	7	V71～V77
安全与风险	8	V81～V88

（2）煤矿企业"名义-隐真"文化初始问卷预试

对所形成的煤矿企业"名义-隐真"文化 55 个条目进行编号，并按照被调查者回答的敏感程度、困难程度由低到高排序，采取利克特（Likert）5 点量表请被调查者按照条目对于煤矿企业安全管理的重要性程度，由非常重要到非常不重要来测量每个项目，再补充研究名称、目的、注意事项等来形成完整的预试问卷。

预试施测对象的性质为煤矿企业一线矿工、班组长、中层管理者及以上人员，被试来自山西、内蒙古、河北、河南、江苏和安徽 7 个煤矿的员工，通过网络和实地调研的方式进行问卷的发放。问卷总共发出 180 份，回收 149 份，有效问卷有 137 份，有效率为 91.95%。

5.3.2 探索性因子分析与维度更名

探索性因子分析法是用来找出多元观测变量潜在的本质结构，并确定一组条目的深层蕴藏着多少个潜变量以处理降维的技术[222]。所有数据均在 SPSS 20.0 中进行统计分析。

（1）条目分析

通过检验各条目与量表总分的相关性，对条目进行了初步评价。由于一个量表应当由内部高度相关的条目所构成，因此对与量表总分相关性不高的条目，依据组织行为学领域的研究结论，将相关性小于 0.4 的条目予以删除。通过对煤矿企业"宣称-执行"价值观预试问卷 55 个条目与量表总分的相关性分析，发现 V26、V27 和 V45 条目与量表总分的相关性小于 0.4，所以应给予删除。

（2）探索性因子分析

这里采用主成分分析法对剩余的 52 个条目进行探索性因子分析，以正交方差极大法进行因子旋转，选取特征根大于 1 并参照碎石图来确定条目和因子。实证数据的取样适当性量数（KMO）值达到 0.910，大于 0.80；巴特利球形检验的显著水平为 0.000，说明样本非常适合进行因子分析（表 5-10）。同时，删除条目共同性低于 0.2 的条目，依据分析结果，将 V46、V73 和 V87 三个条目给予删除。

表 5-10　煤矿企业"名义-隐真"文化预试的初步 KMO 和 Bartlett's 检验

取样适当性量数		0.910
巴特利球形度检验	近似卡方	5720.936
	自由度	1326
	显著性水平	0.000

然后，通过逐个探索删除，最后剩余 37 个条目，对所剩条目再次作探索性因子分析，KMO 值和 Bartlett 球形检验的数值见表 5-11。

表 5-11　煤矿企业"名义-隐真"文化预试修改后的 KMO 和 Bartlett's 检验

取样适当性量数		0.895
巴特利球形度检验	近似卡方	3744.605
	自由度	666
	显著性水平	0.000

（3）维度更名

通过探索性因子分析得到煤矿企业"名义-隐真"文化结构，如表 5-12 所示。8 个因子共解释了观察变量总变异量的 72.60%。正式结构的具体条目代码和维度命名如下。

1）第一个因子共有 5 个条目，分别是 V11、V12、V13、V15 和 V16，与初始维度"改革创新"结构内涵一致，该因子解释了总变异量的 3.84%。考虑到 5 个条目反映的是个体不断突破自我、追求卓越的价值观特征，因此将该维度更名为"卓越取向"。

2）第二个因子共有 6 个条目，分别是 V21、V22、V23、V24、V25 和 V29，与初始维度"以人为本"结构内涵一致，该因子解释了总变异量的 8.24%，同时为与"价值观"内涵表达一致，该维度更名为"人本取向"。

3）第三个因子共有 4 个条目，分别是 V31、V32、V34 和 V84，与初始维度"团队精神"结构内涵一致，该因子解释了总变异量的 5.99%。但原来归为第 8 个维度的 V84 条目"勇于承担安全责任"目前拟和到本维度，也符合团队精神内涵，同时为与"价值观"内涵表达一致，该维度更名为"团队取向"。

4）第四个因子共有 6 个条目，分别是 V41、V42、V43、V44、V49 和 V35，与初始维度"职业道德"结构内涵一致，该因子解释了总变异量的 39.83%，但原来归于"团队取向"的 V35 条目"服务与奉献"也属于个人品德。考虑到"伦理"一词较之"职业道德"有更宽泛的涵义，因此此维度更名为"伦理取向"。

5）第五个因子共有 3 个条目，分别是 V51、V52 和 V53，与初始维度"结果取向"结构内涵一致，该因子解释了总变异量的 3.02%。考虑到 3 个条目反映的是煤矿企业对产品的精益求精，因此将该维度更名为"精益取向"。

6）第六个因子共有 5 个条目，分别是 V61、V62、V64、V65 和 V66，与初始维度"社会责任"结构内涵一致，该因子解释了总变异量的 4.49%，同时为与"价值观"内涵表达一致，该维度更名为"社会取向"。

7）第七个因子共有 4 个条目，分别是 V71、V73、V75 和 V77，原来属于"关系导向"维度的 V72 和 V74 被删除，对应的条目分别是"尽量避免冲突"和"员工意见达成共识"，剩余 4 个条目体现的都是人们对组织行使权力等方面的认知和要求，本质上是组织人员对平等的潜意识需求，因此将该维度定义为"平等取向"，该因子解释了总变异量的 3.44%。

8）第八个因子共有 4 个条目，分别是 V81、V82、V83 和 V86，与初始维度"安全与风险"结构内涵一致，该因子解释了总变异量的 3.74%。考虑到 4 个条目反映的是煤矿企业对员工安全规则的要求，将该维度更名为"规则取向"。

表 5-12　煤矿企业"名义-隐真"文化因子分析结构

项目	因子							
	1	2	3	4	5	6	7	8
V41	0.764							
V43	0.728							
V49	0.682							
V35	0.636							
V42	0.575							
V44	0.529							
V21		0.810						
V24		0.705						
V23		0.684						
V22		0.678						
V29		0.561						
V25		0.498						
V31			0.848					
V34			0.796					
V84			0.751					
V32			0.748					
V64				0.796				
V61				0.719				
V62				0.604				

项目	因子							
	1	2	3	4	5	6	7	8
V65				0.586				
V66				0.558				
V12					0.739			
V13					0.705			
V16					0.700			
V11					0.668			
V15					0.569			
V82						0.764		
V81						0.637		
V86						0.633		
V83						0.575		
V77							0.794	
V75							0.731	
V71							0.669	
V73							0.630	
V51								0.784
V52								0.626
V53								0.621

注：提取方法：主成分分析。
　　旋转方法：最大方差旋转法。
　　旋转迭代9代

5.3.3　验证性因子分析

（1）样本与程序

依据上述 37 个条目设计了煤矿企业"名义-隐真"文化正式问卷，进行正式调研。形成正式问卷的施测对象与前述预试问卷的施测对象一致，为煤矿企业一线矿工、班组长、中层管理者及以上人员，但在对象选取上与预试过程所选单位稍有不同，被试者为来自山西、河北、河南、江苏 4 个省份 5 个煤矿的员工，仅通过网络的方式进行问卷的发放。问卷总共发出 150 份，回收 142 份，有效问卷有 130 份，有效率为 91.55%。

（2）基本模型

基于探索性因子分析的结果，预期煤矿企业价值观的 8 个因子模型可能与数据之间具有最佳拟合，具体假设基本模型如图 5-1 所示。

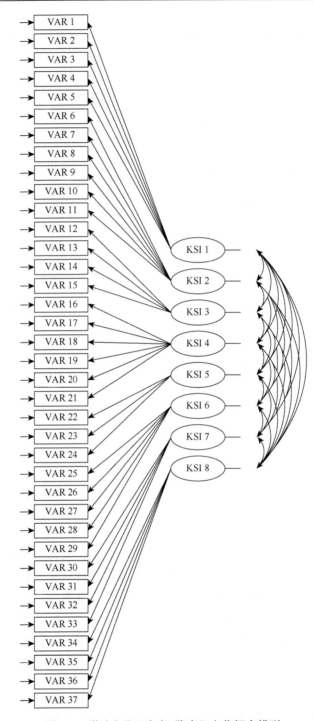

图 5-1　煤矿企业"名义-隐真"文化概念模型

（3）验证性因子分析

根据上述基本模型的设定，利用 LISREL8.0 程序运行后得到的结果见表 5-13。综合看来，基本模型与实际观察数据吻合较好，反映了煤矿企业"名义-隐真"文化的内部结构为一阶八因素（图 5-2）。

表 5-13　验证性因子分析相关数据

	χ^2	df	χ^2/df	RMSEA	GFI	AGFI	IFI	CFI	SRMR
基本模型	1160.38	601	1.93	0.076	0.87	0.84	0.95	0.95	0.073

注：χ^2 表示卡方；df 表示自由度；χ^2/df 表示卡方/自由度；RMSEA 表示近似误差均方根；GFI 表示拟合优度指数；AGFI 表示调整拟合优度指数；IFI 表示增量拟合指数；CFI 表示比较拟合指数；SRMR 表示标准化残差均方根。下同

5.3.4　煤矿企业"名义-隐真"文化正式结构

通过上述所进行的相关研究，最终留下 37 个条目作为煤矿企业"名义-隐真"文化结构的正式内容。该文化结构包含 8 个维度，分别是"卓越取向"、"人本取向"、"团队取向"、"伦理取向"、"精益取向"、"社会取向"、"平等取向"和"规则取向"，这里为了使价值观表达简洁，对相应词条表述进行修改，如"安全意识和技能教育与培训"修改为"安全意识"等，相对应的词条见表 5-14。

表 5-14　煤矿企业"名义-隐真"文化正式结构

维度	对应词条	维度	对应词条
卓越取向	技术创新	人本取向	关注员工权益
	主动学习		尊重员工生命
	管理创新		关注员工身心健康
	适应环境		公平公正
	积极进取		工作保障
团队取向	团队或部门利益高于个人利益	精益取向	家庭与工作的平衡
			注重产量
	包容与和谐		工作高效
	团结合作		重视质量
	勇于承担责任	平等取向	反对官僚作风
伦理取向	服务与奉献		反对绝对顺从上级要求
	正直廉洁		不提倡基于人际关系背景的人员晋升
	诚实守信		
	为人忠诚		不提倡人际关系运作
	爱岗敬业	社会取向	热心公益
	踏实勤奋		维护企业形象
规则取向	安全意识		维护周边关系
	应急与预防		爱国精神
	关注细节，严谨规范		节能环保
	制度遵从		

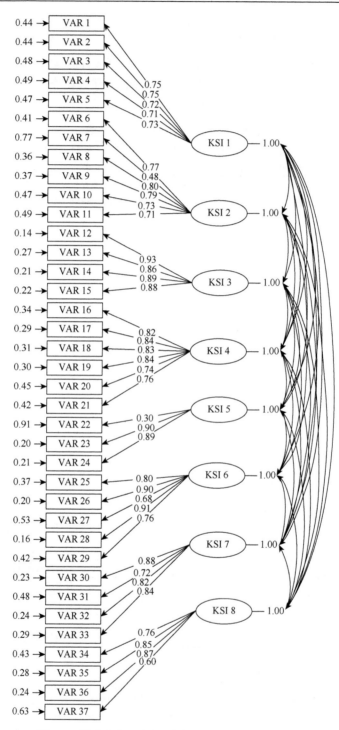

图 5-2　煤矿企业"名义-隐真"文化结构路径拟合图

　　煤矿企业"名义-隐真"文化正式结构将为后续的"名义-隐真"文化错位与安全管理制度遵从行为选择关系的实证研究提供关键基础。

6 "名义-隐真"文化错位与制度遵从关系的概念模型与研究假设

第4章发现"名义-隐真"文化错位程度代表的制度表现手段与制度遵从行为选择可能存在非线性关系，且"可纳错位"可能存在。第5章开发出煤矿企业"名义-隐真"文化八维度结构，这8个维度在组织要求、组织供给、员工需求和员工供给等方面存在不同的组织意义，意味着不同维度的"名义-隐真"文化错位程度对制度遵从的影响力度和趋势也会不同。因此，需要从8个维度有区别性的组织意义入手，考虑到不同错位程度情境下内源性制度遵从与外源性制度遵从的变化趋势，来推理文化错位与制度遵从之间的非线性关系，进而形成研究假设，将其作为后续实证研究的理论基础。

6.1 "名义-隐真"文化错位与制度遵从关系概念模型

6.1.1 概念模型构建的理论基础

（1）关于错位、匹配与一致性

近年来，关于"匹配"的研究在宏观和微观组织层面中引起了广泛重视[223]，具体到组织文化或组织行为相关的研究中，个人与组织匹配（person-organization fit）一直是学者围绕提高组织效率而进行研究的热点和重点。个人与组织匹配是指个人的人格、价值观、信仰等与组织文化、价值观、规范等的一致性程度。

"错位"的内涵正如前述中所示，是指"名义文化"与"隐真文化"一定程度的分离和一定程度的契合，与现有个人与组织匹配理论中的"匹配"（fit）内涵较为相近，都体现出所需研究两类体系的"一致性"（congruence）程度。只是认为"错位"相比"匹配"一词在意义上更显具体生动，因而采用"错位"来替代"匹配"一词，并不影响研究"名义-隐真"文化错位时对价值观匹配理论的借鉴引用。因此，采用组织文化二元结构的一致性程度，即"名义-隐真"文化的一致性程度来解释和测量"名义-隐真"文化的错位程度。

（2）"宣称-执行"价值观错位与"名义-隐真"文化错位

在实际研究中，众多学者已经习惯于从价值观一致性视角来研究人与组织的匹配。例如，Chatman[224]认为，研究组织对个人价值观与行为的影响，以及个人对组织规范和价值观的影响，必须评价个人价值观与组织价值观的匹配程度，因此"基于价值观进行个人与组织匹配研究是最常用的方法之一"[225]。可见，"宣称-执行"价值观错位都可以作为"名义-隐真"文化错位的核心与基础。

由于价值观层是制度层的思想基础，本书所关注的煤矿企业安全管理制度遵从行为选择问题就转化为反映在价值观层的"个人与组织制度"错位程度而引发的员工在行为层的选择问题。同时，借用 Chatman[224]针对价值观匹配的思想，研究个人与组织制度的错位也必须评价个人价值观与制度蕴含价值观的匹配程度，因此从"宣称-执行"价值观视角去研究"名义-隐真"文化错位与煤矿企业安全管理制度遵从行为选择问题就变得切实可行。

6.1.2　几个关键概念

（1）安全管理制度宣称价值观内涵分析

鉴于组织文化二元结构中制度与价值观的关系论证，只选择煤矿企业安全管理制度中要求和倡导的价值观作为煤矿企业宣称价值观的具体反映，称其为"煤矿企业安全管理制度宣称价值观"，简称"制度宣称价值观"，折射出的是煤矿企业的"名义文化"。

（2）煤矿企业执行价值观：制度推行价值观和个人执行价值观

煤矿生产的主体——煤矿一线作业人员和煤矿管理者对安全制度的遵从情况，是决定安全管理制度有效性的重要方面[214]。虽然制度执行的最终点要落实在员工的实际行为中，但制度推行的形式与火候却掌握在中基层管理者手中，中基层管理者对制度的推行与执行反映的是组织对正式制度的执行程度，也是中基层管理者对下属的制度要求程度。因此，本书将煤矿企业执行价值观分为煤矿企业安全管理制度推行价值观（简称"制度推行价值观"）和煤矿企业个人执行价值观（简称"个人执行价值观"）。

制度推行价值观是指组织层面的代表——中基层管理者反映在制度推行等实际行为中的价值观，是煤矿企业对所提倡制度宣称价值观的执行和推行状态；个人执行价值观则是指反映在作业人员日常工作行为中的价值观，它既包含了作业人员对制度的执行行为，也囊括了作业人员在实际工作中其他方面的行为，其在意义上非常贴近作业人员个体实际的价值观需求，但又有差异，具体在组织文化二元结构中进行了相关分析。相应地，制度推行价值观和个人执行价值观也都有各自的价值观体系。

（3）煤矿企业"宣称-执行"价值观错位

对应于煤矿企业存在的制度宣称价值观、制度推行价值观和个人执行价值观，煤矿企业"宣称-执行"价值观错位可能存在 3 种形态："制度宣称-制度推行"价值观错位、"制度宣称-个人执行"价值观错位和"制度推行-个人执行"价值观错位（图 6-1）。由于"宣称-执行"价值观的"名义-隐真"文化错位是影响制度遵从行为选择的关键因素，那么仅仅从"宣称"与"执行"的视角进行相关问题的研究，因此只选择"制度宣称-制度推行"价值观错位和"制度宣称-个人执行"价值观错位作为本书的关键概念。

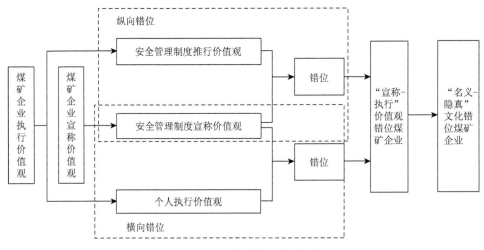

图 6-1　　主要概念之间的关系

1）"名义-隐真"纵向错位：煤矿企业"制度宣称-制度推行"价值观错位。该类错位形态强调的是煤矿企业安全管理制度倡导的价值观与反映在煤矿企业中基层管理者制度推行过程的实际行为中的价值观的分离与契合程度，前者属于组织宣称价值观，后者属于制度层面在实际执行过程中反映出的价值观，在组织文化层级表现形式上是价值观层与制度层之间的分离与契合关系，对应了组织文化二元结构中的"纵向错位"形态。

2）"名义-隐真"横向错位：煤矿企业"制度宣称-个人执行"价值观错位。该类错位形态强调的是煤矿企业安全管理制度倡导的价值观与反映在作业人员实际工作行为中的价值观的分离与契合程度，前者属于组织宣称价值观，后者属于组织执行价值观，在组织文化层级表现形式上是价值观层内两种价值观形态的分离与契合关系，对应了组织文化二元结构中的"横向错位"形态。

综上，本书在组织文化二元结构论述中指出，"横向错位"和"纵向错位"的存在恰好引发了组织文化的"名义-隐真"错位结构（图 3-4，图 6-1），而对应的"制度宣称-个人执行"价值观错位与"制度宣称-制度推行"价值观错位又构成了煤矿企业"宣称-执行"价值观的内部结构，可见无论是文化错位还是价值观错位，都再一次验证了制度的文化基础特征是影响煤矿企业安全管理制度遵从行为选择的重要因素。

6.1.3 概念模型的构建

（1）概念模型的思想基础

1）制度的刚性与柔性。无论在理论还是实践中，"刚性"一直是组织制度特征的代言。用严格的规章制度约束员工是进行刚性管理的主要手段，是集权式命令式管理[226]。在这一特征的约束下，如果员工不适应或不满意制度要求，由于制度本身是主动的、固定的且不可随意更改的，员工所做的只能是改变自己的行为以适应制度要求，否则将会受到严厉的惩罚，更多显示的是"外源性制度遵从"，从而导致效率低下，抑制员工积极性，甚至会引发员工的反抗行为[227]［图 6-2（a）］。

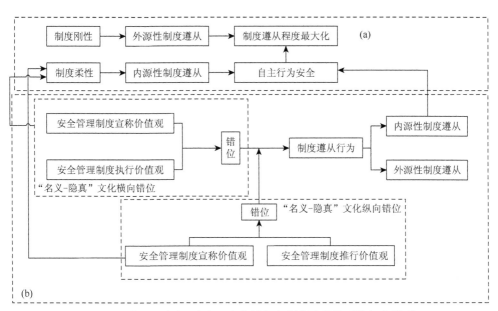

图 6-2 煤矿"名义-隐真"文化错位与制度遵从关系的概念模型

与刚性管理对应的是柔性管理，强调在尊重员工个人意志和尊严的前提下，努力塑造共享的组织价值观和文化精神，以提高员工的凝聚力与归属感[226]。柔性管理模式下的组织制度也应该是柔性的，在制度表现手段上实现"名义-隐真"文化（"宣称-执行"价值观）的"可纳错位"。在柔性特征的约束下，组织制度的灵活适应性设计来平衡组织与员工的利益，激发员工的"内源性制度遵从"，以达到组织制度柔性效果的目的［图 6-2（a）］。

2）自主行为安全与制度遵从程度最大化。陈红[1]认为，自主行为安全是煤矿安全的关键。所谓自主行为安全是指煤矿企业不同作业人员在复杂的煤矿作业环境中始终能做出个体自主意识主导下的安全行为选择，并能持续地选择正向促进行为，即不发生故意性的不安全行为，并能持续保持这种状态[1]。无论是内源性驱动抑或是外源性驱动，自主行为安全在行为方面总要通过一定的行为载体来实现，这类行为载体或许就是所提出的"内源性制度遵从行为"和"外源性制度遵从行为"。其中，"外源性制度遵从行为"关注的是个体在外部因素作用下的制度遵从行为，其驱动力并非是个人自主意识主导的，而"内源性制度遵从行为"强调的是个体自主意识下主导的制度遵从行为，其自身反映了自主行为安全特征［图 6-2（a）］。而基于"宣称-执行"价值观的"名义-隐真"文化错位类型恰好对应了第 4 章中的 3 类制度表现手段，因此实现员工自主行为安全的实践问题就转换为煤矿企业安全管理制度如何设计以提升员工制度遵从行为的理论问题。

通过上述分析可知，要实现自主行为安全意味着煤矿安全管理制度设计应该"刚柔并济"，遵从个体自身适应规律，从文化和价值观视角来科学设计煤矿安全管理制度，以激励引导为主、调节和控制为辅来干预煤矿作业人员正向选择制度遵从行为，提升"内源性制度遵从"，同时制度遵从程度又能达到最高，达到煤矿安全管理的目的。

（2）概念模型构建

具体到煤矿企业，煤矿企业安全管理制度代表的是企业所倡导的"名义文化"，其价值观基础是制度宣称价值观；隐规则代表的是企业的"隐真文化"，其价值观基础是制度执行与个人执行价值观。Tyler 和 Blader[213]认为，如果员工感知到企业制度与个人价值观一致，他们自己的价值观会驱使员工遵从企业制度，可见"制度宣称-个人执行"价值观错位会影响到员工制度遵从行为的选择，"名义-隐真"文化的"横向错位"可以直接作为自变量。

然而，"制度宣称-个人执行"价值观错位作为研究煤矿作业人员制度遵从行为的自变量，需要通过制度推行这一动态过程来实现其变化的影响。制度推行力的实质可以说是制度的有效程度，人们可以通过观察一项制度在多大程度上塑造或影响人的社会行为来衡量制度执行或推行的效果[228]。不同制度推行程度会使"制度宣称-个人执行"价值观错位在发挥对作业人员制度遵从行为的影响作用时产生不同程度的损失，即制度推行力度在"制度宣称-个人执行"价值观错位与制度遵从之间具有调节作用，而制度推行力度是"制度宣称-制度推行"价值观错位的表现，说明"名义-隐真"文化的"纵向错位"可以作为调节变量。

根据以上分析，本书所构建的概念模型如图 6-2（b）所示。

6.2　理论分析与研究假设

6.2.1　8个维度价值观类型分析

研究匹配的类型可以更好地揭示匹配对个体行为的影响[229]，为方便后续分析，先在价值观匹配类型分析的基础上，依据不同类型的价值观进行相关的理论分析和研究假设。

在现有理论研究中，个人-组织匹配大致可以分为一致性匹配（supplementary fit）和互补性匹配（complementary fit）两类[230]。一致性匹配是指组织内成员个人信念、价值观、目标和态度跟组织文化、价值观、目标和规范很相似。互补性匹配则是指个人和组织二者当中一方能满足另一方的要求，又可具体分为"需求-供给"型匹配（supplies-needs fit）和"能力-要求"型匹配（demands-abilities fit）[229]。Kristof[171]通过将一致性匹配和互补性匹配进行整合，指出只有当两者具备其一或同时具备时，才能实现个人-组织关系的匹配。由于本节重点分析价值观的"二元"结构，不涉及组织成员能力问题，而个体可以通过努力来满足组织期望和要求，以提高个人-组织匹配度，因此将个人-组织匹配的分类原理引申到价值观层面上来时，可以把价值观匹配分为一致型、"要求-努力"型和"供给-需求"型3种匹配。其中，一致型匹配是指组织期望员工拥有的价值观与员工期望组织拥有的价值观是相同的（如"规则取向"价值观等）；"要求-努力"型匹配是指组织要求员工拥有的价值观，它是需要员工通过努力和能力来实现组织期望的价值观，类似于组织文化二元结构中所提出的"努力型"价值观（如"卓越取向"、"精益取向"价值观等）；"供给-需求"型匹配则是指员工自身需要的价值观，但有又必须是通过组织提供的价值观，类似于组织文化二元结构中所提出的"支持型"价值观（如"人本取向"价值观等）。反映在制度遵从中，不同的价值观匹配类型会影响到错位对员工、对制度的遵从类型。

6.2.2　基于卓越取向煤矿"宣称-执行"价值观错位与制度遵从

（1）"制度宣称-个人执行"价值观错位与内外源性制度遵从行为

卓越取向维度反映了组织期望员工在改革创新方面所拥有的价值观特征。对于该维度而言，更多的是组织对员工所拥有卓越取向价值观的要求，而个人对卓越取向价值观的需求更多存在于特定工作群体中（如研发人员、企业高管），并不具备普遍性，该类价值观属于组织文化二元结构中提出的"努力型"价值观，也是"要求-努力"型价值观。因此，基于卓越取向的"宣称-执行"价值观错位就可以被描述为组织所要求员工具备的卓越取向价值观与员工实际拥有的卓越取向价值观的不一致程度。反映在煤矿企业安全管理制度中就是制度宣称的对员工应具备的卓越取向价值观要求与员工实际卓越取向价值观水平的不一致程度，体现卓越取向维度的制度表现形式主要有《安全生产教育与培训制度》等。

如果安全管理制度要求的卓越程度低于员工实际卓越取向价值观水平，说明组织制度对卓越要求程度低于员工实际执行价值观水平，制度内规定的激励办法和力度没能与员工实际的期望相切合，不能有效激发员工提升卓越取向价值观水平的动力，员工的内源性制度遵从程度较低。相应地，安全管理制度表现形式中有关卓越取向的奖惩等激励措施力度也较低，此时制度的激励和约束作用都较低，外源性制度遵从也较低。个体的创新动力来源于内在动力[231]，当安全管理制度要求的卓越程度接近于员工实际价值观水平时，制度要求对卓越取向的重视度增加，能有效降低个体对创新带来风险的担忧[232]，员工感知制度对卓越的支持程度增加，进而对制度的认可程度增加，促使员工自觉遵从组织制度[213]，内源性制度遵从提升。同时，安全管理制度表现形式中有关卓越取向奖惩等激励措施力度的提升，会使得外部激励和惩罚的影响作用大大提升，对特定激励的期望或是对未能达到要求而要受到惩罚的畏惧，使得态度成分中的依从因素增加，在被动的驱动下选择遵从制度要求的行为，外源性制度遵从提升。当制度要求的卓越程度超出员工实际价值观水平，来自制度的支持、鼓励等程度过高时，员工可能会有被控制感，从而损害了员工的内在动力[231]，以至于员工对制度的认可程度降低，更多的是对制度的依从，内源性制度遵从降低。此外，就算在高度奖惩措施的情境下，由于个体的改革创新能力有限，反而制度的过高要求对员工形成压力，使得员工没法对制度进行遵从，外源性制度遵从同样降低。因此，提出以下假设。

假设 1a：基于卓越取向的"制度宣称-个人执行"价值观错位程度与内源遵从行为具有非线性关系。

当安全管理制度宣称的卓越取向价值观程度接近于员工实际执行的卓越取向价值观水平时，员工内源性制度遵从上升；当安全管理制度宣称的卓越取向价值观程度超出员工实际执行的卓越取向价值观水平时，员工内源性制度遵从下降。

假设 1b：基于卓越取向的"制度宣称-个人执行"价值观错位程度与外源遵从行为具有非线性关系。

当安全管理制度宣称的卓越取向价值观程度接近于员工实际执行的卓越取向价值观水平时，员工外源性制度遵从上升；当安全管理制度宣称的卓越取向价值观程度超出员工实际执行的卓越取向价值观水平时，员工外源性制度遵从下降。

（2）制度推行程度作为调节变量

由于制度推行程度仅仅考虑的是企业中基层管理者对制度的推行程度，侧面反映了中基层管理者依据制度标准对下属的约束程度，偏向于强制性色彩。而卓越取向属于"要求–努力"型价值观，强制要求员工的努力意味着得对员工实施更多的外部约束或激励措施，因此制度推行程度在一定程度上属于"外源性驱动力"，其对员工内源性制度遵从的影响程度不明显。因而，仅分析制度推行程度对价值观错位与外源性制度遵从关系的调节作用。在高制度推行程度的情境下，当制度要求的卓越取向价值观接近于个人执行价值观时，随着制度表现形式中奖惩等激励措施力度的提升，员工感知到上级对制度的严格执行，为了避免惩罚或获取奖励，员工将更加依从制度[213]，外源性制度遵从提升。当制度要求的卓越取向价值观高于个人执行价值观时，制度表现形式中奖惩措施的力度依然提升且推行力度加大，在自己的能力范围内，员工是倾向于满足组织要求的[229]，因此员工对制度依从度提升，外源性制度遵从提升。在低制度推行程度的情境下，由于员工感知到上级并不严格执行制度，因此制度的约束作用自然降低，无论是制度宣称低于或超出个人价值观，员工的外源性制度遵从都会下降。由此，得到以下假设。

假设 1c：制度推行程度对基于卓越取向的"制度宣称–个人执行"价值观错位与内源性制度遵从关系无显著调节作用。

假设 1d：制度推行程度对基于卓越取向的"制度宣称–个人执行"价值观错位与外源性制度遵从关系具有调节作用。具体表现为在高制度执行程度的情境下，外源性制度遵从呈上升趋势；在低制度执行程度的情境下，外源性制度遵从呈下降趋势。

6.2.3 基于人本取向煤矿"宣称–执行"价值观错位与制度遵从

（1）"制度宣称–个人执行"价值观错位与内外源性制度遵从行为

人本取向维度主要表达了工作中员工对自我生命、权益、健康和家庭等方面的价值诉求，属于组织文化二元结构中提出的"支持型"价值观，也是"供给–需求"型价值观匹配。因此，基于人本取向的"宣称–执行"价值观错位就可以被描述为组织所提倡的人本取向价值观与员工实际期望的人本取向价值观不一致的程度。反映在煤矿企业安全管理制度中就是制度宣称的为员工提供的人本取向价值观与员工实际期望的人本取向价值观水平的不一致程度，体现人本取向维度的制度表现形式主要有《职业卫生/健康管理制度》等。

如果安全管理制度为员工供给的人本水平低于员工实际期望的水平，说明煤矿安全管理并未考虑员工的实际权益，安全管理制度类似于"自上而下"强制型表现手段，使得员工不得不依从制度，此时制度未从内部激励着手，主要表现为外源型驱动，员工的内源性制度遵从较低，而外源性制度遵从比内源性的高。当安全管理制度为员工提供的人本程度接近于员工实际期望的水平，员工能够逐渐感受到煤矿对员工生命、权力等各方面的关心与重视，就算没有达成员工实际期望的水平，员工仍然会越来越支持和拥护组织的相关政策与制度[233]，对制度的认同度提升，从而内源性制度遵从提升。同时，为体现人本取向，安全管理制度表现形式中的奖励力度将会提升，惩罚力度将会降低。在高度奖励等外部激励的作用下，员工为了获得奖励，就必须遵从制度要求，对制度的依从程度提升，从而外源性制度遵从提升。当安全管理制度供给的人本程度超出员工实际期望的水平时，制度偏向"自下而上"民主型表现手段，员工认为制度非常契合自己的价值观，会产生对制度的内化[234]，此时员工的内源性制度遵从依然提升。但随着超出水平的提升，虽然员工对制度的认可程度不会下降，但组织期望他们付出更多努力的要求会促使员工产生阻断性压力[235]，制度此时对于员工是消极的压力源，员工的内源性制度遵从下降。同时，虽然随着奖励等外部激励作用强度的提升，员工已经享受到超水平的关心与支持，但有可能存在一定时间的激励刚性之后，外部激励作用效果逐渐变小，外源性制度遵从先上升后下降。因此，假设如下。

假设 2a：基于人本取向的"制度宣称-个人执行"价值观错位程度与内源遵从行为具有非线性关系。

当安全管理制度宣称的人本程度接近于员工实际期望的人本水平时，员工内源性制度遵从上升；当安全管理制度宣称的人本程度超出员工实际期望的人本水平时，员工内源性制度先上升后下降。

假设 2b：基于人本取向的"制度宣称-个人执行"价值观错位程度与外源遵从行为都具有非线性关系。

当安全管理制度宣称的人本程度接近于员工实际期望的人本水平时，外源性制度遵从上升；当安全管理制度宣称的人本程度超出员工实际期望的人本水平时，外源性制度遵从先上升后下降。

（2）制度推行程度作为调节变量

人本取向作为"供给-需求"型价值观匹配，主要表现为强调满足工作中员工对自我生命、权益、健康和家庭等方面的价值诉求，而非强制性的惩罚手段，其表现手段在一定程度上属于"内源性驱动力"，对员工的外源性制度遵从影响程度不明显。因而，仅分析制度推行程度对价值观错位与内源性制度遵从关系的调节作用。在高制度推行程度的情境下，如果安全管理制度供给的人本程度低于个人执行价值观，尽管人本程度在不断接近个人的执行价值观，但始终无法达到员工的真实要求，使得员工虽然能够看到组织在制度推行方面所做的努力，却无法认同高制度推行程度下不足以满足自身执行价值观的制度设计，从而对制度的认同程度降低，内源性制度遵从减少。随着制度供给对个人要求的逐渐接近，虽然仍低于个人要求水平，但员工的个人待遇逐步提升，对制度的认同程度也逐步提升[234]，从而内源性制度遵从提升。当安全管理制度供给的以人为本程度高于个人执行价值观时，由于员工真切地感受到组织的关心，所以员工的归属感和凝聚力增强[226]，制度的内化程度提升，内源性制度遵从提升。在低制度推行程度的情境下，由于员工感知到上级并不严格执行制度，因此制度的激励作用自然降低，无论是制度宣称低于或超出个人价值观，都会使内部激励的影响作用大打折扣，影响到员工对于制度推行的信任与认同，从而内源性制度遵从会持续下降。由此，得到以下假设。

假设 2c：制度推行程度对基于人本取向的"制度宣称-个人执行"价值观错位与内源性制度遵从关系有调节作用。具体表现为在高制度推行程度的情境下，内源性制度遵从先下降后上升；在低制度执行程度的情境下，内源性制度遵从下降。

假设 2d：制度推行程度对基于人本取向的"制度宣称-个人执行"价值观错位与外源性制度遵从关系无显著调节作用。

6.2.4 基于团队取向煤矿"宣称-执行"价值观错位与制度遵从

（1）"制度宣称-个人执行"价值观错位与内外源性制度遵从行为

团队取向维度既反映了组织期望员工在团队精神方面所拥有的价值观特征，也反映了员工自身的团队取向价值观特征，该类价值观属于"一致型"价值观匹配。因此，基于团队取向的"宣称-执行"价值观错位就可以被描述为组织所要求员工具备的团队取向价值观与员工实际拥有的团队取向价值观的不一致程度。反映在煤矿企业安全管理制度中就是制度宣称的对员工应具备的团队取向价值观要求与员工实际团队取向值观水平的不一致程度，体现该维度的制度表现形式主要有《班组建设管理制度》等。

由于团队精神属于个人品质，在短期内不容易改变，就算在制度激励和约束的作用下，制度对于个人团队取向水平的影响仅限于外源性驱动因素，因此员工对制度的内源性遵从仅取决于员工的个人品质、兴趣等个人特征[236]，也就是说，员工的内源性制度遵从仅与员工的执行价值观相关，这可能是由于个人执行价值观的变化而引发"制度宣称-个人执行"价值观错位的变化，从而导致内源性制度遵从的变化。如果员工团队取向水平提升，那么员工对组织的认同度也提升[237]，相应地，对制度的认同度同样提升，员工行为越有可能与组织保持一致[238]，因此内源性制度遵从提升。对于外源性制度遵从，随着安全管理制度要求的团队水平接近于员工实际团队取向价值观水平，虽然安全管理制度表现形式中有关团队取向的奖惩等激励措施力度提升，但制度表现出的团队性外在激励仍然没有达到个人水平，员工甚至认为接近于个人期望的制度奖励还不如没有的好，从而致使外源制度遵从降低。

当制度要求的团队取向程度超出员工实际执行的价值观水平时，为配合更高水平的团队精神要求，安全管理制度形式中的奖惩措施力度也将不断提升，说明煤矿越来越重视班组建设，员工的士气和凝聚力也越高[239]，为了符合班组要求，个人将积极遵守行为规范[205]，此时员工的外源性遵从提升。因此，假设如下。

假设 3a：基于团队取向的"制度宣称-个人执行"价值观错位程度与内源遵从行为可能存在线性关系，且二者关系随着个人执行价值观的改变而改变，即个人执行价值观与内源性制度遵从存在正相关关系。

假设 3b：基于团队取向的"制度宣称-个人执行"价值观错位程度与外源遵从行为具有非线性关系。

当安全管理制度宣称的团队取向价值观程度接近于员工实际执行的团队取向价值观水平时，员工外源性制度遵从下降；当安全管理制度宣称的团队取向价值观程度超出员工实际执行的团队取向价值观水平时，员工外源性制度遵从提升。

（2）制度推行程度作为调节变量

虽然团队取向属于"一致型"价值观，但团队精神又从属于个人品质型特征，具有外部约束或激励特征的制度推行程度在该维度仍属于"外源性驱动力"，对员工的内源性制度遵从影响程度不明显。与卓越取向维度一致，这里仅分析制度推行程度对价值观错位与外源性制度遵从关系的调节作用。在高制度推行程度的情境下，如果安全管理制度要求的团队取向价值观低于个人执行价值观，随着制度表现形式中奖惩等激励措施力度的提升，为了避免惩罚或获取奖励，员工将依从制度[213]，从而外源性制度遵从提升。当安全管理制度要求的团队取向价值观高于个人执行价值观时，制度表现形式中的奖惩措施依然提升，在高强度的制度推行情境下，员工的外源性制度遵从继续提升。相反，在低制度推行程度的情境下，由于员工感知到上级并不严格执行制度，所以制度的约束作用自然降低，无论是制度宣称低于或超出个人价值观，员工的外源性制度遵从都会下降。因此，得到以下假设。

假设 3c：制度推行程度对基于团队取向的"制度宣称-个人执行"价值观错位与内源性制度遵从关系无显著调节作用。

假设 3d：制度推行程度对基于团队取向"制度宣称-个人执行"价值观错位与外源性制度遵从关系具有调节作用。具体表现为在高制度执行程度的情境下，外源性制度遵从提升；在低制度执行程度的情境下，外源性制度遵从呈下降趋势。

6.2.5　基于伦理取向煤矿"宣称-执行"价值观错位与制度遵从

（1）"制度宣称-个人执行"价值观错位与内源性制度遵从行为

伦理取向维度既反映了煤矿期望员工在伦理取向方面所拥有的价值观特征，

也反映了员工自身的伦理取向价值观特征，该类价值观属于"一致型"价值观匹配。因此，基于伦理取向的"宣称-执行"价值观错位就可以被描述为煤矿所要求员工具备的伦理取向价值观与员工实际拥有的伦理取向价值观的不一致程度。反映在煤矿企业安全管理制度中就是制度宣称的伦理取向价值观与员工实际伦理取向价值观水平的不一致程度，体现该维度的制度表现形式并无固定制度，应在不同形式的制度中都所有隐含。

与团队取向一致，伦理取向同属于个人品质，制度对于个人伦理水平的影响在短期内不容易改变，制度作用仅限于外源性驱动因素，因此员工的内源性制度遵从仅与员工的执行价值观相关，这可能是由于个人执行价值观的变化而引发"制度宣称-个人执行"价值观错位的变化，从而导致内源性制度遵从的变化。如果员工伦理水平提升，那么员工行为越有可能与制度保持一致[240]，从而使内源性制度遵从提升。分析外源性制度遵从，随着安全管理制度要求的伦理取向程度接近于员工执行价值观水平，虽然员工感知制度倡导的伦理程度提升，但制度要求的伦理标准仍然未达到自身水平，伴随着低力度的奖惩措施，会向员工传输伦理不重要的信号[241]，此时员工对制度的遵从更多地来自于内部驱动，从而外源性驱动成分下降，外源性制度遵从降低。当制度要求的伦理程度超出员工执行价值观水平时，与伦理取向相关的奖惩力度提升。因为外部因素的影响，员工为了获得自己期望的奖励或是避免受到因为不遵从导致的惩罚而不得不遵从制度[213]，所以员工对制度的依从程度提升，外源性遵从行为提升。因此，假设如下。

假设 4a：基于伦理取向的"制度宣称-个人执行"价值观错位程度与内源遵从行为可能存在线性关系，且二者关系随着个人执行价值观的改变而改变，即个人执行价值观与内源性制度遵从存在正相关关系。

假设 4b：基于伦理取向的"制度宣称-个人执行"价值观错位程度与外源遵从行为具有非线性关系。

当安全管理制度宣称的伦理取向价值观程度接近于员工实际执行的伦理取向价值观水平时，员工外源性制度遵从下降；当安全管理制度宣称的伦理取向价值观程度超出员工实际执行的伦理取向价值观水平时，员工外源性制度遵从提升。

（2）制度推行程度作为调节变量

伦理取向从属于个人品质型特征，而具有外部约束或激励特征的制度推行在该维度施加的更多是外部影响，可见通过制度推行来对员工的内源性制度遵从的影响程度不明显。因此，仅分析制度推行程度对价值观错位与外源性制度遵从关系的调节作用。

在高制度推行程度的情境下，当安全管理制度要求的伦理价值观低于个人执行价值观时，随着制度要求的伦理价值观逐渐向个人执行价值观接近，虽然制度越来越重视诚实守信、为人忠诚、爱岗敬业等伦理取向方面，但由于实际要求水平仍旧低于员工执行价值观，员工感知制度只是形式并不具备权威性，所以员工对制度遵从降低[211]，外源性制度遵从降低。当安全管理制度要求的伦理价值观高于个人执行价值观时，伦理取向相关的奖惩措施力度明显提升，能够有效涵盖员工期望的报酬，为了能够得到自己所期望的报酬，员工不得不依从制度，因此外源性制度遵从行为上升。在低制度推行程度的情境下，外源性制度变化趋势与此相似，只是变化程度小于高制度推行情境。因此，得到以下假设。

假设 4c：制度推行程度对基于伦理取向的"制度宣称-个人执行"价值观错位与内源性制度遵从关系无显著调节作用。

假设 4d：制度推行程度对基于伦理取向"制度宣称-个人执行"价值观错位与外源性制度遵从关系具有调节作用。具体表现为在高制度执行程度的情境下，外源性制度遵从呈先下降后提升的趋势；在低制度执行程度的情境下，外源性制度遵从呈先下降后提升的趋势，变化速度小于高制度推行程度情境。

6.2.6 基于精益取向煤矿"宣称-执行"价值观错位与制度遵从

（1）"制度宣称-个人执行"价值观错位与内外源性制度遵从行为

精益取向维度反映更多的是组织对员工在精益取向方面的要求，属于"要求-努力"型价值观。因此，基于精益取向的"宣称-执行"价值观错位就可以被描述为煤矿所要求员工具备的精益取向价值观与员工实际拥有的精益取向价值观的不一致程度。反映在煤矿企业安全管理制度中就是制度宣称的精益取向价值观与员工执行价值观水平的不一致程度，体现精益取向维度的制度表现形式主要有《安全质量标准化制度》，以及与生产系统安全相关的制度等。

当安全管理制度要求的精益取向程度接近于员工实际价值观水平时，员工感知制度对精益取向的支持程度增加，进而对制度的认可程度增加，促使员工自觉遵从组织制度[213]，从而内源性制度遵从提升。同时，安全管理制度表现形式中有关精益取向的奖惩等激励措施力度提升，员工为避免惩罚或获得奖励不得不对制度持依从态度，因此外源性制度遵从提升。当制度要求的精益取向程度超出员工执行价值观水平时，虽然制度中与结果想到的相关奖惩力度会提升，但员工可能会有被控制感，产生阻断性压力[235]，从而员工对制度遵从内在动力降低[231]，内源性制度遵从降低。此外，就算在高度奖惩措施的情境下，由于个体的工作能力有限可能达不到制度要求的效率、质量等程度，此时制度的过高要求对员工也形成阻断性压力，就算奖惩度再高，员工对制度遵从的意愿也会降低，外源性制度遵从同样降低。因此，假设如下。

假设 5a：基于精益取向的"制度宣称-个人执行"价值观错位程度与内源遵

从行为具有非线性关系。

当安全管理制度宣称的精益取向价值观程度接近于员工精益取向执行价值观水平时，员工内源性制度遵从上升；当安全管理制度宣称的精益取向价值观程度超出员工精益取向执行价值观水平时，员工内源性制度遵从下降。

假设5b：基于精益取向的"制度宣称-个人执行"价值观错位程度与外源遵从行为具有非线性关系。

当安全管理制度宣称的精益取向价值观程度接近于员工精益取向执行价值观水平时，员工外源性制度遵从上升；当安全管理制度宣称的精益取向价值观程度超出员工精益取向执行价值观水平时，员工外源性制度遵从下降。

（2）制度推行程度作为调节变量

精益取向陈述的是组织对产品质量、生产效率等生产属性的追求，制度推行则强调对已有制度设计的执行度，以精益取向为例，就是通过严格的奖惩措施来促使员工行为达到以精益取向为目的的要求，因此制度推行程度对员工内源性制度遵从的影响程度不明显。因此，仅分析制度推行程度对价值观错位与外源性制度遵从关系的调节作用。

在低制度推行程度的情境下，虽然组织设计了一系列的奖惩措施来提高制度的精益取向程度，但由于中层和基层领导的低推行度，使得这些外部影响因素的作用大打折扣，表现在态度方面就是员工对实际接触到的外源性驱动没有足够的吸引力，甚至会因为过低的推行度使得员工对组织激励丧失信心，对惩罚措施失去畏惧[242]，从而使制度的约束作用下降，外源性制度遵从行为下降。在高制度推行程度的情境下，当安全管理制度要求的精益取向价值观低于个人执行价值观时，说明企业对产品质量和生产效率等生产属性的要求低于员工实际具备的执行能力，组织对员工的制度影响主要采用达到、超过制度要求给予奖励的手段（多表现为薪酬方面的措施），此时员工拥有达标能力和获得额外报酬来改善自己生活水平的意愿，因此员工对制度的依从程度提升，外源性制度遵从提升。当安全管理制度要求的精益取向价值观超越个人执行价值观时，组织期望他们付出更多的努力将产生阻断性压力[235]，由于此时的奖励力度已经在一个很高的水平，如果继续增加，则其边际收益已经开始下降，员工认为增加的边际收益已不足弥补投入，因此员工对制度依从程度降低，外源性制度遵从下降。由此，得到如下假设。

假设5c：制度推行程度对基于精益取向的"制度宣称-个人执行"价值观错位与内源性制度遵从无显著调节作用。

假设5d：制度推行程度对基于精益取向的"制度宣称-个人执行"价值观错位与外源性制度遵从关系有调节作用。具体表现为在高制度执行程度的情境下，外源性制度遵从先上升后下降；在低制度执行程度的情境下，外源性制度遵从下降。

6.2.7　基于社会取向煤矿"宣称-执行"价值观错位与制度遵从

（1）"制度宣称-个人执行"价值观错位与内外源性制度遵从行为

社会取向维度既反映了煤矿期望员工在社会责任方面所拥有的价值观特征，也反映了员工自身的社会取向价值观特征，属于"一致型"价值观匹配。基于社会取向的"宣称-执行"价值观错位就可以被描述为煤矿所要求员工具备的社会取向价值观与员工执行价值观的不一致程度。反映在煤矿企业安全管理制度中就是制度宣称和要求的社会责任与员工实际社会责任的不一致程度，体现该维度的制度表现形式主要有《环境保护管理制度》、《节电管理制度》等。

社会取向维度中爱国精神等虽然属于个人品质，但维护企业形象等却被认为是组织对于员工的要求，因此在内源性遵从方面可能并非是简单的线性关系，在该维度假设价值观错位与内外源性制度遵从可能都具有非线性关系。随着安全管理制度要求的社会取向程度接近于员工水平，虽然员工感知制度倡导的社会取向程度提升，但企业实际社会取向水平仍然低于个人实际水平，员工感知制度仍然不重视社会责任，这将影响员工的积极态度和行为[243]，甚至随着制度对社会要求的提升，员工反而会认为有这样的制度还不如没有好，从而抑制了员工的态度与行为，使得员工内源性驱动降低，内源性制度遵从降低。对于奖惩力度的影响，员工同样具有相同的反应，外源性制度遵从也会降低。当制度要求的社会取向程度超出员工执行价值观水平时，员工感知制度提倡和重视社会责任，即使社会取向维度超出了员工实际水平，在制度导向下员工的社会责任感被唤醒，会支持并认同制度[244]，制度甚至产生对员工的内化作用，内源性制度遵从提升，同时随着与社会取向相关的奖惩力度的提升，员工会因为外部因素影响作用明显而不得不遵从制度，对制度依从程度提升，从而使外源性制度遵从提升。因此，假设如下。

假设 6a：基于社会取向的"制度宣称-个人执行"价值观错位程度与内源遵从行为具有非线性关系。

当安全管理制度宣称的社会取向价值观程度接近于员工实际执行社会取向价值观水平时，员工内源性制度遵从下降；当安全管理制度宣称的社会取向价值观程度超出员工实际执行社会取向价值观水平时，员工内源性制度遵从上升。

假设 6b：基于社会取向的"制度宣称-个人执行"价值观错位程度与外源遵从行为具有非线性关系。

当安全管理制度宣称的社会取向价值观程度接近于员工实际执行的社会取向价值观水平时，员工外源性制度遵从下降；当安全管理制度宣称的社会取向价值观程度超出员工实际执行的社会取向价值观水平时，员工外源性制度遵从上升。

（2）制度推行程度作为调节变量

社会取向作为个人品质具有较明显的内部特点，通过制度推行，这种偏强制风格的"外源性驱动力"很难触及社会责任的内部动机，其对员工的内源性制度遵从影响程度不明显，因此仅分析制度推行程度对价值观错位与外源性制度遵从关系的调节作用。在高制度推行程度的情境下，如果安全管理制度要求的社会取向价值观低于个人执行价值观，随着制度表现形式中的奖惩等激励措施力度的提升，员工感知到上级严格执行制度中的奖惩措施，为了避免惩罚或获取奖励，员工将依从制度[213]，从而外源性制度遵从提升。当安全管理制度要求的社会取向价值观高于个人执行价值观时，制度表现形式中的奖惩措施依然提升，外部激励或约束的作用会继续督促员工遵从制度，依从态度的影响效果显著，从而外源性制度遵从继续提升。在低制度推行程度的情境下，由于员工感知到上级并不严格执行制度，所以制度的约束作用自然降低，变化情况与高推行度相类似，无论是制度宣称低于或超出个人价值观，员工的外源性制度遵从都会提升，只是受到低推行度的影响使得变化不那么显著。因此，得到如下假设。

假设 6c：制度推行程度对基于社会取向的"制度宣称-个人执行"价值观错位与内源性制度遵从关系无显著调节作用。

假设 6d：制度推行程度对基于社会取向的"制度宣称-个人执行"价值观错位与内源性制度遵从关系具有调节作用。具体表现为在高制度执行程度的情境下，外源性制度遵从呈提升趋势；在低制度执行程度的情境下，外源性制度遵从呈低水平提升趋势。

6.2.8 基于平等取向煤矿"宣称-执行"价值观错位与制度遵从

（1）"制度宣称-个人执行"价值观错位与内外源性制度遵从行为

平等取向维度主要反映了企业对公平使用权力的要求，以及员工对企业公平执行权力的期望，属于"支持型"价值观，也属于"供给-需求"型价值观匹配。因此，基于平等取向的"宣称-执行"价值观错位就可以被描述为煤矿自身所提倡的平等取向价值观与员工所要求的平等取向价值观的不一致程度。反映在煤矿企业安全管理制度中就是制度宣称的权力认知与员工实际权力认知需求的不一致程度，体现该维度的制度表现形式主要有《安全举报制度》等。

权力可以分为社会化权力和个人化权力，社会化权力带来的是对权力的正向使用，如利用权力为员工谋取利益，而个人化权力总是与负性权力相关[245]，类似于微观层面的"权力寻租"。企业为了表现出自身的公平公正，总会在制度中大力提倡权力使用的公平公正，如提倡大家共同监督权力的使用等，因此煤矿企业在制度中总是提倡社会性权利，即制度中体现的权力认知水平越高，社会性权力越高，对人际关系运作和官僚作风等现象的限制、监督与惩罚力度也越高。

如果安全管理制度中有关平等取向维度的水平低于员工实际期望的水平，说明煤矿对自身权力执行的要求程度比较低，并不反对官僚作风、人际关系运作等现象的存在，个人化权力执行将占据主导地位，Fu 等[246]认为，员工对关系的运作将会对员工行为产生影响，如果关系过于被提倡，则会削弱制度的执行程度[247]，此时员工无论是内源性遵从还是外源性遵从都会呈现较低的水平。当安全管理制度提倡的平等取向程度接近于员工期望的水平时，煤矿对权力执行的特征逐渐向社会化权力转化，官僚作用、关系运作等在一定程度上被制止[246]，并会有相应的奖惩制度建设（主要以惩罚为主），员工逐渐感受到煤矿在权力使用中的公平与公正，权力距离正在缩短，就算没有达成实际期望水平，员工仍然会支持和认同组织制度，这种支持和认同会表现在态度由依从转变为认同[234]，员工愿意主动遵从制度行为。另外，由于奖惩制度建设的相对完善，出于趋利避害的考虑也会让员工更倾向于遵从制度行为，最终表现为员工的内外源制度遵从同时提升。当安全管理制度提倡的平等取向程度超出员工期望的水平时，煤矿对权力执行特征体现出高度社会化权力，"人情"是中国文化的关键特征，而过高的社会化权力反而过于不讲人情，制度在此时无形中产生更大的压力，让员工处于相较以往更为生硬的工作氛围，使员工对制度的认同度逐渐下降，员工对制度的主动遵从意识下降，最终表现为内源性遵从下降。同时，个人化权力虽然会滋生腐败行为，但员工也能为此获取好处，即偷懒等不安全行为可以通过人际关系运作来摆平，过高的平等取向使得员工背地里偷偷行使"人际关系运作"、"请客吃饭"等行为，以获得自己在不小心触犯制度时的"被宽容"，从而使得作为外源性驱动的奖惩措施失去应发挥的效力，员工失去对奖励的期望和对惩罚的畏惧，显然员工的外源性制度遵从也会下降。因此，假设如下。

假设 7a：基于平等取向的"制度宣称-个人执行"价值观错位程度与内源遵从行为具有非线性关系。

安全管理制度提倡的平等取向程度接近于员工执行水平时，内源性制度遵从提升；安全管理制度提倡的平等取向程度超出员工执行水平时，内源性制度遵从下降。

假设 7b：基于平等取向的"制度宣称-个人执行"价值观错位程度与外源遵从行为都具有非线性关系。

安全管理制度提倡的平等取向程度接近于员工执行水平时，外源性制度遵从提升；安全管理制度提倡的平等取向程度超出员工执行水平时，外源性制度遵从下降。

（2）制度推行程度作为调节变量

平等取向作为"供给-需求"型价值观匹配具有一定特殊性，员工在其中既是受影响者，同时也可能是受益者，因为不合理的平等取向使组织内滋生腐败，同时也为员工操作自己的惩罚和奖励提供了可能。制度推行作为制度的执行表现决定了平等取向的设置是否能没有损耗地传递到一线员工的工作行为中去。

在高制度推行度的条件下，如果安全管理制度要求的平等取向价值观低于个人执行价值观，随着制度表现逐渐靠近个人执行价值观，员工感到组织内的氛围更加公平和公正，员工认为这样的设计更加切合了自己的价值观取向，对制度的认同度提升[234]，从而内源性制度遵从行为上升。然而，伴随着奖惩力度的上升，员工对制度的依从程度提升，外源性制度遵从行为也上升；当安全管理制度要求的平等取向价值观高于个人执行价值观时，虽然组织制度反对关系运作会提升制度的权威性[247]，但由于制度过于"铁面无私"，使员工对制度的认同度下降，但员工对制度的依从程度提升，表现为内源性遵从行为的下降和外源性遵从行为的上升。在低制度推行度的条件下，制度的平等取向和员工个人执行价值观逐渐接近，但组织实际仍然是"人情至上"的氛围，比较符合员工实际的文化特征，员工对制度认同度反而提升，内源性制度遵从提升；随着相应奖惩措施力度的不断加强，虽然低推行度会使其效果受到影响，但出于对制度约束的考虑，员工对制度的依从程度会提升，从而外源性遵从行为呈低水平上升趋势。制度的平等取向超出员工个人执行价值观，虽然制度一直提倡权力的公正但却没有得到执行，员工对制度的认同程度降低，内源性制度遵从降低；但奖惩措施力度一直不断加强，员工出于对制度约束的考虑，外源性遵从行为会呈低水平上升趋势。因此，假设如下。

假设 7c：制度推行程度对基于平等取向的"制度宣称-个人执行"价值观错位与内源性制度遵从关系具有调节作用。具体表现为在高制度执行程度情境下，内源性制度遵从先上升后下降；在低制度执行程度的情境下，内源性制度遵从依然呈先上升后下降的趋势。

假设 7d：制度推行程度对基于平等取向"制度宣称-个人执行"价值观错位与外源性制度遵从关系具有调节作用。具体表现为在高制度执行程度的情境下，外源性制度遵从上升；在低制度执行程度的情境下，外源性制度遵从呈低水平上升趋势。

6.2.9　基于规则取向煤矿"宣称-执行"价值观错位与制度遵从

（1）"制度宣称-个人执行"价值观错位与内外源性制度遵从行为

规则取向维度既反映了煤矿期望员工在规则取向方面所拥有的价值观特征，

也反映了员工自身规则取向的价值观特征，属于"一致型"价值观匹配。基于规则取向的"宣称-执行"价值观错位就可以被描述为煤矿所要求员工具备的规则取向价值观与员工实际规则取向价值观的不一致程度。反映在煤矿企业安全管理制度中就是制度宣称和要求的规则取向与员工实际水平的不一致程度，体现该维度的制度表现形式涉及风险预控管理、不安全行为管理等一系列制度形式。

与团队取向一致，规则取向反映的是员工个体自身的安全意识和风险意识，在短期内不容易改变，因此制度作用仅限于外源性驱动因素。员工的内源性制度遵从仅与员工的执行价值观相关，这可能是由于个人执行价值观的变化引发"制度宣称-个人执行"价值观错位的变化，从而导致内源性制度遵从变化。员工的规则取向意识越强，员工的内源性制度遵从越高。

就外源性制度遵从而言，当安全管理制度要求的规则取向程度接近于员工实际价值观水平时，虽然安全管理制度表现形式中有关规则取向的奖惩等激励措施力度提升，但制度表现出的外在激励仍然没有达到个人水平，员工甚至认为接近于个人期望的制度奖励还不如没有的好，致使外源制度遵从降低。当制度要求的规则取向程度超出员工执行价值观水平时，和规则取向相关的奖惩力度提升（特别是煤矿以罚为主），为了避免受到惩罚，员工对制度的依从程度提升，谨慎遵从制度要求，从而外源性制度遵从提升。因此，提出以下假设。

假设 8a：基于规则取向的"制度宣称-个人执行"价值观错位程度与内源遵从行为具有线性关系，且二者关系随着个人执行价值观的改变而改变，即个人执行价值观与内源性制度遵从存在正相关关系。

假设 8b：基于规则取向的"制度宣称-个人执行"价值观错位程度与外源遵从行为具有非线性关系。

当安全管理制度宣称的规则取向价值观程度接近于员工执行价值观水平时，员工外源性制度遵从下降；当安全管理制度宣称的规则取向价值观程度超出员工执行价值观水平时，员工外源性制度遵从提升。

（2）制度推行程度作为调节变量

规则取向更多牵涉员工自身的防范意识层面，具有比较明显的个体差异和内化品质的特点。同样在讨论制度推行这一偏强制色彩的执行过程时，更多表现在外源性制度遵从行为和内源性遵从行为关系不明显。

在高制度推行程度的情境下，如果安全管理制度要求的规则取向价值观低于个人执行价值观，随着制度表现形式中的奖惩等激励措施力度的提升，虽然员工能够看到这种提升的趋势，但是由于制度要求的价值观仍低于个人执行价值观，所以这种提升显得没有足够的说服力，甚至会让员工认为这是一种表演而心生厌恶，又因为此时的奖罚力度都不够，不遵从所带来的损失很小，所以这种厌恶就可能进一步影响员工的态度,因此制度依从程度下降,外源性制度遵从下降。在安全管理制度要求的规则取向价值观逐渐接近于个人执行价值观时,奖惩的力度逐渐增大,员工必须正视这些外部因素,因为这些外部因素中包含员工期望得到的奖励,也包含员工所避之不及的惩罚,具有足够影响力的外部因素使依从态度能够发挥显著的作用,从而表现为外源性遵从行为的上升。在低制度推行程度的情境下,外源性制度变化趋势与此相似,只是变化程度小于高制度推行情境。因此,得到以下假设。

假设 8c:制度推行程度对基于规则取向的"制度宣称–个人执行"价值观错位与内源性制度遵从关系无显著调节作用。

假设 8d:制度推行程度对基于规则取向"制度宣称–个人执行"价值观错位与外源性制度遵从关系具有调节作用。具体表现为在高制度执行程度的情境下,外源性制度遵从呈先下降后提升趋势;在低制度执行程度的情境下,外源性制度遵从呈先下降后提升趋势,变化速度小于高制度推行程度情境。

6.2.10 煤矿"宣称–执行"价值观错位与制度遵从

基于 8 个子维度的理论分析和研究假设,虽然每个子维度与制度遵从选择的关系,以及调节变量的作用趋势在共性的基础上又各有特色,但不同子维度的内涵不同,对制度遵从行为影响程度也将不同。也就是说,8 个子维度中的制度遵从选择特征和调节作用中存在优势效应。在煤矿企业安全管理中,规则取向、精益取向两个子维度一直是管理重点,同时人本取向又是矿工实际需求中的关注重点,可以推理,这 3 个子维度在煤矿"宣称–执行"价值观体系中的错位程度对制度遵从选择的影响,以及对应调节变量的影响都将具有显著的优势效应。相应地,煤矿"宣称–执行"价值观错位在整体表现上对制度遵从的影响特征或许更倾向于人本取向、结果取向、规则取向 3 个子维度共同作用下的影响特征。因此,假设如下。

假设 9a:煤矿"制度宣称–个人执行"价值观错位程度与内源遵从行为具有非线性关系。

当安全管理制度宣称价值观程度接近于员工执行价值观水平时,员工内源性制度遵从上升;当安全管理制度宣称价值观程度超出员工执行价值观水平时,员工外源性制度遵从下降。

假设 9b:煤矿"制度宣称–个人执行"价值观错位程度与外源遵从行为具有非线性关系。

当安全管理制度宣称价值观程度接近于员工执行价值观水平时,员工外源性制度遵从上升;当安全管理制度宣称价值观程度超出员工执行价值观水平时,员工外源性制度遵从下降。

考虑到 8 个维度中，或许只有高度推行"供给-需求"型价值观才能唤醒矿工对制度"发自肺腑"的认同和内化，对内源性制度遵从产生影响，但只有人本取向是"供给-需求"型价值观匹配，其他 7 个维度都属于一致型或"要求-努力"型价值观匹配，因此认为制度推行程度在煤矿"制度宣称-个人执行"价值观错位与内源制度遵从关系中并无调节作用。就外源性制度遵从而言，其变化趋势则可能与前述 8 个维度变化趋势相同。因此，研究假设如下。

假设 9c：制度推行程度对煤矿"制度宣称-个人执行"价值观错位与内源性制度遵从关系无显著调节作用。

假设 9d：制度推行程度对煤矿"制度宣称-个人执行"价值观错位与外源性制度遵从关系具有调节作用。具体表现为在高制度执行程度的情境下，外源性制度遵从呈先下降后提升趋势；在低制度执行程度的情境下，外源性制度遵从呈先下降后提升趋势，变化速度小于高制度推行程度情境。

7 "名义–隐真"文化错位与制度遵从关系检验与分析

煤矿企业"名义–隐真"文化错位与制度遵从关系在理论推理上的关系只有经过实践的检验，才能达到社会科学研究所要求的理论与实践的统一，也才能依据实践所得经验来调整理论构建，并为制度科学设计提供依据。本章研究需要依据实证研究思想和方法，通过相关问卷设计以调研代表性企业现状，并通过科学适当的数据分析方法分析所得数据，验证理论假设，找出规律，为后续安全管理制度的科学合理设计提供依据。

7.1 安全管理制度遵从问卷编制

7.1.1 煤矿安全管理制度遵从行为问卷编制的理论基础

Tyler 和 Blader[213]认为，目前研究中经常采用的制度行为方式包括制度遵从行为和制度破坏行为，认为制度遵从是组织期望员工的行为方式，对制度的遵从就是对制度的顺从，因为它自身反映了要求员工行为与组织制度一致的强制性特征。具体到制度遵从行为方式，Tyler 和 Blader[213]区分了两类制度遵从行为：组织制度顺从（conformity with organizational policies）和组织制度自觉遵从（voluntary deference to organizational policies），并指出由于受到对于法律法规的顺从和自觉遵从等相关文献的启发[248, 249]，才将制度遵从如此分类，这种区分在工作情境下是非常重要的[250]。因此，制度行为方式分为 3 类，分别是组织制度顺从、组织制度自觉遵从和制度破坏，Tyler 和 Blader[213]对这 3 类行为分别设计了相应的问卷。

对比于第 4 章中从行为驱动力视角提出的内源性制度遵从行为与外源性制度遵从行为，在分类根源上二者具有极大的相似性。组织制度顺从与组织制度自觉遵从分类的根源是基于雇员遵从制度的象征性情境特征。组织制度顺从是指员工在跨工作情境中遵从制度的程度；组织制度自觉遵从是指即使没有人监督他们或者没有其他人在场，员工仍然主动地进行制度遵从，也就是说，自觉遵从制度是指在涉及不存在任何形式的监督情境下，员工自觉自愿地进行制度遵从。可见，组织制度顺从的驱动力构成中外源性驱动占有主要地位，而组织制度自觉遵从的驱动力构成中内源性驱动占有主要地位，这与本书提出的基于内外源驱动的制度遵从行为在分类根源上的确具有极大的相似性。同时，本书在前述中提出制度遵从行为的研究对象仅限于内源性制度遵从与外源性制度遵从，对于制度破坏或制度不遵从行为不做考虑。

综上，拟采取 Tyler 和 Blader[213]编制的组织制度顺从和组织制度自觉遵从测量题目作为煤矿安全管理制度制度遵从行为问卷编制的参考基础。

7.1.2　问卷编制与调研

（1）安全管理制度遵从行为问卷编制

Tyler 和 Blader[213]编制的组织制度顺从与组织制度自觉遵从问卷分别包括 4 个顺从条目和 6 个自觉遵从题目，见表 7-1。

表 7-1　组织制度顺从与组织制度自觉遵从问卷

组织制度遵从维度	内容表述
组织制度顺从	依照上级的要求去办
	遵从上级建立的制度
	认真执行上级指示
	遵从与工作相关的规章制度
组织制度自觉遵从	我自愿主动遵从公司规章制度
	即使没有人监督也没有要求我这样做，我也会遵从制度
	与执行工作任务相关的组织制度我一直都主动遵从
	我自愿遵从上级对我工作量多少的判断
	我自愿遵从上级对任务完成期限的判断
	我自愿遵从上级对我任务完成期限的决定

测量题项均采取 Likert6 点量表来让调查对象判断每个题项发生的频率。通过上述每道题目的设计，可以看出两点规律：一是两类制度遵从的测量题目设计采取的是反映型方式，每个类型对应题项都在重复探讨一个问题；二是两类制度遵从的题目内容都是围绕制度遵从行为发生的意愿展开的，表达了测量题目的驱动力特征。在参考此量表的基础上，通过与相关专家讨论协商后，依据煤矿企业安全管理实际特征对参考量表进行修改，修改后的测试量表共包括 8 个题目，其中 4 个内源性制度遵从条目和 4 个外源性制度遵从条目，定名为"煤矿企业安全管理制度遵从量表预试题目"，见表 7-2。

表 7-2　煤矿企业安全管理制度遵从量表预试题目

维度	内容表述
外源性制度遵从	不管是否认同上级意见，我都会按照上级的意见去办事
	我非常遵守上级所制定的安全管理制度
	我十分认真并努力执行上级的安全生产指示
	矿上与安全工作相关的规程、规则我一直都遵守

续表

维度	内容表述
内源性制度遵从	我自愿主动地遵守矿上安全规章制度
	即使别人不在场或没有要求我必须这样做，我也会自觉遵守矿上安全管理制度
	考虑到我工作安全的重要性，我会自愿遵守矿上的安全规则和制度
	我自愿遵守与安全相关的上级的任何指令

（2）调研与验证性因子分析

考虑到 Tyler 和 Blader[213]所编制量表具有较高的成熟度和合理性，本书仅从对上述所设计的安全管理制度遵从条目进行验证性因子分析来考察结构与问卷的合理性。将设计的问卷与用于进行验证性因子分析的煤矿企业"名义-隐真"文化预试问卷按照前后顺序合并在一起进行发放，与第 4 章进行验证性因子分析的样本一致，有效问卷有 130 份。最后，在有效问卷获得的基础上，利用 LISREL8.0 统计软件进行了数据的验证性因子分析。

7.1.3 数据分析与正式问卷形成

（1）基本模型

基于探索性因子分析的结果，预期煤矿企业安全管理制度遵从行为的二维度模型可能与数据之间具有最佳拟和，这两个维度分别是内源性制度遵从（4 个条目）和外源性制度遵从（4 个条目），为简化分析，此处不再进行被选模型的相关研究分析。具体假设基本模型如图 7-1 所示。

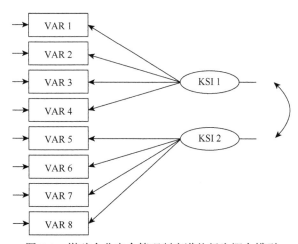

图 7-1 煤矿企业安全管理制度遵从行为概念模型

（2）验证性因子分析与正式结构形成

根据上述基本模型的设定，利用 LISREL8.0 程序运行后得到的结果见表 7-3 和图 7-2。从各项指标来看，本模型与实际观察数据吻合较好，反映了煤矿企业安全管理制度遵从行为为一阶二因素。

表 7-3　验证性因子分析结果

	χ^2	df	χ^2/df	RMSEA	GFI	AGFI	IFI	CFI	SRMR
基本模型	13.99	8	1.75	0.061	0.95	0.90	0.98	0.98	0.057

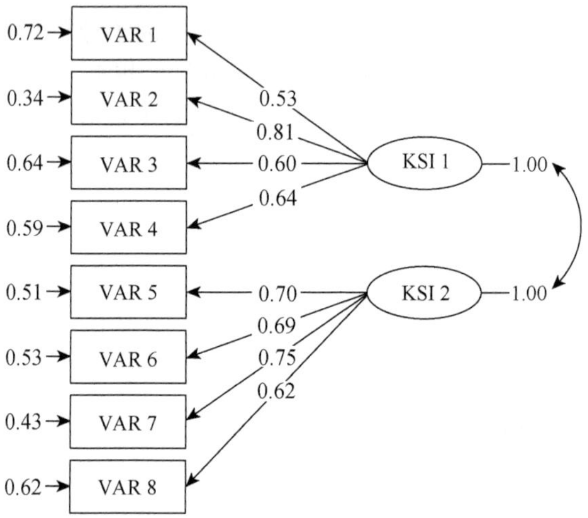

图 7-2　煤矿企业安全管理制度遵从路径拟合图

因此，煤矿企业安全管理制度遵从行为测量正式问卷，即为"煤矿企业安全管理制度遵从量表预试题目"量表。

7.2　变量操作化定义、问卷编制与调研过程

7.2.1　变量操作化定义及问卷编制

（1）因变量

1）内源性。煤矿安全管理制度遵从：煤矿安全管理制度作用对象自愿且主动选择与制度要求一致的行为或行为倾向。测量方面，依据上述形成的"安全管理制度内源性遵从行为问卷"进行测量，采取 Likert5 点量表请被调查者按照条目对照自己工作中的实际情况，由非常不同意（1）到非常同意（5）来测量每个项目，

再补充研究名称、目的、注意事项等来形成完整的正式测量问卷。

2）外源性。煤矿安全管理制度遵从：煤矿安全管理制度作用对象仅仅为了避免制度惩罚或获得奖励、又或是为了满足他人或群体期望等外部原因不得不进行的遵从行为或行为倾向。依据上述所形成的"安全管理制度外源性遵从行为问卷"进行测量，采取 Likert5 点量表请被调查者按照条目对照自己工作中的实际情况，由非常不同意（1）到非常同意（5）来测量每个项目，再补充研究的名称、目的、注意事项等来形成完整的正式测量问卷。内外源性煤矿企业安全管理制度遵从共同构成了《煤矿企业安全管理制度遵从问卷》。

（2）自变量

煤矿"制度宣称-个人执行"价值观错位：煤矿企业安全管理制度倡导的价值观与反映在企业员工实际工作行为中的价值观的分离与契合程度。依据概念模型，在本书中作为自变量进行研究（见附录）。

在测量方面，参考本书开发的煤矿企业"名义-隐真"文化量表，从作业人员对制度价值观的感知视角，依据煤矿企业 37 个"宣称-执行"价值观词条结构，分别从个体感知到的煤矿安全管理制度宣称价值观和个体对自我执行价值观的评价两个方面来设计问卷题目。

以上问卷均采取 Likert5 点量表请被调查者按照条目对照自己工作中的实际情况，由非常不同意（1）到非常同意（5）来测量每个项目，再补充研究名称、目的、注意事项等来形成部分的《煤矿"制度宣称-执行"价值观问卷》。

（3）调节变量

煤矿企业安全管理制度推行程度：煤矿企业"制度宣称-制度执行"价值观错位，煤矿企业安全管理制度倡导的价值观与反映在煤矿企业中基层管理者制度推行行为中的价值观的分离与契合程度（见附录）。依据概念模型，将其作为调节变量进行分析。需提出的是，虽然本书概念模型中的纵向错位是制度宣称价值观与制度推行价值观的错位，但在测量中，为与研究内涵、研究方法保持一致，直接采取制度推行价值观错位纵向错位的测量。

在测量方面，参考本书开发的煤矿企业"名义-隐真"文化量表，从个体对制度价值观的感知视角，依据煤矿企业 37 个"宣称-执行"价值观词条结构，分别从个体感知到的煤矿安全管理制度宣称价值观和个体感知到的煤矿安全管理制度执行价值观两个方面来设计问卷题目。需指出的是，对调节变量的测量只选取作业人员作为调研对象，虽然中基层管理者对自身推行程度的感知评估更具有效度，但安全管理制度的执行最终落实人依然是一线作业人员。

可见，《煤矿"制度宣称-执行"价值观问卷》共有 3 套子问卷构成，分别是

"煤矿安全管理制度宣称价值观问卷"、"煤矿安全管理制度执行价值观问卷"和"个人执行价值观问卷"。

7.2.2　调研过程

（1）调查方法与方法程序

本次调研的对象是国有大型煤矿企业的一线矿工和班组长等基层人员，主要采用立意抽样法和滚雪球抽样法来选取和确定研究对象。

首先运用电话及网络向在煤矿企业工作的同学、朋友、学生等潜在被调查者咨询是否可以提供调研帮助等，并向他们发放电子版问卷，待他们阅览完问卷给予是否愿意协助调研的回复。如果对方同意，将选择亲自前往、邮寄或网络3种方式的其中一种发放问卷。考虑到煤矿作业人员的教育程度等特征，这里主要选取亲自前往和邮寄的方式，并辅以网络方式。

如果采取第一种方式，为提高调研问卷的质量，调研者皆采取一对多的方式进行问卷题项的解释和督促填写等工作。实施过程中，调研者前往所调研煤矿，与对方联络人在意见达成一致的基础上，利用一线矿工班前会的机会，与被调研对象进行一对多的互动，包括问卷题项解释等工作。考虑到测试题项过多，调研者还需要在现场进行气氛调节，以尽可能与被调研者进行更多的互动，督促他们认真完成问卷的填写。一整套问卷的填写工作时间应控制在40～50min。

（2）问卷回收统计和样本结构分析

通过现场、邮寄和网络进行了问卷的发放和回收，共发放问卷320份，回收问卷306份，回收率为95.6%。依据不完整性等原则，剔除无效问卷39份，共获得有效问卷267份，有效问卷率为87.3%。

调查结果显示，本次调查对象的企业所在地分布在江苏、河南、山西、河北、安徽、贵州、内蒙古7个省（自治区）。有关企业成员的具体信息见表7-4。

表 7-4　调研对象的人口统计特征

人口特征变量	分类	人数（人）	比例（%）
性别	男	263	98.6
	女	4	1.4
职务	工人	254	95.1
	班组长	13	4.9
年龄	25 岁以下	36	13.5
	25～30 岁	33	12.4

续表

人口特征变量	分类	人数（人）	比例（%）
年龄	31～35 岁	47	17.6
	36～40 岁	44	16.4
	40 岁以上	107	40.1
加入现单位年限	3 年以下	52	19.5
	3～5 年	99	37.1
	5 年以上	116	43.4
学历	初中及以下	153	57.3
	高中/中专	86	32.2
	大专	28	10.5

7.3 基于安全管理制度文化特征的描述性分析

7.3.1 基于 8 个维度的煤矿企业"制度宣称-执行"价值观特征分析

本节将对价值观总体特征、3 类价值观在不同维度下的特征分别进行分析。其中，ES（espoused values）代表煤矿企业制度宣称价值观，EN（enacted values）代表煤矿企业个人执行价值观，EP（espoused values practiced）代表制度推行价值观。3 类价值观在不同维度的得分均是问卷对应题项的平均值。

（1）煤矿"制度宣称-执行"价值观总体特征分析

通过问卷调研，所调研煤矿企业的制度宣称价值观（ES）、制度推行价值观（EP）和个人执行价值观（EN）在各维度得分的平均值见表 7-5。

表 7-5　3 类价值观在各维度的得分

价值观分类	卓越取向	人本取向	团队取向	伦理取向	精益取向	社会取向	平等取向	规则取向
ES	4.57	4.52	4.56	4.42	4.60	4.46	4.24	4.68
EP	3.91	3.49	3.80	3.59	4.25	3.68	2.67	3.98
EN	4.02	4.07	3.74	3.43	4.01	3.97	2.68	3.55

表 7-5 中的平均值说明了所调研煤矿安全管理制度在不同维度下对作业人员的要求程度、制度推行过程中在不同维度的重视程度和作业人员自身在不同维度的行为特征与价值诉求特征。为直观地展现这些程度和特征在不同维度和不同类

型价值观的差异，以更好地分析所调研煤矿的"制度宣称-执行"价值观特征，因此采用折线图来表达 8 个维度相关数据的整体走势（图 7-3）。

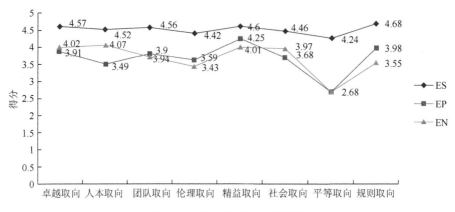

图 7-3　3 类价值观走势折线图

通过表 7-5 和图 7-3 可以直观地看出：①8 个维度的煤矿企业安全管理制度宣称价值观均高出制度推行价值观和个人执行价值观，说明煤矿企业在规则取向、精益取向、团队取向等方面对作业人员提出了较高要求，在人本取向方面宣称对员工生命和权利的高度重视，在平等取向维度对领导权力运用的公正性等方面提出了较高要求。②制度宣称价值观与制度执行价值观未有重合之处，说明煤矿企业虽然对安全管理制度宣称价值观都进行了一定程度的落实，但真正落实宣称水平的维度并不存在，煤矿企业安全管理制度并未得到真正的推行，存在"制度宣称-制度推行"价值观错位。③制度宣称价值观与个人执行价值观未有重合之处，说明"制度宣称-个人执行"价值观存在错位。煤矿企业的安全管理制度制定无论是制度要求还是制度供给都未能考虑作业人员实际的价值观诉求，在卓越取向、精益取向、团队取向、平等取向、规则取向、伦理取向和社会取向方面，制度都对作业人员提出了过高的要求；在人本取向方面制度承诺提供超出员工实际需求水平的措施。

（2）8 个维度制度宣称价值观的横向对比分析

煤矿企业的安全管理是以安全与生产作为主要的和关键的目标,构成煤矿"名义-隐真"文化的 8 个维度对于实现主要的和关键的目标都具有重要作用（第 5 章已有相关论述），而每个维度对于实现目标的重要程度未必完全相同，因此煤矿企业在制定安全管理制度时每个维度各有侧重，所调研煤矿的安全管理制度宣称价值观在各个维度的侧重特征，如图 7-4 所示。

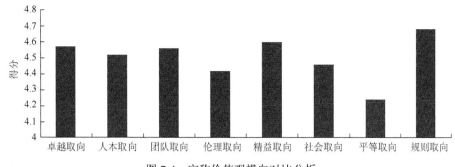

图 7-4 宣称价值观横向对比分析

从图 7-4 可以看出：①8 个维度的制度宣称价值观横向比较中，规则取向维度得分最高，说明反映在安全管理制度中，煤矿企业最重视的就是安全。规则取向维度反映的是煤矿企业对于生产过程中作业人员安全意识及行为的重视，旨在降低生产过程中的风险与不安全行为。近些年，煤矿安全事故造成的直接和间接经济损失数额庞大，事故中的人员伤亡造成了极大的负面影响，国家对煤矿企业安全生产提出了很高的要求，因此企业必须在制度设计时重视安全与风险防患，在制度宣称价值观中把规则取向维度放在首位。②结果取向维度的得分处于第二，该维度反映企业对生产活动产出的质量和数量要求，是企业对效益的追求，说明煤矿企业作为趋利的组织，经济回报和收益是企业追求的主要目标，通过提升产品质量、产量和提升员工工作效率来最大化企业受益。③平等取向维度在 8 个维度中得分最低，平等取向维度代表了反对官僚作风、关系运作等反映权利运作公正、权利监督力方面煤矿和员工的要求程度，该维度得分最低，反映了安全管理制度中的权利监督与公正程度最低，组织的权利距离大，说明煤矿企业并不是真正关注权利运行的公正和监督，侧面反映出煤矿企业的"关系导向"和"官僚特征"。这可能与煤矿企业普遍实施的"准军事化管理"相关，"准军事化管理"要求作业人员对命令的完全服从，企业具有显明的等级结构，其权利距离较大。

对应于宣称价值观的是煤矿企业的"名义"文化特征。可见，在"名义"上，煤矿企业最关注的目标仍然是安全与生产，且安全高于生产；最不重视的是平等取向维度，意味着煤矿企业潜在认同的高度权利距离特征。

（3）8 个维度制度推行价值观的横向对比分析

反映在煤矿企业安全管理制度宣称中的价值观重要性程度未必就等于制度执行中的重要性程度，实践中各种系统因素作用可能导致中基层管理者在制度推行时对每个维度的重视程度不同，其也会背离制度宣称水平。本书所调研煤矿的安全管理制度推行价值观在各个维度的侧重特征，如图 7-5 所示。

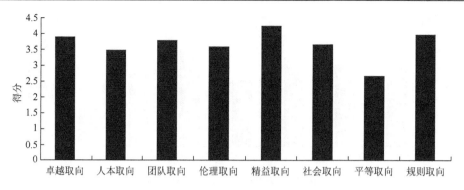

图 7-5　制度推行价值观横向对比分析

　　从图 7-5 可以看出：①8 个维度的制度推行价值观横向比较中，精益取向维度得分最高，说明反映在安全管理制度推行中，煤矿企业最重视的是产量、效率和质量。造成这种现象的原因是企业在实际生产经营过程中在安全与经济回报中选择逐利的结果。虽然安全生产在煤矿企业生产活动中具有至关重要的作用，但作为煤矿的一把手面临着上级集团的业绩考核，以及提高员工收入等多种压力，不得不对中基层管理者施压，使得在制度推行的时候中基层管理者不得不将精益取向放在第一位。②排在第二位的是规则取向维度。制度推行价值观的第一和第二排序恰好与制度宣称价值观相反，说明煤矿企业虽然对外宣称煤矿安全是最重要的，但实际的制度推行中最受重视的仍然是生产和效益。③8 个维度中在制度执行方面得分次低的是人本取向维度。该维度在制度宣称价值观的重要性程度虽然仅仅是中等水平，但得分仍然在 4.52 分的高水平，而制度推行过程中的得分仅为 3.49 分，说明制度宣称中诸多关于维护员工权益、尊重员工生命、改善员工工作条件等制度性承诺仅仅是个口号，在制度推行中并没有落到实处，甚至成为煤矿企业最为疏忽的一个维度。④8 个维度中在制度执行方面得分最低的仍然是平等取向维度，说明煤矿企业文化深受中国传统文化的影响，具有典型的"关系"特征，且领导层面的官僚作风较为严重，如果安全管理制度倡导的权力公正等要求过于高出中基层管理者和作业人员的实际或期望水平，那么将与煤矿企业实际的"关系"文化相违背，使得中基层管理者在制度推行中无法实现相关要求，就会在该维度引发大量"隐规则"出现，也使得中基层管理者在制度推行中"当面一套，背后一套"，甚至出现员工违章但利用关系就可以免受惩罚等不良现象，还使得关系运作高于制度权威，"人情"将会取代制度作用，员工可以通过关系手段获得晋升或避免惩罚，在这种不良示范的作用下，其他员工或存在高度侥幸心理，或存在对企业和他人的极度不满，从而不利于安全管理。

　　可见，在制度推行方面，通过调查数据分析得出三个非常有趣的结论。一是，平日里煤矿企业通过各种渠道宣称的所谓"安全与生产才是煤矿企业的根本目标"只是"名义上"的，是出于国家安全管理制度和集团文化的要求与约束作用，具有相当程度的"印象管理成分"。反映在实践中，煤矿企业的根本目标应该是"生产与安全"，这才是企业层面存在的"隐真"文化，是企业中基层管理真正执行的价值观。二是，无论是国家还是集团层面，人本取向都是最为重要的维度（例如，国家安全管理制度排在第一位的就是员工生命、健康等，集团文化提倡以人为本与安全、生产的作用并重），但煤矿企业在实际执行制度时，可能出于实现人本取向维度的制度要求需较高水平的财务投入，这与精益取向目标存在冲突。此外，既然精益取向是制度推行的第一重要维度，而维护员工权益、提升员工工作条件等对于精益取向的贡献并非"立竿见影"，而是需要长期检验。因此，在利益平衡过程中，人本取向维度自然成为第二个得不到有效推行的维度，是企业层面的"隐真"文化。三是，安全管理制度是当权者制定的，对于平等取向维度当权者一方面要对外表现出自我要求和自我履行权力的公平公正等，另一方面又需要利用权力资源去获得额外受益，该维度应该是具有高度的"印象管理成分"，低度的制度推行程度得分彰显出该维度的安全管理制度绝对的"名义"化，也彰显出该维度具有最多的"隐规则"。

（4）8个维度个人执行价值观的横向对比分析

通过对煤矿企业作业人员个人执行价值观的调研分析，在8个维度下所调研企业作业人员的执行价值观具有以下特征，如图7-6所示。

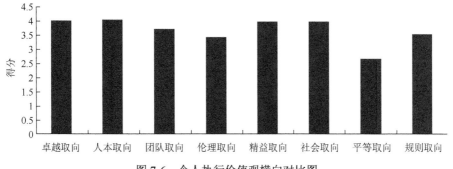

图7-6　个人执行价值观横向对比图

从图7-6可以看出：①8个维度的个人执行价值观横向比较中，人本取向维度得分最高，说明由于煤炭行业是高危行业，煤矿企业作业人员最为关心的是自我生命安全、健康、工作保障和家庭等因素，同时也期望企业能在这些方面提供相应的支持。②卓越取向是煤矿作业人员在行为中表现出的第二个重要特征。虽然表7-4中显示所调研企业的作业人员的学历处于初中及以下水平的占据绝大多数，但卓越取向维度主要包括对自我积极进取、主动学习和积极调整等方面的评价，或是由于企业创新文化渗透，或是制度在卓越取向维度的奖惩力度较大，又或是作业人员在自我评价时的故意渲染，所以卓越取向维度的得分较高。③8个维度的个人执行价值观横向比较中，平等取向维度的得分又是最低，充分说明了煤矿企业作业人员在实际工作行为中高度的"关系导向"，以及作业人员对煤矿企业中基层管理者的官僚作风等现状已见怪不怪，并未存在较高要求。④伦理取向维度主要包含正直廉洁、为人忠诚、诚实守信等，该维度在8个维度中得分次低，说明作业人员在实际工作中道德行为表现程度较低，由于个人执行价值观是从行为中提炼出来的，意味着个体道德水平要么很低，要么可能有较高的道德意识，但由于系统因素的影响，所以无法在实际中表现出较高的道德水平。⑤规则取向是个人执行价值观得分第六的维度，之所以分析这个维度源自于其得分与个体实际的安全需求看似相矛盾。该维度主要包括安全意识、应急与预防、安全制度遵从等方面，反映出煤矿作业人员的安全意识水平，以及对安全制度遵从等程度，如果对比于人本取向维度，既然作业人员重视自我生命安全，那么其规则取向维度的得分应该也很高，次低的维度得分说明可能存在系统原因，如煤矿企业的准军事化管理相关制度过于严格，使员工产生逆反心理，或过于频繁的强调安全使得强化频率过高，让员工产生饱足感，进而产生麻痹思想。

可见，人本取向是煤矿企业作业人员最为关心的维度，卓越取向是作业人员认为自我表现具有较高水平的维度，规则取向是作业人员在实际工作中存在问题最多的维度，伦理取向是作业人员在8个维度中表现水平次低的维度，平等取向维度是表现水平最低的维度。这与制度宣称和制度执行价值观的排序不同，说明煤矿企业确实存在"名义"文化和"隐真"文化两类形态。

7.3.2　基于8个维度的煤矿企业"名义-隐真"文化错位特征分析

通过上述煤矿企业"制度宣称-执行"价值观特征分析，可以发现不同维度下"制度宣称-制度推行"（用"ES-EP"表示）和"制度宣称-个人执行"（用"ES-EN"表示）价值观均存在不同程度的错位，说明煤矿企业"名义"文化和"隐真"文化的真实存在。为细致说明"名义-隐真"文化错位的特征，因此进行以下分析。

（1）8个维度的"名义-隐真"文化错位纵向特征分析

煤矿企业的"制度宣称-制度推行"和"制度宣称-个人执行"价值观错位共同构成了"名义-隐真"文化的纵向错位与横向错位，表7-6显示出不同维度下的两类错位程度。

表 7-6 两类错位在各维度的得分

错位类型	卓越取向	人本取向	团队取向	伦理取向	精益取向	社会取向	平等取向	规则取向
ES-EN	0.55	0.45	0.82	0.99	0.59	0.49	1.56	1.13
ES-EP	0.66	1.03	0.76	0.83	0.35	0.78	1.57	0.70

从表 7-6 可以看出，不同维度下的两类错位程度各不相同，为了直观地展现各个维度的错位特征，本书采用折线图进行分析，如图 7-7 所示。

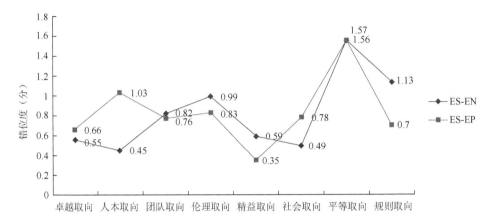

图 7-7 两类错位走势折线图

从图 7-7 可以看出：①8 个维度的横向错位与纵向错位皆不重合，且卓越取向、人本取向、社会取向 3 个维度的纵向错位高于横向错位，说明"制度宣称-制度推行"价值观错位高于"制度宣称-个人执行"价值观错位。②团队取向、伦理取向、精益取向和规则取向 4 个维度的横向错位高于纵向错位，说明"制度宣称-个人执行"价值观错位高于"制度宣称-制度推行"价值观错位。③人本取向维度的横向错位与纵向错位差异最大，而平等取向维度的横向错位与纵向错位差异最小，几乎完全一致（两类错位值仅相差 0.01，可以忽略不计），说明人本取向维度的制度推行最偏离实际需求，意味着组织在人本取向的政策贯彻方面远离作业人员最真实的需求，而平等取向维度的制度推行与个人实际行为一致，说明中基层管理者的行为准则与作业人员的行为准则相一致。

可见，所调研煤矿企业横向错位特征多于纵向错位特征，说明煤矿安全管理制度宣称价值观与个人执行价值观的差异数量较多。卓越取向、人本取向、社会取向 3 个维度的实际制度执行程度较为远离制度要求，而其余 5 个维度的制度宣称要求则较为远离员工的实际能力或需求。横向错位与纵向错位的差异意味着制度推行与个人执行价值观的差异，人本取向维度的两类错位差异最大，说明该维度的制度推行程度与个人实际需求相差最远，该维度既然是作业人员最为关注的维度，那该数据从侧面反映了企业现有供应的支持和关心与煤矿作业人员实际期望的标准相差甚远。平等取向维度的两类错位差异最小，说明制度推行程度与个人实际行为几乎完全一致，也说明煤矿作业人员对于权利公正的渴求程度与实际制度推行折射出的权利公正度一致，侧面说明可能由于制度的严格或其他因素，作业人员认为难以遵从制度要求或其他原因，员工宁愿中基层管理在看到自己的违章行为时能"睁只眼、闭只眼"，必要时能通过"人情"或"关系"等运作免受责难，因而作业人员不期望安全管理制度在平等取向维度具有较高标准。同时，也反映出中基层管理在执行制度过程中"人情"大于"制度"的态势，即在权利公正及监督等方面会因为"关系"、"人情"等给作业人员的违章行为开"绿灯"，违背了制度权威性，使得"情"字凌驾于"法"字之上，同时也违背煤矿安全管理目标。

（2）8个维度"名义-隐真"文化横向错位的对比分析

煤矿企业"名义-隐真"文化横向错位每个维度下所示特征的横向对比分析如图7-8所示。图7-8直观地显示，煤矿企业"名义-隐真"文化横向错位特征中，平等取向维度的横向错位最高，规则取向维度的文化横向错位次高，人本取向维度的横向错位最低，具体分析如下。

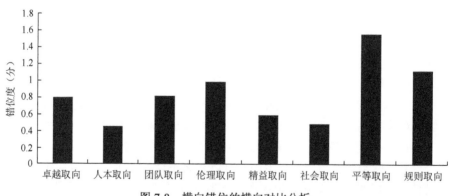

图 7-8　横向错位的横向对比分析

平等取向维度的"制度宣称-个人执行"价值观错位数值高达1.56分，说明尽管煤矿企业安全管理制度宣称的平等取向维度不是最高值，但个人执行价值观在该维度的得分却是最低值，一样使得该维度的横向错位达到最高值。平等取向维度代表了企业、制度和作业人员对权力宣称公正和监督的要求程度，对反对官僚、关系运作的要求程度。该维度错位出现极低度的个人执行价值观得分（仅为2.68分），反映了作业人员对权利不公正、监督及关系方面"包容"程度没能在制度设计中得到充分体现，这也是该维度最具有讽刺的一个方面。也就是说，虽然作业人员在口中表达出期望权力公正等，毕竟在实际工作中具有可靠关系的员工只是少数，诸多幕后操作和裙带关系确实会让员工反感，但在实际工作中真正遇到了如他人依靠关系晋升、领导官僚作风严重等现象，员工也见怪不怪，觉得这就是中国特色，是常态化的事情。例如，由于执行价值观评价的是员工工作中的实际行为，但平等取向维度的涵义较具敏感性，因此在测量时对应题项是让评价者对周围其他的行为进行评价。当在现场讲述涉及请客、送礼和拉关系等问题时，大部分被调研者的反应是"很正常的事情"、"都这样啊"等。此外，该维度作业人员的对应分值不高，还说明绝大多数作业人员在渴望真正权利公正的同时，又期望制度对自己不必严格的矛盾心理。原因在前述中已经指出，或是因为煤矿企业普遍存在的"准军事化管理"制度，服从和命令是常态，去作业人员的个人意志化也是常态，作业人员既渴望对自己有利的权利公正，更期望对自己有利的权利不公，当自己犯错时，期望通过"关系"或"人情"手段来弱化制度约束。

规则取向维度的"制度宣称-个人执行"价值观错位数值高达 1.13 分，说明尽管煤矿企业安全管理制度宣称的规则取向维度达到最高值，但个人执行价值观在该维度的得分却是次低值，这与实际调研的现实发现情况一致。在所调研煤矿作业人员中，即使是不同煤矿，大家也都有类似感受，如"不违章就没法干活了"、"安全管理制度制定过于严格，以至于我们无法执行"又或是"我也想安全，但大家都那样做，我也要赚钱"等诸如此类的说法。这表示或许员工具有高度的安全意识，但在实际工作根据实际情况而做出了违章行为的选择，造成这种情况的原因多是煤矿企业安全管理制度设计的不合理，致使制度设计偏离了作业人员对制度在该维度的实际期望要求，这种偏离使得制度和实际无法匹配，最终导致了在实际操作中虽然员工拥有安全意识，但是员工却没有选择安全的操作行为。

人本取向维度的横向错位最低，说明不仅作业人员的个人执行价值观在 8 个维度中得分最高，同时煤矿企业在该维度也十分响应国家制度或集团文化的号召，不管是出于目标实现还是印象管理抑或是发自内心的关心与支持员工等原因，安全管理制度在宣称为员工提供支持等相关政策方面十分迎合其实际需要。不管是否真正得到落实，起码在态度上煤矿企业向员工表达了最真诚的关心与支持，具体到行为中的情况还需要进行该维度的纵向错位特征分析。

（3）8 个维度"名义-隐真"文化纵向错位的对比分析

煤矿企业"名义-隐真"文化纵向错位每个维度下所示特征的横向对比分析如图 7-9 所示。

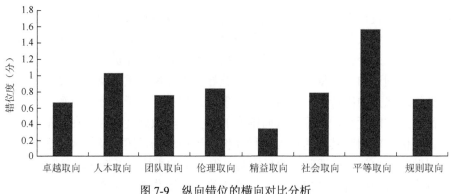

图 7-9　纵向错位的横向对比分析

　　由图 7-9 可知，煤矿企业"名义–隐真"文化纵向错位特征中，平等取向维度的纵向错位最高，人本取向维度文化纵向错位次高，结果取向维度的纵向错位最低，具体分析如下。

　　平等取向维度得分虽然在制度宣称价值观中排位最低，但其得分仍然在 4 分以上，反映在问卷调查中说明作业人员感知的安全管理制度提倡权力公正并反对关系歪曲利用的程度较高，侧面反映出煤矿安全管理制度制定者对权力公正与监督的高要求。然而，该维度在制度推行方面得分仅为 2.67 分，不仅是制度推行程度横向比较的最低值，也是 3 类价值观在 8 个维度中所有得分的最低值，反映出煤矿企业中基层管理对平等取向的特殊特征。由于该维度涉及问题较具敏感性，与个人执行价值观问卷题项设计一样，都采取被调查者对他人行为进行评价的方式，反映的是作业人员感知到的中基层管理者对制度在该维度的推行程度。最低程度的得分或许可以归结到中基层管理者自身对社会化权力和个人化权力两者之间不断转换的"名义"和"隐真"特征。中基层管理者由于制度要求等约束，在正式场合不得不宣称自我对权力的社会化应用，但在非正式场合，特别是在"关系"文化浓厚的组织中，个人化权力总是"隐"处不断膨胀，造成社会化的"名义"型权力与个人化的"隐真"型权力的错位程度不断加大，如果在权力拥有者和权力约束者都无法接受的范围，类似于"可纳错位"范畴外，正如前述中所分析："隐规则"将大行其道。可见，该维度反映出的"隐规则"最多，也反映出煤矿企业实际安全管理中"关系"和"人情"似乎超越了"制度"权威。

　　人本取向维度在制度宣称价值观得分为 4.52 分，排列第五，但在制度推行方面的得分仅为 3.49 分，排列最后。正如前述中对该维度在制度宣称和制度推行价值观的对比分析中所提及的："人本取向都是最为重要的维度（例如，国家安全管理制度排在第一位的就是员工生命、健康等，集团文化提倡以人为本与安全、生产的作用并重）"，"但煤矿企业在实际执行制度时，可能出于实现人本取向维度的制度要求，需较高水平的财务投入，这与精益取向目标存在冲突"。此外，既然精益取向是制度推行的第一重要维度，而维护员工权益、提升员工工作条件等对于精益取向的贡献并非"立竿见影"，而是需要长期检验等。可见，该维度成为"制度宣称-制度推行"价值观错位次高值是自然而然的。

错位程度最小的是结果取向维度，充分说明了煤矿企业"效益第一"的实际情况。这种情况很容易理解，由于煤炭企业也是营利性组织，利益最大化必然是其经营目标，那么在制度宣称和实际推行中，代表企业经济回报和效益的结果取向维度自然得到了企业足够的强调和关注。特别是面向中基层管理者的考核，精益取向的维度权重应该最高，且考核标准较高，以及与自己收入挂钩，因此将促使中基层管理者在制度推行时的高度贯彻，致使该维度的错位程度最低。

（4）煤矿企业"名义-隐真"文化错位总特征分析及总结

本书分别将制度宣称价值观、推行价值观和个人执行价值观在8个维度的得分求和平均，得到8个维度在这3个方面的平均得分，通过对均分的分析来反映"名义-隐真"文化错位的特征，见表7-7。煤矿企业安全管理制度宣称价值观与推行价值观、个人执行价值观之间分别存在较大差异，而制度推行价值观与个人执行价值观之间差值较小，甚至可以忽略不计。

表7-7 煤矿企业"名义-隐真"文化错位内部结构特征 （单位：分）

价值观类型	8个维度总分	平均值
ES	36.05	4.51
EP	29.37	3.67
EN	29.47	3.68

可见，所调研煤矿企业的"名义-隐真"文化横向错位与纵向错位特征明显，两类错位共同引发了较为明显的煤矿企业文化"二元"结构形态，验证了煤矿企业安全管理制度的"名义"特征显著，具有浓厚的"印象管理"色彩，较多制度存在仅仅是一个口号，企业的作业人员群体中存在大量的"隐规则"，主宰着他们实际工作中真实行为的表现。

7.3.3 人口统计特征视角下煤矿企业8个维度价值观特征分析

（1）煤矿企业制度宣称价值观体系的人口统计差异特征分析

采用单因素方差分析的方法，对煤矿企业制度宣称价值观及其各维度在人口统计变量上的差异性加以分析。为方便分析，在年龄方面，本书将35岁以下员工界定为新生代员工，35岁以上员工界定为老一代员工，以此分为两个层面进行分析；在性别、职务、入职年限和学历4个方面，都按照以前分类进行研究。运用

SPSS 20.0 进行分析,分析结果见表 7-8~表 7-16。

表 7-8 卓越取向维度在人口统计特征的差异性分析 1

人口统计特征		平方和	自由度	均方	F检验统计量值	显著性水平
性别	组间	0.061	7	0.009	0.584	0.768
	组内	3.879	259	0.015	—	—
	总数	3.940	266	—	—	—
年龄	组间	4.426	7	0.632	2.677	0.011
	组内	61.177	259	0.236	—	—
	总数	65.603	266	—	—	—
入职年限	组间	10.619	7	1.517	2.766	0.009
	组内	142.040	259	0.548	—	—
	总数	152.659	266	—	—	—
学历	组间	17.597	7	2.514	6.208	0.000
	组内	104.882	259	0.405	—	—
	总数	122.479	266	—	—	—
职务	组间	8.117	7	1.160	3.798	0.001
	组内	79.081	259	0.305	—	—
	总数	87.199	266	—	—	—

表 7-9 人本取向维度在人口统计特征的差异性分析 1

人口统计特征		平方和	自由度	均方	F检验统计量值	显著性水平
性别	组间	0.217	10	0.022	1.492	0.142
	组内	3.723	256	0.015	—	—
	总数	3.940	266	—	—	—
年龄	组间	5.979	10	0.598	2.567	0.006
	组内	59.624	256	0.233	—	—
	总数	65.603	266	—	—	—
入职年限	组间	21.698	10	2.170	4.242	0.000
	组内	130.961	256	0.512	—	—
	总数	152.659	266	—	—	—
学历	组间	11.658	10	1.166	2.693	0.004
	组内	110.821	256	0.433	—	—
	总数	122.479	266	—	—	—
职务	组间	5.543	10	0.554	1.738	0.073
	组内	81.656	256	0.319	—	—
	总数	87.199	266	—	—	—

表 7-10 团队取向维度在人口统计特征的差异性分析 1

人口统计特征		平方和	自由度	均方	F 检验统计量值	显著性水平
性别	组间	0.256	8	0.032	2.243	0.025
	组内	3.684	258	0.014	—	—
	总数	3.940	266	—	—	—
年龄	组间	8.119	8	1.015	4.555	0.000
	组内	57.484	258	0.223	—	—
	总数	65.603	266	—	—	—
入职年限	组间	17.523	8	2.190	4.182	0.000
	组内	135.136	258	0.524	—	—
	总数	152.659	266	—	—	—
学历	组间	19.947	8	2.493	6.274	0.000
	组内	102.533	258	0.397	—	—
	总数	122.479	266	—	—	—
职务	组间	2.998	8	0.375	1.148	0.331
	组内	84.200	258	0.326	—	—
	总数	87.199	266	—	—	—

表 7-11 伦理取向维度在人口统计特征的差异性分析 1

人口统计特征		平方和	自由度	均方	F 检验统计量值	显著性水平
性别	组间	0.117	13	0.009	0.596	0.857
	组内	3.823	253	0.015	—	—
	总数	3.940	266	—	—	—
年龄	组间	12.145	13	0.934	4.422	0.000
	组内	53.458	253	0.211	—	—
	总数	65.603	266	—	—	—
入职年限	组间	23.509	13	1.808	3.543	0.000
	组内	129.150	253	0.510	—	—
	总数	152.659	266	—	—	—
学历	组间	16.174	13	1.244	2.961	0.000
	组内	106.305	253	0.420	—	—
	总数	122.479	266	—	—	—
职务	组间	13.222	13	1.017	3.478	0.000
	组内	73.977	253	0.292	—	—
	总数	87.199	266	—	—	—

表 7-12　精益取向维度在人口统计特征的差异性分析 1

人口统计特征		平方和	自由度	均方	F 检验统计量值	显著性水平
性别	组间	0.029	5	0.006	0.383	0.860
	组内	3.911	261	0.015	—	—
	总数	3.940	266	—	—	—
年龄	组间	4.529	5	0.906	3.871	0.002
	组内	61.074	261	0.234	—	—
	总数	65.603	266	—	—	—
入职年限	组间	7.455	5	1.491	2.680	0.022
	组内	145.204	261	0.556	—	—
	总数	152.659	266	—	—	—
学历	组间	5.592	5	1.118	2.497	0.031
	组内	116.888	261	0.448	—	—
	总数	122.479	266	—	—	—
职务	组间	5.153	5	1.031	3.278	0.007
	组内	82.046	261	0.314	—	—
	总数	87.199	266	—	—	—

表 7-13　社会取向维度在人口统计特征的差异性分析 1

人口统计特征		平方和	自由度	均方	F 检验统计量值	显著性水平
性别	组间	0.223	9	0.025	1.713	0.086
	组内	3.717	257	0.014	—	—
	总数	3.940	266	—	—	—
年龄	组间	8.608	9	0.956	4.313	0.000
	组内	56.995	257	0.222	—	—
	总数	65.603	266	—	—	—
入职年限	组间	23.622	9	2.625	5.228	0.000
	组内	129.037	257	0.502	—	—
	总数	152.659	266	—	—	—
学历	组间	22.895	9	2.544	6.565	0.000
	组内	99.585	257	0.387	—	—
	总数	122.479	266	—	—	—
职务	组间	11.877	9	1.320	4.503	0.000
	组内	75.322	257	0.293	—	—
	总数	87.199	266	—	—	—

表 7-14　平等取向维度在人口统计特征的差异性分析 1

人口统计特征		平方和	自由度	均方	F 检验统计量值	显著性水平
性别	组间	0.140	7	0.020	1.359	0.223
	组内	3.801	259	0.015	—	—
	总数	3.940	266	—	—	—
年龄	组间	12.374	7	1.768	8.602	0.000
	组内	53.229	259	0.206	—	—
	总数	65.603	266	—	—	—
入职年限	组间	17.131	7	2.447	4.677	0.000
	组内	135.528	259	0.523	—	—
	总数	152.659	266	—	—	—
学历	组间	20.308	7	2.901	7.354	0.000
	组内	102.172	259	0.394	—	—
	总数	122.479	266	—	—	—
职务	组间	13.997	7	2.000	7.075	0.000
	组内	73.201	259	0.283	—	—
	总数	87.199	266	—	—	—

表 7-15　规则取向维度在人口统计特征的差异性分析 1

人口统计特征		平方和	自由度	均方	F 检验统计量值	显著性水平
性别	组间	0.140	7	0.020	1.363	0.221
	组内	3.800	259	0.015	—	—
	总数	3.940	266	—	—	—
年龄	组间	8.459	7	1.208	5.477	0.000
	组内	57.144	259	0.221	—	—
	总数	65.603	266	—	—	—
入职年限	组间	23.166	7	3.309	6.619	0.000
	组内	129.493	259	0.500	—	—
	总数	152.659	266	—	—	—
学历	组间	17.187	7	2.455	6.040	0.000
	组内	105.293	259	0.407	—	—
	总数	122.479	266	—	—	—
职务	组间	9.548	7	1.364	4.549	0.000
	组内	77.651	259	0.300	—	—
	总数	87.199	266	—	—	—

表 7-16　制度宣称价值观在人口统计特征上的差异性分析汇总

人口统计特征	卓越取向	人本取向	团队取向	伦理取向	精益取向	社会取向	平等取向	规则取向
性别	不显著	不显著	显著	不显著	不显著	不显著	不显著	不显著
年龄	显著	显著	显著	显著	显著	显著	显著	显著
入职年限	显著	显著	显著	显著	显著	显著	显著	显著
学历	显著	显著	显著	显著	显著	显著	显著	显著
职务	显著	不显著	不显著	显著	显著	显著	显著	显著

通过表 7-8～表 7-15 中人口统计特征在各个维度中的显著性特征可以得出以下结论：在煤矿企业宣称价值观的 8 个子维度中，①卓越取向、人本取向、团队取向、伦理取向、精益取向、社会取向、平等取向及规则取向 8 个子维度在年龄上均具有显著差异；②卓越取向、人本取向、团队取向、伦理取向、精益取向、社会取向、平等取向及规则取向 8 个子维度在入职年限上具有显著差异；③卓越取向、人本取向、团队取向、伦理取向、精益取向、社会取向、平等取向及规则取向 8 个子维度在学历上具有显著差异；④卓越取向、伦理取向、精益取向、社会取向、平等取向及规则取向 6 个维度在职务上有显著差异；⑤8 个子维度中只有团队取向在性别上有显著差异。具体情况可见表 7-16。

本书测量出的宣称价值观是调研对象对企业制度宣称的感知，在年龄方面呈现的差异结果意味着客观存在的安全管理制度在新生代矿工与老一代矿工群体中得到了不同的解读，新老生代员工在 8 个维度的差异性显著，侧面说明了代价价值观的存在。而不同学历在卓越、人本、团队、伦理、精益、社会、平等及规则取向 8 个维度差异显著，说明接受了更多教育能够开阔个体视野，培养独立思考的能力和习惯，因而会在技术革新、团队协作和承担社会取向等方面有着更高的要求，因此造成了显著性差异。在入职年限方面，对事物更长的接触时间通常能够带来更深的认识和理解，这也是入职年限在 8 个子维度上表现出显著差异的主要原因，较长的入职年限说明员工接受了更长时间的制度影响，对于企业制度中所宣称的价值观相较于入职年限较短的员工会有更深的理解。此外，职务方面由于班组长与一线员工存在管辖与被管辖的关系，对于制度宣称价值观的理解视角不同，拥有特定管辖权的班组长对于制度宣称价值观的感受明显异于相对居于弱势地位的一线矿工，从而造成了在卓越、伦理、精益、社会、平等及规则取向维度的差异。需指出的是，由于新生代员工更多出自一线员工的位置，因而职务在平等取向维度的显著差异性解释了年龄同样在平等取向维度显著差异的原因。

（2）煤矿企业个人执行价值观体系的人口统计差异特征分析

同样采取单因素方差分析的方法，对煤矿企业个人执行价值观及其各维度在人口统计变量上的差异性加以分析，见表 7-17～表 7-25 所示。

表 7-17 卓越取向维度在人口统计特征的差异性分析 2

人口统计特征		平方和	自由度	均方	F 检验统计量值	显著性水平
性别	组间	0.129	14	0.009	0.612	0.855
	组内	3.811	252	0.015	—	—
	总数	3.940	266	—	—	—
年龄	组间	11.149	14	0.796	3.685	0.000
	组内	54.454	252	0.216	—	—
	总数	65.603	266	—	—	—
入职年限	组间	21.780	14	1.556	2.995	0.000
	组内	130.879	252	0.519	—	—
	总数	152.659	266	—	—	—
学历	组间	24.171	14	1.726	4.426	0.000
	组内	98.308	252	0.390	—	—
	总数	122.479	266	—	—	—
职务	组间	12.007	14	0.858	2.874	0.000
	组内	75.192	252	0.298	—	—
	总数	87.199	266	—	—	—

表 7-18 人本取向维度在人口统计特征的差异性分析 2

人口统计特征		平方和	自由度	均方	F 检验统计量值	显著性水平
性别	组间	0.220	16	0.014	0.923	0.544
	组内	3.720	250	0.015	—	—
	总数	3.940	266	—	—	—
年龄	组间	9.338	16	0.584	2.593	0.001
	组内	56.265	250	0.225	—	—
	总数	65.603	266	—	—	—
入职年限	组间	30.573	16	1.911	3.913	0.000
	组内	122.087	250	0.488	—	—
	总数	152.659	266	—	—	—
学历	组间	23.967	16	1.498	3.801	0.000
	组内	98.512	250	0.394	—	—
	总数	122.479	266	—	—	—
职务	组间	14.877	16	0.930	3.214	0.000
	组内	72.321	250	0.289	—	—
	总数	87.199	266	—	—	—

表 7-19　团队取向维度在人口统计特征的差异性分析 2

人口统计特征		平方和	自由度	均方	F 检验统计量值	显著性水平
性别	组间	0.160	12	0.013	0.893	0.555
	组内	3.781	254	0.015	—	—
	总数	3.940	266	—	—	—
年龄	组间	13.765	12	1.147	5.620	0.000
	组内	51.838	254	0.204	—	—
	总数	65.603	266	—	—	—
入职年限	组间	26.264	12	2.189	4.398	0.000
	组内	126.395	254	0.498	—	—
	总数	152.659	266	—	—	—
学历	组间	19.801	12	1.650	4.082	0.000
	组内	102.678	254	0.404	—	—
	总数	122.479	266	—	—	—
职务	组间	13.658	12	1.138	3.931	0.000
	组内	73.540	254	0.290	—	—
	总数	87.199	266	—	—	—

表 7-20　伦理取向维度在人口统计特征的差异性分析 2

人口统计特征		平方和	自由度	均方	F 检验统计量值	显著性水平
性别	组间	0.401	25	0.016	1.093	0.351
	组内	3.539	241	0.015	—	—
	总数	3.940	266	—	—	—
年龄	组间	24.011	25	0.960	5.565	0.000
	组内	41.592	241	0.173	—	—
	总数	65.603	266	—	—	—
入职年限	组间	43.823	25	1.753	3.882	0.000
	组内	108.837	241	0.452	—	—
	总数	152.659	266	—	—	—
学历	组间	41.589	25	1.664	4.956	0.000
	组内	80.890	241	0.336	—	—
	总数	122.479	266	—	—	—
职务	组间	20.081	25	0.803	2.884	0.000
	组内	67.118	241	0.278	—	—
	总数	87.199	266	—	—	—

表 7-21　精益取向维度在人口统计特征的差异性分析 2

人口统计特征		平方和	自由度	均方	F 检验统计量值	显著性水平
性别	组间	0.044	10	0.004	0.289	0.983
	组内	3.896	256	0.015	—	—
	总数	3.940	266	—	—	—
年龄	组间	13.417	10	1.342	6.582	0.000
	组内	52.186	256	0.204	—	—
	总数	65.603	266	—	—	—
入职年限	组间	28.152	10	2.815	5.788	0.000
	组内	124.507	256	0.486	—	—
	总数	152.659	266	—	—	—
学历	组间	27.743	10	2.774	7.497	0.000
	组内	94.736	256	0.370	—	—
	总数	122.479	266	—	—	—
职务	组间	10.852	10	1.085	3.639	0.000
	组内	76.346	256	0.298	—	—
	总数	87.199	266	—	—	—

表 7-22　社会取向维度在人口统计特征的差异性分析 2

人口统计特征		平方和	自由度	均方	F 检验统计量值	显著性水平
性别	组间	0.146	14	0.010	0.695	0.779
	组内	3.794	252	0.015	—	—
	总数	3.940	266	—	—	—
年龄	组间	22.621	14	1.616	9.473	0.000
	组内	42.982	252	0.171	—	—
	总数	65.603	266	—	—	—
入职年限	组间	30.799	14	2.200	4.549	0.000
	组内	121.860	252	0.484	—	—
	总数	152.659	266	—	—	—
学历	组间	36.650	14	2.618	7.686	0.000
	组内	85.829	252	0.341	—	—
	总数	122.479	266	—	—	—
职务	组间	14.529	14	1.038	3.599	0.000
	组内	72.669	252	0.288	—	—
	总数	87.199	266	—	—	—

表 7-23　平等取向维度在人口统计特征的差异性分析 2

人口统计特征		平方和	自由度	均方	F 检验统计量值	显著性水平
性别	组间	0.076	13	0.006	0.382	0.975
	组内	3.864	253	0.015	—	—
	总数	3.940	266	—	—	—
年龄	组间	6.425	13	0.494	2.113	0.014
	组内	59.178	253	0.234	—	—
	总数	65.603	266	—	—	—
入职年限	组间	9.774	13	0.752	1.331	0.195
	组内	142.885	253	0.565	—	—
	总数	152.659	266	—	—	—
学历	组间	14.520	13	1.117	2.617	0.002
	组内	107.960	253	0.427	—	—
	总数	122.479	266	—	—	—
职务	组间	16.128	13	1.241	4.416	0.000
	组内	71.071	253	0.281	—	—
	总数	87.199	266	—	—	—

表 7-24　规则取向维度在人口统计特征的差异性分析 2

人口统计特征		平方和	自由度	均方	F 检验统计量值	显著性水平
性别	组间	0.422	33	0.013	0.847	0.708
	组内	3.518	233	0.015	—	—
	总数	3.940	266	—	—	—
年龄	组间	24.543	33	0.744	4.220	0.000
	组内	41.060	233	0.176	—	—
	总数	65.603	266	—	—	—
入职年限	组间	54.605	33	1.655	3.932	0.000
	组内	98.054	233	0.421	—	—
	总数	152.659	266	—	—	—
学历	组间	53.038	33	1.607	5.393	0.000
	组内	69.441	233	0.298	—	—
	总数	122.479	266	—	—	—
职务	组间	24.048	33	0.729	2.689	0.000
	组内	63.150	233	0.271	—	—
	总数	87.199	266	—	—	—

表7-25 个人执行价值观在人口统计特征上的差异性分析汇总

人口统计特征	卓越取向	人本取向	团队取向	伦理取向	精益取向	社会取向	平等取向	规则取向
性别	不显著	不显著	不显著	不显著	不显著	不显著	不显著	不显著
年龄	显著	显著	显著	显著	显著	显著	显著	显著
入职年限	显著	显著	显著	显著	显著	显著	不显著	显著
学历	显著	显著	显著	显著	显著	显著	显著	显著
职务	显著	显著	显著	显著	显著	显著	显著	显著

通过表7-17~表7-24中人口统计特征在各个维度中的显著性特征可以得出以下结论：在煤矿企业个人执行价值观的8个子维度中，①8个子维度在年龄上具有显著差异；②卓越、人本、团队、伦理、精益、社会及规则取向7个维度在入职年限上具有显著差异；③8个子维度在学历上具有显著差异；④8个子维度在职务上有显著差异；⑤8个维度在性别上无显著差异。具体情况可见表7-25。

在年龄维度，由于代际价值观的存在，新生代矿工成长环境在物质生活方面更为优越，社会主流价值观也更趋向于独立与自由，因而造就了新生代员工更为独立自主、以自我为中心的价值取向，表现为更多的利己行为和团队意识的缺失；相反，对于老一代矿工来说，该类群体所体现的集体取向和保守本分价值观的特点，使得他们在人本、团队、伦理、精益、社会、平等以及规则取向7个维度具有更高的要求。需要特别指出的是，卓越取向维度同样出现了老生代高于新生代的情况，而这与我们常常认为年轻人更具有创造力的想法相悖，可能这与矿井作业特殊的工作条件有关，新生代矿工在面对井下作业强度比较高的劳动时丧失了对革新的期望，从而导致卓越取向价值观低水平的表现。而老一代矿工见证了技术革新对井下作业效率和安全性带来的改变，更加深刻地体会到创新生产技术的重要性，因此对卓越取向维度具有更高的要求。

在入职年限和学历方面，其与年龄具有一定相关性。入职年限短和学历高的多为新生代矿工，学历较低和入职年限较长的多为老一代矿工，因此由于年龄差异所引起的卓越取向等维度的差异性也适用于入职年限和学历特征的影响，通过表中的数据可以看出，职务、学历与年龄在8个维度显著性上高度一致，也进一步证实了入职年限和学历与年龄的相关性。在职务方面，由于班组长和一线矿工处于不同的管理地位，相对于一线矿工，班组长往往是站在管理人员的角度，因此其对于自身各方面的价值诉求均不同于一线矿工，因此造成了班组长与一线矿工在个人执行价值观中8个子维度上的差异性。

（3）煤矿企业制度推行价值观体系的人口统计差异特征分析

同样采取单因素方差分析的方法，对煤矿企业制度推行价值观及其各维度在人口统计变量上的差异性加以分析，见表 7-26～表 7-34。

表 7-26　卓越取向维度在人口统计特征的差异性分析 3

人口统计特征		平方和	自由度	均方	F 检验统计量值	显著性水平
性别	组间	0.319	17	0.019	1.290	0.199
	组内	3.621	249	0.015	—	—
	总数	3.940	266	—	—	—
年龄	组间	13.114	17	0.771	3.660	0.000
	组内	52.489	249	0.211	—	—
	总数	65.603	266	—	—	—
入职年限	组间	31.689	17	1.864	3.837	0.000
	组内	120.970	249	0.486	—	—
	总数	152.659	266	—	—	—
学历	组间	33.575	17	1.975	5.531	0.000
	组内	88.904	249	0.357	—	—
	总数	122.479	266	—	—	—
职务	组间	12.348	17	0.726	2.416	0.002
	组内	74.851	249	0.301	—	—
	总数	87.199	266	—	—	—

表 7-27　人本取向维度在人口统计特征的差异性分析 3

人口统计特征		平方和	自由度	均方	F 检验统计量值	显著性水平
性别	组间	0.450	31	0.015	0.978	0.505
	组内	3.490	235	0.015	—	—
	总数	3.940	266	—	—	—
年龄	组间	20.021	31	0.646	3.330	0.000
	组内	45.582	235	0.194	—	—
	总数	65.603	266	—	—	—
入职年限	组间	58.909	31	1.900	4.763	0.000
	组内	93.751	235	0.399	—	—
	总数	152.659	266	—	—	—
学历	组间	31.742	31	1.024	2.652	0.000
	组内	90.737	235	0.386	—	—
	总数	122.479	266	—	—	—
职务	组间	13.754	31	0.444	1.420	0.078
	组内	73.444	235	0.313	—	—
	总数	87.199	266	—	—	—

表7-28 团队取向维度在人口统计特征的差异性分析3

人口统计特征		平方和	自由度	均方	F检验统计量值	显著性水平
性别	组间	0.102	10	0.010	0.680	0.743
	组内	3.838	256	0.015	—	—
	总数	3.940	266	—	—	—
年龄	组间	6.289	10	0.629	2.714	0.003
	组内	59.314	256	0.232	—	—
	总数	65.603	266	—	—	—
入职年限	组间	23.732	10	2.373	4.712	0.000
	组内	128.927	256	0.504	—	—
	总数	152.659	266	—	—	—
学历	组间	11.449	10	1.145	2.640	0.004
	组内	111.030	256	0.434	—	—
	总数	122.479	266	—	—	—
职务	组间	7.837	10	0.784	2.528	0.006
	组内	79.361	256	0.310	—	—
	总数	87.199	266	—	—	—

表7-29 伦理取向维度在人口统计特征的差异性分析3

人口统计特征		平方和	自由度	均方	F检验统计量值	显著性水平
性别	组间	0.246	28	0.009	0.565	0.964
	组内	3.694	238	0.016	—	—
	总数	3.940	266	—	—	—
年龄	组间	17.772	28	0.635	3.158	0.000
	组内	47.831	238	0.201	—	—
	总数	65.603	266	—	—	—
入职年限	组间	48.382	28	1.728	3.944	0.000
	组内	104.278	238	0.438	—	—
	总数	152.659	266	—	—	—
学历	组间	35.136	28	1.255	3.419	0.000
	组内	87.344	238	0.367	—	—
	总数	122.479	266	—	—	—
职务	组间	24.267	28	0.867	3.278	0.000
	组内	62.932	238	0.264	—	—
	总数	87.199	266	—	—	—

表 7-30　精益取向维度在人口统计特征的差异性分析 3

人口统计特征		平方和	自由度	均方	F 检验统计量值	显著性水平
性别	组间	0.186	7	0.027	1.836	0.081
	组内	3.754	259	0.014	—	—
	总数	3.940	266	—	—	—
年龄	组间	5.935	7	0.848	3.680	0.001
	组内	59.668	259	0.230	—	—
	总数	65.603	266	—	—	—
入职年限	组间	13.780	7	1.969	3.671	0.001
	组内	138.879	259	0.536	—	—
	总数	152.659	266	—	—	—
学历	组间	9.417	7	1.345	3.082	0.004
	组内	113.062	259	0.437	—	—
	总数	122.479	266	—	—	—
职务	组间	7.110	7	1.016	3.285	0.002
	组内	80.088	259	0.309	—	—
	总数	87.199	266	—	—	—

表 7-31　社会取向维度在人口统计特征的差异性分析 3

人口统计特征		平方和	自由度	均方	F 检验统计量值	显著性水平
性别	组间	0.153	14	0.011	0.726	0.747
	组内	3.787	252	0.015	—	—
	总数	3.940	266	—	—	—
年龄	组间	11.859	14	0.847	3.972	0.000
	组内	53.744	252	0.213	—	—
	总数	65.603	266	—	—	—
入职年限	组间	14.019	14	1.001	1.820	0.036
	组内	138.640	252	0.550	—	—
	总数	152.659	266	—	—	—
学历	组间	17.214	14	1.230	2.944	0.000
	组内	105.265	252	0.418	—	—
	总数	122.479	266	—	—	—
职务	组间	13.545	14	0.968	3.310	0.000
	组内	73.653	252	0.292	—	—
	总数	87.199	266	—	—	—

表7-32 平等取向维度在人口统计特征的差异性分析3

人口统计特征		平方和	自由度	均方	F检验统计量值	显著性水平
性别	组间	0.090	13	0.007	0.453	0.948
	组内	3.850	253	0.015	—	—
	总数	3.940	266	—	—	—
年龄	组间	5.119	13	0.394	1.647	0.073
	组内	60.484	253	0.239	—	—
	总数	65.603	266	—	—	—
入职年限	组间	18.829	13	1.448	2.738	0.001
	组内	133.830	253	0.529	—	—
	总数	152.659	266	—	—	—
学历	组间	5.890	13	0.453	0.983	0.468
	组内	116.589	253	0.461	—	—
	总数	122.479	266	—	—	—
职务	组间	6.918	13	0.532	1.677	0.066
	组内	80.281	253	0.317	—	—
	总数	87.199	266	—	—	—

表7-33 规则取向维度在人口统计特征的差异性分析3

人口统计特征		平方和	自由度	均方	F检验统计量值	显著性水平
性别	组间	0.101	15	0.007	0.440	0.966
	组内	3.839	251	0.015	—	—
	总数	3.940	266	—	—	—
年龄	组间	18.058	15	1.204	6.356	0.000
	组内	47.545	251	0.189	—	—
	总数	65.603	266	—	—	—
入职年限	组间	33.345	15	2.223	4.676	0.000
	组内	119.315	251	0.475	—	—
	总数	152.659	266	—	—	—
学历	组间	25.132	15	1.675	4.320	0.000
	组内	97.347	251	0.388	—	—
	总数	122.479	266	—	—	—
职务	组间	14.220	15	0.948	3.260	0.000
	组内	72.979	251	0.291	—	—
	总数	87.199	266	—	—	—

表 7-34　制度推行价值观在人口统计特征上的差异性分析汇总

人口统计特征	卓越取向	人本取向	团队取向	伦理取向	精益取向	社会取向	平等取向	规则取向
性别	不显著	不显著	不显著	不显著	不显著	不显著	不显著	不显著
年龄	显著	显著	显著	显著	显著	显著	不显著	显著
入职年限	显著	显著	显著	显著	显著	显著	显著	显著
学历	显著	显著	显著	显著	显著	显著	不显著	显著
职务	显著	不显著	显著	显著	显著	显著	不显著	显著

通过表 7-26～表 7-33 中人口统计特征在各个维度中的显著性特征可以得出以下结论：在煤矿企业制度推行价值观的 8 个子维度中，①卓越、人本、团队、伦理、精益、社会及规则取向 7 个子维度在年龄及学历上具有显著差异；②8 个子维度在入职年限上具有显著差异；③卓越、团队、伦理、精益、社会及规则取向 6 个子维度在职务上具有显著差异；④8 个维度在性别上无显著差异。具体情况见表 7-34。

由表 7-34 可知，在矿工感知到的企业制度推行价值观方面，8 个维度体现显著性差异的主要是入职年限，又由于入职年限和年龄以及学历有一定的相关性，即入职年限较长的员工通常为新生代矿工，而新生代矿工相较于老一代矿工又普遍拥有较高学历，因此将重点分析入职年限在 8 个子维度上的显著差异。

对事物更长的接触时间通常能够带来更深的认识和理解，相较于入职年限较短的员工，入职年限较长的员工接触企业制度实际执行的时间显然更长，而这种时间差异在对制度执行感受方面的影响是显著的，即对制度执行更长时间的接触深化了员工对制度执行的看法，从而员工对制度实际执行程度有了更深的认识和评价，这也是入职年限在卓越取向、人本取向、团队取向、伦理取向、精益取向、社会取向、平等取向及规则取向维度 8 个子维度上表现出显著差异的主要原因。

在职务方面，班组长和普通工人评价制度执行的视角不尽相同，通常情况下，班组长多作为制度执行要求的执行者或传达者，而员工则作为制度要求的接受者，评价视角的差异是卓越取向等 6 个子维度显著性差异的主要原因。而在人本取向及平等取向维度，班组长作为基层管理者，其较低的企业地位使得在感知企业执行人本取向、平等取向这样维护员工利益的维度时和普通员工表现出了相同的诉求和感受，因此没有体现显著性差异。

7.3.4　煤矿企业 8 个维度价值观特征分析

通过对价值观错位、文化错位等具体、细致地分析，所调研煤矿企业文化结构中每个维度的安全管理制度特征、"名义-隐真"文化错位特征等存在以下特点，具体见表 7-35。

表 7-35 每个维度的安全管理制度特征一览表

维度	特征
卓越取向	制度的"名义"化特征显著，制度制定多受印象管理影响
	隐真层面个人执行的第二受重视维度
	中基层管理者对该维度重视程度不高
	制度宣称感知、个人执行、制度推行感知在年龄、入职年限、学历和职务均具有差异性
人本取向	制度的"名义"化特征显著，制度制定多受印象管理影响
	隐真层面制度推行第二不受重视、是"空头支票"维度
	隐真层面个人执行的最受重视维度
	中基层管理者对该维度重视程度不高
	纵向错位次显著维度
	制度宣称感知、制度推行感知在年龄、入职年限和学历均具有差异性，个人执行在年龄、入职年限、学历和职务具有差异性
团队取向	制度的"名义"化特征显著，制度制定多受印象管理影响
	中基层管理者对该维度重视程度较高
	制度宣称感知在年龄、入职年限和学历方面存在显著差异，个人执行和制度推行在年龄、入职年限、学历和职务具有差异性
伦理取向	制度的"名义"化特征显著，制度制定多受印象管理影响
	隐真层面个人执行的第二不受重视维度
	中基层管理者对该维度重视程度较高
	制度宣称感知、个人执行、制度推行感知在年龄、入职年限、学历和职务均具有差异性
精益取向	制度的"名义"化特征显著，制度制定多受印象管理影响
	名义层面制度宣称的第二受重视维度
	隐真层面制度推行的第一受重视维度
	中基层管理者对该维度重视程度较高
	纵向错位最不明显维度
	制度宣称感知、个人执行、制度推行感知在年龄、入职年限、学历和职务均具有差异性
社会取向	制度的"名义"化特征显著，制度制定多受印象管理影响
	中基层管理者对该维度重视程度不高
	制度宣称感知、个人执行、制度推行感知在年龄、入职年限、学历和职务均具有差异性
平等取向	名义层面制度宣称的最不受重视维度
	隐真层面个人执行最不受重视维度：承认权力个人化运用的常态化
	安全管理制度制定者最为敏感的维度：力图证明权力运用的社会化
	隐真层面制度推行最不受重视、是"隐规则最多"维度
	煤矿作业人员对该维度的要求具有矛盾心理：对自己有利的高度权利公正与监督，以及对自己有利的低度权利公正与监督
	安全管理制度制定不合理，过于严格
	横向和纵向错位最显著维度

续表

维度	特征
平等取向	"名义"文化和"隐真"文化差异最大维度,"最虚伪"维度
	制度宣称感知在年龄、入职年限、学历和职务存在显著差异,个人执行在年龄、学历和职务具有差异性,制度推行感知在入职年限差异性
规则取向	制度的"名义"化特征显著,制度制定多受印象管理影响
	名义层面制度宣称的最受重视维度
	隐真层面制度推行的第二受重视维度
	隐真层面个人执行的第二不受重视维度
	安全管理制度制定不合理,过于严格
	中基层管理者对该维度重视程度较高
	作业人员出现对该维度的逆反心理
	横向错位次显著维度
	制度宣称感知、个人执行、制度推行感知在年龄、入职年限、学历和职务均具有差异性

既然每个维度都有主次之分,如何去区分维度主次以及主次的具体程度就是每个维度的"可纳错位",因此"可纳错位"似乎可以解决资源限制等系统因素无法实现的多目标兼容等问题。同时,我们关注的是制度如何设计来适应个人实际要求或期望,以促进个人的内源性制度遵从并实现制度遵从最大化,实际操作中就需要在个人要求或期望实际水平的基础上来考虑安全管理制度在每个维度中与个人执行价值观的一致性水平。然而,探究一致性水平和"可纳错位"问题需要建立在每个维度的文化纵向错位与横向错位对制度遵从的影响规律探索中,二次响应面回归分析法恰好适用于此类分析的研究。

7.4　基于二次响应面回归分析法的数据分析及假设验证

7.4.1　数据分析的步骤

响应面方法是利用统计学的综合实验技术来解决复杂系统的输入(变量)与输出(响应)之间关系的一种方法。响应面方法的数学表达是多元线性回归分析[251],二次响应面回归分析法是指二次多项式回归与响应面方法的结合。它是一种匹配测量与统计分析策略。近年来,该方法在许多领域得到了广泛运用。它的应用起源于个体-环境匹配理论(person-environment fit,P-E fit),并主要运用于该领域的分析和研究[252-255]。P-E匹配通常是指个体与其工作环境的匹配程度或者说一致性程度,包含很宽泛的研究内容,个体-组织匹配理论就是其中的一种。行为交互理论认为,个体或团队的态度、行为方式等发生改变的原因不能简单归于其中一方面的影响,而应该归于它们两者之间的相互作用共同产生的效应。

（1）回归模型的构建

根据 Edwards[251]的研究，结合上述分析，将二次响应面回归法应用到本书建立的概念模型中，分别从内外源制度遵从视角出发，在每个视角下构建以下 3 个模型，分别是内（外）源制度遵从模型 1（简称内源 M1 或外源 M1）、内（外）源制度遵从模型 2（简称内源 M2 或外源 M2）和内（外）源制度遵从模型 3（简称内源 M3 或外源 M3）。"名义-隐真"文化错位与制度遵从行为选择分析模型如下公式所示，对应的 8 个维度的分析模型与之相似。其中，ES（espoused values）代表煤矿企业制度宣称价值观，EN（enacted values）代表煤矿企业个人执行价值观，EP（espoused values practiced）代表制度推行价值观，IC（intrinsical compliance）代表内源性制度遵从；EC（extrinsical compliance）代表外源性制度遵从。

内源 M1：$IC=b_0+b_1ES+b_2EN+e$ （7-1）

内源 M2：$IC=b_0+b_1ES+b_2EN+b_3ES^2+b_4EN^2+b_5ES\times EN+e$ （7-2）

内源 M3：$IC=b_0+b_1ES+b_2EN+b_3ES^2+b_4EN^2+b_5ES\times EN+b_6EP+b_7EP\times ES+b_8EP$
$\times EN+b_9EP\times ES^2+b_{10}EP\times EN^2+b_{11}EP\times ES\times EN+e$ （7-3）

外源 M1：$EC=b_0+b_1ES+b_2EN+e$ （7-4）

内源 M2：$EC=b_0+b_1ES+b_2EN+b_3ES^2+b_4EN^2+b_5ES\times EN+e$ （7-5）

内源 M3：$EC=b_0+b_1ES+b_2EN+b_3ES^2+b_4EN^2+b_5ES\times EN+b_6EP+b_7EP\times ES+b_8EP$
$\times EN+b_9EP\times ES^2+b_{10}EP\times EN^2+b_{11}EP\times ES\times EN+e$ （7-6）

（2）数据处理

分析处理上述调研统计所得的相关数据。为了避免多重共线性，把错位测量指标安全管理制度宣称价值观 ES、个人执行价值观 EN 进行中心化处理，即用问卷测量所得分数减去数据均值后除以方差，然后计算 ES、EN 的平方项 ES^2 和 EN^2 及乘积项 $ES\times EN$。考虑到调节变量的检验，EP 的测量由制度宣称价值观得分与制度推行价值观得分的差值进行 5 点量表转化后的值为调节量，调节变量的计算方法拟采用 Aiken 和 West[253]的方法，以 EP 的均值加减一个方差，将数据分为高制度推行程度和低制度推行程度两部分后进行分析。以上运算均运用 SPSS20.0 进行处理。

在对上述模型进行回归分析之后，如果模型 2 相对于模型 1 调整的 R^2 显著增加，就可以进行响应面分析了。如果模型 3 相对于前两个模型调整的 R^2 显著增加，说明调节作用显著，也需要进一步进行响应面分析。

7.4.2 数据分析及假设验证

（1）响应面分析相关数据计算

围绕本书所关注的问题和相关数据，煤矿企业"名义-隐真"文化 8 个维度与内源制度遵从行为和外源制度遵从行为所对应的各个参数值见表 7-36，空白值意味着自变量与因变量之间并不存在非线性关系，因此不存在曲面，不存在相应参数。后续研究将在各个参数值的基础上进行相关分析。

表 7-36　各维度响应面参数

参数	卓越取向		人本取向		团队取向		伦理取向	
	内源	外源	内源	外源	内源	外源	内源	外源
x_0	—	0.50	−4.49	0.35	—	7.16	—	—
y_0	—	−1.64	−3.16	−1.39	—	−5.78	—	—
p_{10}	—	−6.25	−8.84	−2.36	—	−18.33	—	—
p_{11}	—	9.24	−1.27	2.80	—	1.75	—	—
p_{20}	—	−1.59	0.38	−1.26	—	−1.69	—	—
p_{21}	—	−0.11	0.79	−0.36	—	−0.57	—	—
a_1	—	0.57	0.58	0.44	—	0.76	—	—
a_2	—	0.17	0.08	0.16	—	0.37	—	—
a_3	—	−0.39	0.20	0.02	—	−0.33	—	—
a_4	—	−0.14	−0.15	−0.03	—	0.07	—	—

参数	精益取向		社会取向		平等取向		规则取向	
	内源	外源	内源	外源	内源	外源	内源	外源
x_0	−1.39	15.83	−0.99	−1.87	0.82	−4.59	—	−1.71
y_0	−0.63	6.80	0.06	−0.67	−0.92	−2.49	—	−0.48
p_{10}	−7.20	40.08	0.49	0.19	−9.04	−11.15	—	2.96
p_{11}	−4.72	−2.10	0.43	0.46	9.88	−1.88	—	2.02
p_{20}	−0.34	−0.73	−2.23	−4.74	−0.84	15.83	—	−1.33
p_{21}	0.21	0.48	−2.31	−2.18	−0.10	8.42	—	−0.50
a_1	0.29	0.51	0.47	0.60	0.47	0.42	—	0.38
a_2	0.21	0.02	0.19	0.12	0.15	0.09	—	0.75
a_3	−0.08	−0.14	−0.17	0.09	−0.10	0.10	—	0.02
a_4	−0.26	−0.24	0.58	0.51	−0.21	−0.21	—	0.14

注：x_0 为固定点横坐标；y_0 为固定点纵坐标；p_{10} 为第一主轴截距；p_{11} 为第一主轴斜率；p_{20} 为第二主轴截距；p_{21} 为第二主轴斜率；a_1 为 $Y=X$ 横截线斜率；a_2 为 $Y=X$ 横截线曲率；a_3 为 $Y=−X$ 横截线斜率；a_4 为 $Y=−X$ 横截线曲率

（2）卓越取向维度的数据分析

基于卓越取向维度的"名义-隐真"文化错位与制度遵从行为关系的分析结果见表 7-37，表 7-38。

表 7-37 各变量均值、标准差及相关性 1

变量	均值	标准差	1	2	3	4	5
1 ES	4.57	0.40	—				
2 EN	4.02	0.59	0.305***	—			
3 EP	3.91	0.58	0.390***	0.413***	—		
4 IC	3.27	0.65	0.095	0.438**	0.469***	—	
5 EC	3.88	0.57	0.201**	0.468**	0.473***	—	—

注：***代表 P＜0.001，**代表 P＜0.01

表 7-38 卓越取向维度下"名义-隐真"文化错位影响制度遵从的响应面回归

变量	内源 M1	内源 M2	内源 M3	外源 M1	外源 M2	外源 M3
常数	3	2.984	3.008	3	2.937	2.918
ES	−0.031	0.022	−0.150	0.087	0.089	−0.021
EN	0.479***	0.468***	0.293**	0.473***	0.483***	0.294***
ES^2	—	−0.018	−0.033	—	−0.025	−0.051
EN^2	—	0.017	−0.017	—	0.039	0.106
EN×ES	—	0.105	0.143	—	0.153*	0.165*
EP	—	—	0.419**	—	—	0.265*
EP×ES	—	—	−0.028	—	—	−0.015
EP×EN	—	—	0.009	—	—	−0.015
EP×ES^2	—	—	−0.019	—	—	−0.029
EP×EN^2	—	—	−0.001	—	—	0.084
EP×ES×EN	—	—	0.040	—	—	0.048
调整 R^2	0.212	0.208	0.310	0.249	0.262	0.356

注：***代表 P＜0.001，**代表 P＜0.01，*代表 P＜0.05

从表 7-37 中可知，ES 与 IC 两个变量间的相关系数不显著，说明制度宣称价值观对内源性制度遵从的影响关系微弱，甚至可能不存在相关关系。在回归模型中，内源的 3 个模型也说明了这一点（表 7-38）。内源 M1 中只显示出 EN 与 IC 具有显著的线性相关关系（$\beta=0.479$，$P＜0.001$）。内源 M2 分析结果仍然显示只有 EN 与 IC 具有显著的线性相关关系（$\beta=0.468$，$P＜0.001$），二次方项和交互项作用并不显著，对比内源 M1 的调整 R^2 呈下降趋势，说明内源 M2 并未显示出较高的解释力度，内源 M1 更能显示自变量与因变量的关系，研究假设 1a 不成立。而内源 M3 的结果说明不仅 EN 与 IC 具有显著的线性相关关系（$\beta=0.293$，$P＜0.01$），而且 EP 与 IC 也具有同等显著的线性相关关系（$\beta=0.419$，$P＜0.01$），这些结果充分说明了 ES 与 IC 并不存在任何相关关系，由此也可以推论出"制度宣称-个人执行"价值观错位对内源性制度遵从行为（IC）或许不存在相关关系，且"制度宣称-制度推行"价值观错位并不具备调节效应，可见研究假设 1c 成立。

在外源性制度遵从行为的相关研究中，虽然 ES、EN 及 EP 均与外源性制度遵从行为（EC）显著相关，但表 7-38 关于外源 3 个模型研究中显示，外源 M1 中显示出只有 EN 与 EC 具有显著线性相关关系（$\beta=0.473$，$P<0.001$）。外源 M2 分析结果显示 EN 和交互项对 EC 有显著影响（分别为 $\beta=0.483$，$P<0.001$ 和 $\beta=0.153$，$P<0.05$），对比外源 M1 调整 R^2 呈上升趋势，说明外源 M2 显示出较好解释力度，反映出自变量与因变量之间具有非线性关系，研究假设 1b 部分成立。然而，在外源 M3 中加入 EP 为调节变量，结果显示只有 EP 对 EC 的影响作用，交互项未有任何显著影响，说明外源 M3 并未具有较好的解释力，可见"制度宣称-制度推行"价值观错位并不具备调节效应。因此，研究假设 1d 不成立。

Edward[251]指出，当含有多个二次方项的多项式回归模型出现显著性后，需要画三维图来表达自变量与因变量之间的关系。上述分析说明，外源 M2 都可以进一步地进行响应面分析。为了更直观地进行分析，运用 Matlab 软件进行编程，画出一系列图，其中三维图中 X 轴——制度宣称价值观（ES），Y 轴——个人执行价值观（EN），Z 轴——内源性制度遵从/外源性制度遵从（IC/EC），如图 7-10～图 7-15 所示。

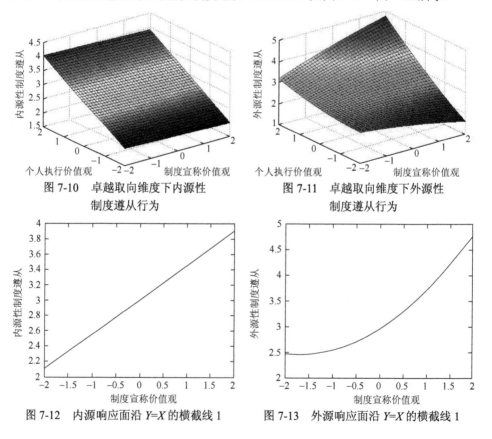

图 7-10　卓越取向维度下内源性　　　图 7-11　卓越取向维度下外源性
　　　　　制度遵从行为　　　　　　　　　　　　制度遵从行为

图 7-12　内源响应面沿 $Y=X$ 的横截线 1　　图 7-13　外源响应面沿 $Y=X$ 的横截线 1

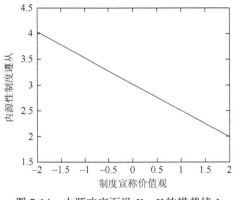

图 7-14 内源响应面沿 $Y=-X$ 的横截线 1

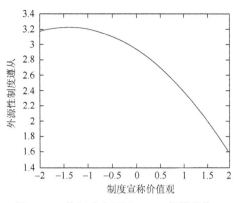

图 7-15 外源响应面沿 $Y=-X$ 的横截线 1

图 7-10 显示 ES、EN 中仅有 EN 与 IC 存在线性关系。图 7-12 显示 ES 与 EN 二者一致且一致性程度较高时，IC 数值更高；图 7-14 虽然显示出当 ES 接近 EN 时，IC 下降；ES 超出 EN 时，IC 持续下降，但由于该维度中 IC 与 ES 不相关，且 $Y=-X$ 显示 EN 与 IC 呈正相关关系，所以研究假设 1a 不成立。

对于 EC 而言，a_2 为正，说明响应面沿一致性线 $Y=X$ 是凸形（图 7-13，图 7-15），可见随着一致性水平升高，EC 提升；a_4 为负，说明响应面沿不一致性线 $Y=-X$ 是凹形（图 7-15），随着不一致程度先逐渐接近 0 而后又远离 0，可知 EC 一直下降。该响应面拐点坐标为（0.50，−1.64），在研究测量范围内。据以上分析可以得到如下结论：①ES 与 EN 的一致性与不一致性相比，二者关系呈现一致时 EC 数值更高，因为在 $Y=-X$ 线上，曲率小于 0（$a_4=-0.14$）。②在 $Y=X$ 线上，斜率大于 0（$a_1=0.57$），说明当 ES 与 EN 二者一致且一致性程度较高时，EC 数值更高。③当 ES 接近于 EN 时，EC 先略微上升到一定程度后下降；ES 超出 EN 时，EC 会继续下降，验证研究假设 2b 部分成立。

（3）人本取向维度的数据分析

基于人本取向维度的"名义-隐真"文化错位与制度遵从行为关系的分析结果见表 7-39，表 7-40。

表 7-39 各变量均值、标准差及相关性 2

变量	均值	标准差	1	2	3	4	5
1 ES	4.52	0.38	—	—	—	—	—
2 EN	4.07	0.63	0.256**	—	—	—	—
3 EP	3.49	0.52	0.300***	0.310***	—	—	—
4 IC	3.27	0.65	0.427***	0.232**	0.507***	—	—
5 EC	3.88	0.57	0.221**	0.205**	0.574***	—	—

注：***代表 $P<0.001$，**代表 $P<0.01$

表7-40 人本取向维度下"名义-隐真"文化错位影响制度遵从的响应面回归

变量	内源 M1	内源 M2	内源 M3	外源 M1	外源 M2	外源 M3
常数	3	2.832	2.771	3	2.797	2.943
ES	0.359***	0.393**	0.130*	0.180*	0.227**	0.052
EN	0.139*	0.189*	−0.075	0.161*	0.210**	0.025
ES²	—	0.085*	0.125*	—	−0.067	0.047
EN²	—	−0.117	0.040	—	0.130*	0.003
EN×ES	—	0.113**	0.071	—	0.092*	−0.007
EP	—	—	0.182**	—	—	0.529***
EP×ES	—	—	0.123*	—	—	−0.022
EP×EN	—	—	−0.010	—	—	0.057
EP×ES²	—	—	0.224***	—	—	0.065
EP×EN²	—	—	0.007	—	—	0.031
EP×ES×EN	—	—	0.161***	—	—	−0.094
调整 R^2	0.164	0.213	0.633	0.063	0.187	0.356

注：***代表 $P<0.001$，**代表 $P<0.01$，*代表 $P<0.05$

从表 7-39 可知，ES、EN 及 EP 均与 IC、EC 显著相关，可以进入下一步的研究。回归模型中，内源 M1 显示出 ES 和 EN 对 IC 均有显著的积极作用（分别为 $\beta=0.359$，$P<0.001$ 和 $\beta=0.139$，$P<0.05$）（表 7-40）。从内源 M2 分析结果可知，ES 二次平方项及交互作用项对 IC 都有显著影响（分别为 $\beta=0.085$，$P<0.05$ 和 $\beta=0.113$，$P<0.01$）。当调整 R^2 越接近 1 时，说明模型解释力越大。相对于内源 M1，内源 M2 中的显著项更多，调整 R^2 值更大，说明内源 M2 较内源 M1 能解释更多变量，反映出了自变量与因变量间存在较强的非线性关系，而非简单的线性关系，假设 2a 部分成立。内源 M3 中加入了调节变量之后，结果显示 EP 及两个二次方项相互作用对 IC 有显著影响（分别为 $\beta=0.182$，$P<0.01$；$\beta=0.123$，$P<0.05$；$\beta=0.224$，$P<0.001$；$\beta=0.161$，$P<0.001$），调整 R^2 值增大且更接近 1，说明内源 M3 显著提高了对 IC 的解释力，EP 具有显著的调节作用，假设 2c 部分成立。

在外源性制度遵从行为研究中，外源 M1 中显示 ES 和 EN 对 EC 均有显著积极作用（分别为 $\beta=0.18$，$P<0.05$ 和 $\beta=0.161$，$P<0.05$）（表 7-40）。外源 M2 分析结果显示，EN 二次平方项及交互作用项对 EC 都有显著影响（分别为 $\beta=0.13$，$P<0.05$ 和 $\beta=0.092$，$P<0.05$），且调整 R^2 值增大，说明外源 M2 较外源 M1 能解释更多变量，反映出自变量与因变量间存在较强的非线性关系，假设 2b 部分成立。外源 M3 中加入调节变量后，结果显示只有 EP 对 EC 有显著影响，其他任何项均未有显著影响，说明外源 M3 未有较好解释力，EP 调节作用不明显，假

设 2d 成立。为深入显示二者关系，这里对内源 M2 和外源 M2 分别做响应面分析，如图 7-16～图 7-21 所示。

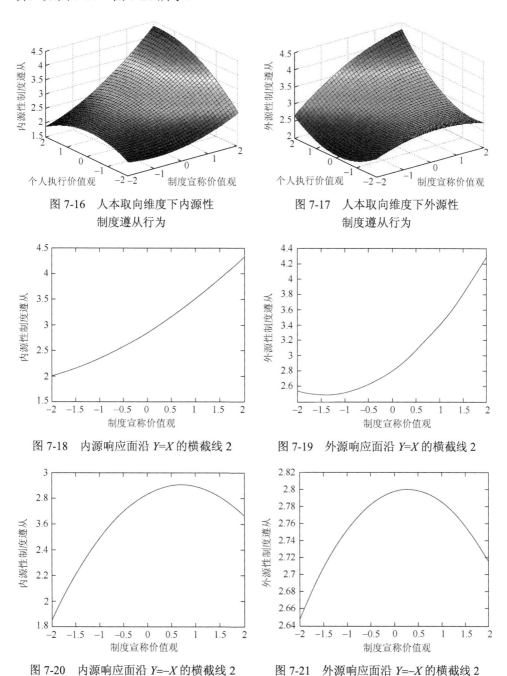

图 7-16 人本取向维度下内源性
制度遵从行为

图 7-17 人本取向维度下外源性
制度遵从行为

图 7-18 内源响应面沿 $Y=X$ 的横截线 2

图 7-19 外源响应面沿 $Y=X$ 的横截线 2

图 7-20 内源响应面沿 $Y=-X$ 的横截线 2

图 7-21 外源响应面沿 $Y=-X$ 的横截线 2

　　图 7-16 和 7-17 直观地展示了内外源制度遵从行为（IC/EC）与制度宣称价值观（ES）和个人价值观的关系（EN）。张姗姗等[255]认为，对响应面的解释需要计算 $Y=X$ 与 $Y=-X$ 线上的斜率和曲率（即 a_1、a_2、a_3 和 a_4），对于 IC 而言，a_2 为正，说明响应面沿一致性线 $Y=X$ 是凸形（图 7-18）；a_4 为负，说明响应面沿不一致性线 $Y=-X$ 是凹形（图 7-20），随着不一致程度先逐渐接近 0 而后又远离 0。该响应面拐点坐标为（−4.49，−3.16），超出研究测量范围。据以上分析可以得到如下结论：①ES 与 EN 的一致性与不一致性相比，二者关系呈现一致时 IC 数值更高，因为在 $Y=-X$ 线上，曲率小于 0（$a_4=-0.15$）。②当 ES 与 EN 二者一致且一致性程度较高时，IC 更高。因为在 $Y=X$ 线上，斜率大于 0（$a_1=0.58$）。③当 ES 接近于 EN 时，IC 升高；ES 超出 EN 时，IC 升高将会继续升高一段时间，然后缓慢下降，说明假设 2a 成立。

　　对于 EC 而言，a_2 为正，说明响应面沿一致性线 $Y=X$ 是凸形（图 7-19），可见随着一致水平升高，EC 提升；a_4 为负，说明响应面沿不一致性线 $Y=-X$ 是凹形（图 7-21），随着不一致程度先逐渐接近 0 而后又远离 0，可知 EC 先提升后下降。该响应面拐点坐标为（0.35，−1.39），出于研究测量范围内。可得到如下结论：①ES 与 EN 的一致性与不一致性相比，二者关系呈现一致时 EC 数值更高，因为在 $Y=-X$ 线上，曲率小于 0（$a_4=-0.03$）。②在 $Y=X$ 线上，斜率大于 0（$a_1=0.44$），说明当 ES 与 EN 二者一致且一致性程度较高时，EC 数值更高。③当 ES 接近于 EN 时，EC 升高；ES 超出 EN 时，EC 会继续升高一段时间（由于上升区间较为短暂，给予忽略），然后快速下降，验证研究假设 2b 成立。

　　关于制度推行程度（EP），在内源 M3 和外源 M3 回归方程分析中，结果显示 EP 只有对 IC 影响时有调节作用。因此，这里仅选取内源 M3 进行响应面分析。运用 Aiken 和 West[253]的方法，用 ES 得分与制度推行价值观得分差值的均值减其方差，将数据分为高调节和低调节两部分后，画出人本取向维度下低调节作用的内源性制度遵从行为图，以及高调节作用的内源性制度遵从行为图。

　　如图 7-22 和图 7-23 所示，在低调节作用下，IC 整体上呈上升趋势。当 ES 接近于 EN 时，IC 先下降后略微上升；当 ES 超出 EN 时，IC 并没有下降，反而持续提升，这与研究假设 2c 中的趋势不相同。对于不带调节作用的 IC 值最低在 2 以下，而带低调节作用的 IC 值最低在 2.5 以上。在高调节作用下有相似的结论，当 ES 接近于 EN 时，IC 先下降后略微上升；ES 超出 EN 时，IC 持续提升，显示出更显著的效果，IC 值更高，与研究假设 2c 中的趋势较为一致。对于不带调节作用的 IC 值最低在 2 以下，最高在 5 以下，在带高调节作用的 IC 值在 3 左右，最高达到 6 以上，直观效果如图 7-24，图 7-25 所示。可见，EP 显示出显著的调节作用，研究假设 2c 部分成立。

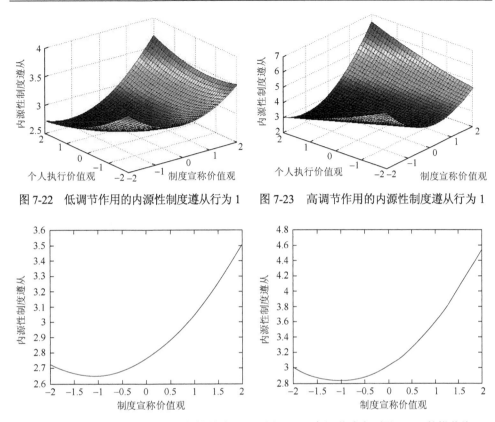

图 7-22 低调节作用的内源性制度遵从行为 1　　图 7-23 高调节作用的内源性制度遵从行为 1

图 7-24 低调节响应面沿 $Y=-X$ 的横截线 1　　图 7-25 高调节响应面沿 $Y=-X$ 的横截线 1

（4）团队取向维度的数据分析

基于团队取向维度的"名义-隐真"文化错位与制度遵从行为关系的分析结果见表 7-41，表 7-42。

表 7-41　各变量均值、标准差及相关性 3

变量	均值	标准差	1	2	3	4	5
1 ES	4.56	0.40	—	—	—	—	—
2 EN	3.74	0.53	0.348***	—	—	—	—
3 EP	3.80	0.68	−0.572***	−0.080	—	—	—
4 IC	3.27	0.65	0.250**	0.587***	0.024	—	—
5 EC	3.88	0.57	0.384***	0.603***	−0.119***	—	—

注：***代表 $P<0.001$，**代表 $P<0.01$

表 7-42　团队取向维度下"名义-隐真"文化错位影响制度遵从的响应面回归

变量	内源 M1	内源 M2	内源 M3	外源 M1	外源 M2	外源 M3
常数	3	2.920	—	3	2.886	2.882
ES	0.055	0.046	—	0.209**	0.214**	0.084
EN	0.578***	0.543***	—	0.546***	0.544***	0.532***
ES^2	—	0.118	—	—	0.052	0.013
EN^2	—	0.107	—	—	0.166*	0.151
EN×ES	—	0.036	—	—	0.150*	0.085
EP	—	—	—	—	—	0.063
EP×ES	—	—	—	—	—	−0.060
EP×EN	—	—	—	—	—	0.001
EP×ES^2	—	—	—	—	—	0.007
EP×EN^2	—	—	—	—	—	−0.019
EP×ES×EN	—	—	—	—	—	0.063
调整 R^2	0.353	0.375	—	0.422	0.459	0.464

注：***代表 $P<0.001$，**代表 $P<0.01$，*代表 $P<0.05$

从表 7-41 可知，对于团队取向维度，ES、EN 均与 IC 显著相关，EP 与 IC 的相关性不显著，因此本书不进行内源 M3 的回归分析，假设 3c 成立。在内源回归的两模型中，从表 7-42 的分析结果可知，内源 M1 中只显示出 EN 与 IC 具有显著的线性相关关系（$\beta=0.578$，$P<0.001$）。内源 M2 的分析结果显示仅限于 EN 对 IC 具有显著影响（$\beta=0.543$，$P<0.001$），二次方项和交互项作用都不显著，内源 M2 并未显示出较高解释力度，说明内源 M1 较内源 M2 具有较好的解释力，且 EN 或者"ES-EN"错位与 IC 可能仅存在显著线性关系，假设 3a 成立。

在 EC 相关研究中，外源 M1 中显示出 ES 和 EN 对 EC 均有显著的积极作用（分别为 $\beta=0.209$，$P<0.01$ 和 $\beta=0.546$，$P<0.001$）。外源 M2 的分析结果显示，EN 二次平方项及交互作用项对 EC 的影响显著（分别为 $\beta=0.166$，$P<0.05$ 和 $\beta=0.15$，$P<0.05$），且调整 R^2 的值略微增大，说明外源 M2 较之外源 M1 能解释较多变量，反映出了自变量与因变量之间存在非线性关系，假设 3b 部分成立。加入了调节变量后，虽然模型解释力变大，但外源 M3 结果显示只有 EN 对 EC 的影响效应显著，说明外源 M3 并未具有较好解释力，EP 的调节作用并不明显，假设 3d 不成立。为了深入显示二者的关系，拟对内源 M1 和外源 M2 分别进行响应面分析，如图 7-26～图 7-31 所示。

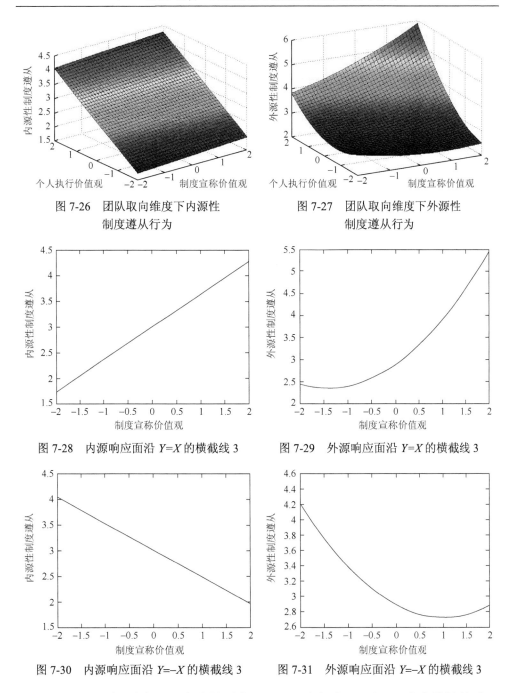

图 7-26　团队取向维度下内源性
制度遵从行为

图 7-27　团队取向维度下外源性
制度遵从行为

图 7-28　内源响应面沿 $Y=X$ 的横截线 3

图 7-29　外源响应面沿 $Y=X$ 的横截线 3

图 7-30　内源响应面沿 $Y=-X$ 的横截线 3

图 7-31　外源响应面沿 $Y=-X$ 的横截线 3

对于 IC 而言，图 7-26 充分显示出 ES、EN 中仅有 EN 与 IC 存在线性关系。图 7-28 显示 ES 与 EN 二者一致且一致性程度较高时，IC 数值更高；图 7-30 显示由于团队取向维度中 IC 与 ES 不相关，且 ES 与 EN 的不一致计算公式说明不一

致性线 $Y=-X$ 显示的是 IC 与 EN 负值的相关关系，即图 7-30 说明团队取向维度下 EN 与 IC 是呈正相关关系。再次验证假设 3a 成立。

针对 EC，a_2 为正，说明响应面沿一致性线 $Y=X$ 是凸形（图 7-29），可见随着一致性水平升高，EC 提升；a_4 为正，说明响应面沿不一致性线 $Y=-X$ 是凸形（图 7-31），随着不一致程度先逐渐接近 0 而后又远离 0，EC 先降后升。该响应面呈凸形，拐点坐标为（7.16，−5.78），超出研究测量范围。据以上分析可以得到如下结论：①ES 与 EN 的一致性与不一致性相比，二者关系呈现不一致时 EC 数值更高，因为在 $Y=-X$ 线上，曲率大于 0（$a_4=0.07$）。②在 $Y=X$ 线上，斜率大于 0（$a_1=0.76$），说明当 ES 与 EN 二者一致且一致性程度较高时，EC 数值更高。③当 ES 接近于 EN 时，EC 下降；ES 超出 EN 时，EC 会继续下降一段时间，然后再略微上升，证明研究假设 3b 部分成立。

（5）伦理取向维度的数据分析

基于伦理取向维度的"名义-隐真"文化错位与制度遵从行为关系的分析结果见表 7-43，表 7-44。

表 7-43　各变量均值、标准差及相关性 4

变量	均值	标准差	1	2	3	4	5
1 ES	4.42	0.46	—	—	—	—	—
2 EN	3.43	0.71	0.527***	—	—	—	—
3 EP	3.59	0.64	0.419***	0.501***	—	—	—
4 IC	3.27	0.65	0.292**	0.434***	0.698***	—	—
5 EC	3.88	0.57	0.347***	0.454***	0.710***	—	—

注：***代表 $P<0.001$，**代表 $P<0.01$

表 7-44　伦理取向维度下"名义-隐真"文化错位影响制度遵从的响应面回归

变量	内源 M1	内源 M2	内源 M3	外源 M1	外源 M2	外源 M3
常数	3	2.924	2.944	3	2.926	2.935
ES	0.103	0.137	−0.046	0.176*	0.187*	0.049
EN	0.419***	0.421***	0.140	0.397***	0.419***	0.119
ES²	—	0.051	0.087	—	0.014	0.039
EN²	—	0.022	0.012	—	0.034	0.093
EN×ES	—	0.006	0.036	—	0.046	−0.118
EP	—	—	0.682***	—	—	0.502***
EP×ES	—	—	−0.045	—	—	0.016
EP×EN	—	—	−0.068	—	—	0.040
EP×ES²	—	—	0.046	—	—	0.095

续表

变量	内源 M1	内源 M2	内源 M3	外源 M1	外源 M2	外源 M3
EP×EN^2	—	—	−0.023	—	—	0.184**
EP×ES×EN	—	—	0.005	—	—	−0.272*
调整 R^2	0.228	0.220	0.519	0.261	0.259	0.543

注：***代表 $P<0.001$，**代表 $P<0.01$，*代表 $P<0.05$

从表 7-43 可知，对于伦理取向维度，ES、EN 及 EP 均与 IC、EC 显著相关，可以进入下一步的研究。在回归模型中，内源 M1 中只显示出 EN 与 IC 具有显著的线性相关关系（$\beta=0.419$，$P<0.001$）（表 7-44）。内源 M2 分析结果显示仅限于 EN 对 IC 具有显著影响（$\beta=0.421$，$P<0.001$），二次方项和交互项作用都不显著，内源 M2 并未显示出较高解释力度，说明内源 M1 较内源 M2 具有较好解释力，且 EN 或者"ES–EN"错位与 IC 可能仅存在显著线性关系，假设 4a 成立。内源 M3 结果说明仅有 EP 与 IC 具有显著的线性相关关系（$\beta=0.682$，$P<0.001$），其他二次方项与交叉项作用均不显著，可见 EP 并无显著调节作用，假设 4c 成立。

在 EC 相关研究中，外源 M1 中显示出 ES 和 EN 对 EC 均有显著积极作用（分别为 $\beta=0.176$，$P<0.05$ 和 $\beta=0.397$，$P<0.001$）。外源 M2 分析结果显示 EN 二次平方项及交互作用项对 EC 均无影响显著，且调整 R^2 值并无外源 M1 值高，说明外源 M1 较外源 M2 更好地描述了自变量与因变量之间的线性关系（表 7-44），假设 4b 不成立。加入调节变量后，外源 M3 分析结果显示，EP、一个二次方项和交互项作用对 EC 有显著影响（分别为 $\beta=0.502$，$P<0.001$；$\beta=0.184$，$P<0.01$ 和 $\beta=-0.272$，$P<0.05$），调整 R^2 值增高且更接近 1，说明外源 M3 显著提高了对 EC 的解释力，EP 具有显著的调节作用，假设 4d 部分成立。

为直观表达自变量与因变量的线性关系，这里拟对内源 M1 和外源 M1 分别进行响应面分析，如图 7-32～图 7-37 所示。

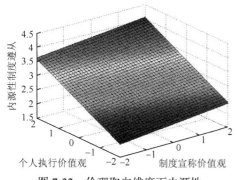

图 7-32　伦理取向维度下内源性制度遵从行为

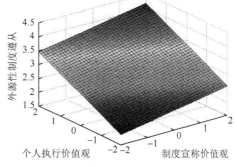

图 7-33　伦理取向维度下外源性制度遵从行为

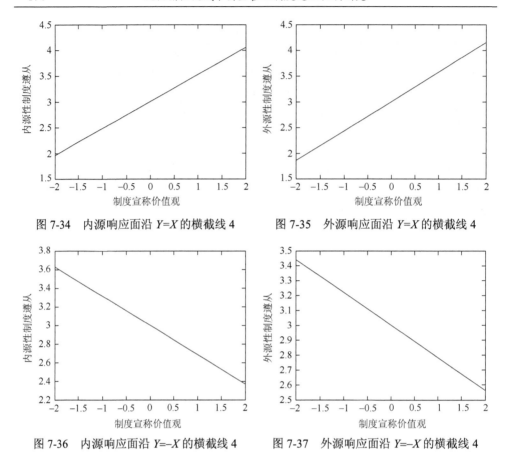

图 7-34　内源响应面沿 $Y=X$ 的横截线 4　　　图 7-35　外源响应面沿 $Y=X$ 的横截线 4

图 7-36　内源响应面沿 $Y=-X$ 的横截线 4　　图 7-37　外源响应面沿 $Y=-X$ 的横截线 4

对于 IC 而言，图 7-32 显示出 ES、EN 中仅有 EN 与 IC 存在线性关系。图 7-34 显示 ES 与 EN 二者一致且一致性程度较高时，IC 数值更高；图 7-36 显示由于伦理取向维度中 IC 与 ES 不相关，且 ES 与 EN 的不一致计算公式，说明不一致线 $Y=-X$ 显示的是 IC 与 EN 负值的相关关系，即图 7-36 说明了伦理取向维度下 EN 与 IC 是正相关关系，验证研究假设 4a 不成立。

由于外源 M1 较外源 M2 更好地描述了自变量与因变量之间的线性关系，对于 EC 而言，图 7-33 显示出 ES、EN 中都与 EC 存在线性关系。图 7-35 显示 ES 与 EN 二者一致且一致性程度较高时，EC 数值更高；图 7-37 显示当 ES 接近于 EN 时，EC 下降；当 ES 超出 EN 时，EC 持续下降。验证研究假设 4b 不成立。

为深入分析 EP 对 EC 的调节作用，拟对外源 M3 进行响应面分析，如图 7-38～图 7-41 所示。

伦理取向维度下低调节作用的 EC 变化走向以及高调节作用的 EC 变化走向，如图 7-38 和图 7-39 显示。在低调节作用下，当 ES 接近于 EN 时，EC 先下降；ES 超出 EN 时，EC 先暂时下降一小段之后呈上升趋势，但由于 EC 下降趋势非常

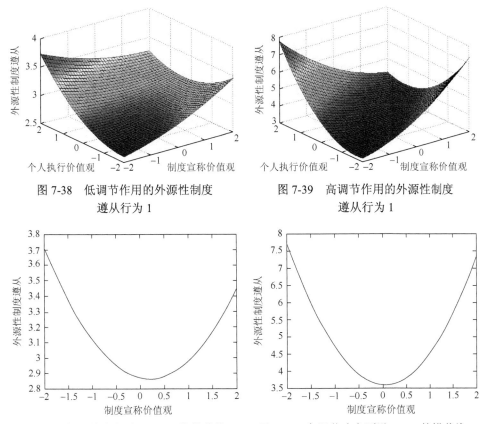

图 7-38 低调节作用的外源性制度
遵从行为 1

图 7-39 高调节作用的外源性制度
遵从行为 1

图 7-40 低调节响应面沿 $Y=-X$ 的横截线 2　　图 7-41 高调节响应面沿 $Y=-X$ 的横截线 2

短暂，所以对此忽略不计，认为 ES 超出 EN 时，EC 上升。与外源 M1 随着不一致程度接近 0 又远离 0 的过程中 EC 一直下降相比，EP 具有调节作用。此外，对于不带调节作用的 EC 最低在 2 以下，而带低调节作用的 EC 最低在 2.5 以上。在高调节作用下有相似的结论，当 ES 接近于 EN 时，EC 先下降；ES 超出 EN 时，EC 先暂时下降一小段之后呈上升趋势，但由于 EC 下降趋势非常短暂，所以对此忽略不计，认为 ES 超出 EN 时，EC 上升。只是该趋势下效果更显著，EC 更高，对于不带调节作用的 EC 最低在 2 以下，最高在 5 以下，而带高调节作用的 EC 最低在 3 以上，最高达到 7 以上；而且就算有下降趋势，但整个过程中 EC 没有下降到 3 以下，平均 EC 水平高于不带调节作用下的，所以调节作用显著（图 7-40，图 7-41），研究假设 4d 成立。

（6）精益取向维度的数据分析

基于精益取向维度的"名义–隐真"文化错位与制度遵从行为关系的分析结果见表 7-45，表 7-46。

表 7-45　各变量均值、标准差及相关性 5

变量	均值	标准差	1	2	3	4	5
1 ES	4.60	0.36	—	—	—	—	—
2 EN	4.01	0.45	0.425***	—	—	—	—
3 EP	4.25	0.69	0.161*	0.256**	—	—	—
4 IC	3.27	0.65	0.145	0.151*	0.415***	—	—
5 EC	3.88	0.57	0.229**	0.298***	0.400***	—	—

注：***代表 $P<0.001$，**代表 $P<0.01$，*代表 $P<0.05$

表 7-46　精益取向维度下"名义-隐真"文化错位影响制度遵从的响应面回归

变量	内源 M1	内源 M2	内源 M3	外源 M1	外源 M2	外源 M3
常数	3	2.856	2.871	3	2.857	3.068
ES	0.103	0.106	0.086	0.133	0.183	0.078
EN	0.120*	0.186*	0.035	0.255**	0.326**	0.225**
ES^2	—	0.056	0.009	—	0.023	0.019
EN^2	—	−0.079	0.013	—	−0.134**	−0.123*
EN×ES	—	0.234**	0.128	—	0.132*	0.032
EP	—	—	0.216	—	—	0.301***
EP×ES	—	—	0.173	—	—	0.184*
EP×EN	—	—	0.019	—	—	0.042
EP×ES^2	—	—	0.234*	—	—	0.049
EP×EN^2	—	—	0.005	—	—	0.036
EP×ES×EN	—	—	−0.005	—	—	0.206*
调整 R^2	0.025	0.144	0.204	0.102	0.123	0.243

注：***代表 $P<0.001$，**代表 $P<0.01$，*代表 $P<0.05$

从表 7-45 可知，EN、EP 与 IC 显著相关，但是 ES 与 IC 不显著相关；ES、EN 及 EP 均与 EC 显著相关，可以进入下一步的研究。错位对内外源制度遵从行为的影响分析结果见表 7-46，在回归模型中，内源 M1 中的 IC 仅与 EN 线性关系显著（$\beta=0.12$，$P<0.05$），但内源 M2 中 EN 二次平方项以及交互作用项均与 IC 显著相关（分别为 $\beta=-0.079$，$P<0.05$ 和 $\beta=0.234$，$P<0.01$），且相对于内源 M1，内源 M2 中的显著项更多，调整 R^2 的值更大，说明内源 M2 较内源 M1 能解释更多的变量，反映出了自变量与因变量之间存在较强的非线性关系，而不仅仅是简单的线性关系，假设 5a 部分成立。将调节变量 EP 加入内源 M3，结果显示仅有

一个二次方项对 IC 有显著影响（$\beta=0.234$，$P<0.05$），虽然调整 R^2 值增高，但其他任何项均未有任何显著影响，说明内源 M3 并未具有较好的解释力，EP 的调节作用不明显，假设 5c 成立。

在外源性制度遵从行为研究中，外源 M1 中显示出只有 EN 对 EC 均有显著积极作用（$\beta=0.255$，$P<0.01$）。外源 M2 分析结果显示 EN 二次平方项及交互作用项均对 EC 都有显著影响（分别为 $\beta=-0.134$，$P<0.01$ 和 $\beta=0.132$，$P<0.05$），且调整 R^2 值略微增大，说明外源 M2 较之外源 M1 能解释更多变量，反映出自变量与因变量之间存在较强的非线性关系，假设 5b 部分成立。将调节变量 EP 加入外源 M3 之后，分别结果显示 EP 和部分交叉项对 EC 有显著影响（分别为 $\beta=0.301$，$P<0.001$；$\beta=0.184$，$P<0.05$ 和 $\beta=0.206$，$P<0.05$），且调整 R^2 值显著增高，说明外源 M3 具有较好解释力，EP 具有一定的调节作用，假设 5d 部分成立。

为直观表达自变量与因变量的线性关系，这里拟对内源 M1 和外源 M1 分别进行响应面分析，如图 7-42～图 7-47 所示。

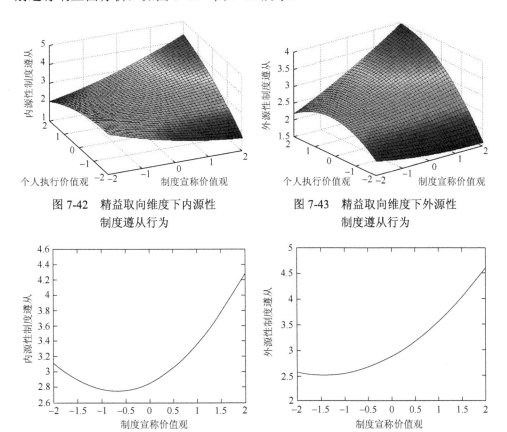

图 7-42　精益取向维度下内源性
制度遵从行为

图 7-43　精益取向维度下外源性
制度遵从行为

图 7-44　内源响应面沿 $Y=X$ 的横截线 5

图 7-45　外源响应面沿 $Y=X$ 的横截线 5

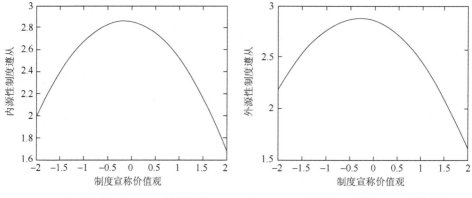

图 7-46　内源响应面沿 $Y=-X$ 的横截线 5　　　图 7-47　外源响应面沿 $Y=-X$ 的横截线 5

　　图 7-42，图 7-43 直观地展示了内外源制度遵从行为（IC/EC）与制度宣称价值观（ES）和个人执行价值观（EN）的关系。对于 IC 而言，a_2 为正，说明响应面沿一致性线 $Y=X$ 是凸形（图 7-44），可见随着一致性水平升高，IC 提升；a_4 为负，说明响应面沿不一致性线 $Y=-X$ 是凹形（图 7-46），随着不一致程度先逐渐接近 0 而后又远离 0，可知 IC 先提升后下降。该响应面拐点坐标为（−1.39，−0.63），在研究测量范围内。据以上分析可以得到如下结论：①ES 与 EN 的一致性与不一致性相比，二者关系呈现一致时 IC 数值更高，因为在 $Y=-X$ 线上，曲率小于 0（$a_4=-0.26$）。②当 ES 与 EN 二者一致且一致性程度较高时，IC 更高。因为在 $Y=X$ 线上，斜率大于 0（$a_1=0.29$）。③当 ES 接近于 EN 时，IC 升高；但当 ES 与 EN 将要一致时，IC 下降；ES 超出 EN 时，IC 仍然下降。由于 ES 与 EN 将要一致时 IC 下降趋势非常短暂，可忽略不计，所以应该是 ES 接近于 EN 时 IC 升高，ES 超出 EN 时 IC 下降的关系，因此研究假设 5a 成立。

　　对于 EC 而言，a_2 为正，说明响应面沿一致性线 $Y=X$ 是凸形（图 7-45），可见随着一致性程度升高，EC 提升；a_4 为负，说明响应面沿不一致性线 $Y=-X$ 是凹形（图 7-47），随着不一致程度先逐渐接近 0 而后又远离 0，可知 EC 先提升后下降。该响应面拐点坐标为（15.83，6.80），远远超出研究测量范围。据以上分析可以得到如下结论：①ES 与 EN 的一致性与不一致性相比，二者关系呈现一致时 EC 数值更高，因为在 $Y=-X$ 线上，曲率小于 0（$a_4=-0.24$）。②当 ES 与 EN 二者一致且一致性程度较高时，EC 更高。因为在 $Y=X$ 线上，斜率大于 0（$a_1=0.51$）。③当 ES 接近于 EN 时，EC 升高；但当 ES 与 EN 将要一致时，EC 下降；ES 超出 EN 时，EC 仍然下降。由于 ES 与 EN 将要一致时 EC 下降趋势非常短暂，可忽略不计，故应该是 ES 接近于 EN 时 EC 升高，ES 超出 EN 时 EC 下降的关系，与原假设关系一致，故研究假设 5b 成立。

　　对比 IC 和 EC 的变化趋势，二者的下降点不同，展示了内源驱动力与外源驱动力对制度遵从程度有着不同的影响力。对比图 7-42、图 7-43，以及分析外源 M3 回归模型，得出 EC 对外在环境变化更灵敏，起伏比较大，这里将分析 EP 对 EC 的调节作用。

精益取向维度下低调节作用的 EC 图及高调节作用的 EC 图，如图 7-48 和图 7-49 显示。低调节作用下，EC 先升后降，与外源 M2 的走势一样。且当 ES 很接近 EN 时，EC 的下降趋势非常短暂，也给予忽略。可见，该趋势与无调解变量时外源 M2 的走向一致，但与外源 M2 不同的是 EC 升高了。对于不带调节作用的 EC 最低在 2 以下，最高在 4 以下，而带低调节作用的 EC 最低在 2 以上，最高在 4 以上，EP 充分显示。高调节作用下，随着 ES 逐渐接近 EN 时，EC 上升，这与不带调节变量时一致。但是当 ES 超过 EN 时，EC 并没有直接下降，而是上升了一小段，但 EC 上升趋势过于短暂给予忽略，在整体上 EC 的走势也时先升后降，但 EC 高于外源 M2 以及低调节作用的。对于不带调节作用的 EC 最低在 2 以下，最高在 5 以下，而带高调节作用的 EC 最低在 2，最高达到 6 以上，调节作用显著（图 7-50，图 7-51）。该调节作用趋势与研究假设 5d 相比，高度调节作用下 EC 趋势与假设较为一致，但低度调节作用 EC 趋势与假设趋势并不一致，说明研究假设 5d 仅部分成立。

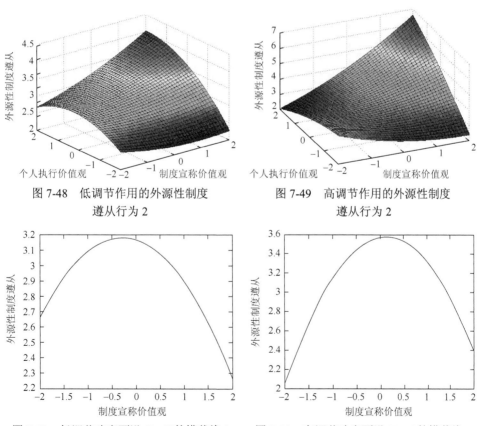

图 7-48　低调节作用的外源性制度　　　　图 7-49　高调节作用的外源性制度
遵从行为 2　　　　　　　　　　　　　　遵从行为 2

图 7-50　低调节响应面沿 $Y=-X$ 的横截线 3　　图 7-51　高调节响应面沿 $Y=-X$ 的横截线 3

（7）社会取向维度的数据分析

基于社会取向维度的"名义-隐真"文化错位与制度遵从行为关系的分析结果见表 7-47，表 7-48。

表 7-47 各变量均值、标准差及相关性 6

变量	均值	标准差	1	2	3	4	5
1 ES	4.46	0.42	—	—	—	—	—
2 EN	3.97	0.64	0.435***	—	—	—	—
3 EP	3.68	0.56	0.474***	0.415***	—	—	—
4 IC	3.27	0.65	0.303**	0.371***	0.564***	—	—
5 EC	3.88	0.57	0.485***	0.412***	0.640***	—	—

注：***代表 $P<0.001$，**代表 $P<0.01$

表 7-48 社会取向维度下"名义-隐真"文化错位影响制度遵从的响应面回归

变量	内源 M1	内源 M2	内源 M3	外源 M1	外源 M2	外源 M3
常数	3	2.707	2.809	3	2.727	2.864
ES	0.191*	0.150	−0.194*	0.388***	0.341***	0.056
EN	0.319***	0.321***	0.243**	0.273***	0.254***	0.180*
ES^2	—	0.085	−0.037	—	0.042	−0.091
EN^2	—	0.298***	0.214*	—	0.274**	0.182*
EN×ES	—	−0.194*	−0.252**	—	−0.193*	−0.066
EP	—	—	0.452***	—	—	0.431***
EP×ES	—	—	0.368***	—	—	0.278**
$EP×EN^2$	—	—	−0.057	—	—	−0.125
$EP×ES^2$	—	—	0.173	—	—	0.093
$EP×EN^2$	—	—	−0.169	—	—	−0.056
EP×ES×EN	—	—	0.118	—	—	0.032
调整 R^2	0.184	0.237	0.424	0.428	0.459	0.516

注：***代表 $P<0.001$，**代表 $P<0.01$，*代表 $P<0.05$

从表 7-47 可知，ES、EN 及 EP 均与 IC、EC 显著相关，可以进入下一步的研究。错位对内外源制度遵从行为影响分析结果见表 7-48，回归模型中内源 M1 中 IC 与 ES、EN 关系显著（分别为 $\beta=0.191$，$P<0.05$；$\beta=0.319$，$P<0.001$），内源 M2 中 EN 二次平方项以及交互作用项均与 IC 显著相关（分别为 $\beta=0.298$，$P<0.001$ 和 $\beta=-0.194$，$P<0.05$），且相对于内源 M1，内源 M2 中显著项更多，调整 R^2 的值更大，说明内源 M2 较内源 M1 能解释更多的变量，反映出自变量与因变量间

存在较强非线性关系，假设 6a 部分成立。将调节变量 EP 加入内源 M3，结果显示仅 EP，以及 EP 与 ES 的交叉项对 IC 有显著影响（分别是 $\beta=0.452$，$P<0.001$；$\beta=0.368$，$P<0.001$），虽然调整 R^2 值增高，但其他任何项均未有任何显著影响，说明内源 M3 未有较好解释力，EP 调节作用不明显，假设 6c 成立。

在外源性制度遵从行为研究中，外源 M1 中显示出 EC 与 ES、EN 关系显著（分别为 $\beta=0.388$，$P<0.001$；$\beta=0.273$，$P<0.001$）。外源 M2 分析结果显示 EN 二次平方项及交互作用项均对 EC 都有显著影响（分别为 $\beta=0.274$，$P<0.01$ 和 $\beta=-0.193$，$P<0.05$），且调整 R^2 值略增大，说明外源 M2 较之外源 M1 能解释更多的变量，反映出了自变量与因变量间存在较强的非线性关系，假设 6b 部分成立。将调节变量 EP 加入外源 M3 之后，分别结果仅 EP 和 EP 与 ES 对 EC 有显著影响（分别为 $\beta=0.431$，$P<0.001$ 和 $\beta=0.278$，$P<0.01$），其他各项影响均不显著，EP 不具备调节作用，假设 6d 不成立。

为直观表达自变量与因变量的线性关系，这里拟对内源 M1 和外源 M1 分别进行响应面分析，如图 7-52～图 7-57 所示。

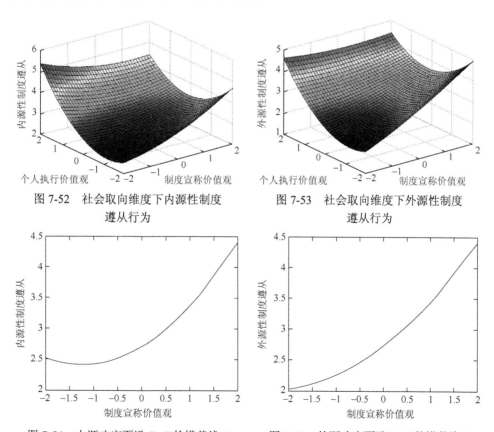

图 7-52　社会取向维度下内源性制度　　　图 7-53　社会取向维度下外源性制度
　　　　　遵从行为　　　　　　　　　　　　　　遵从行为

图 7-54　内源响应面沿 $Y=X$ 的横截线 6　　　图 7-55　外源响应面沿 $Y=X$ 的横截线 6

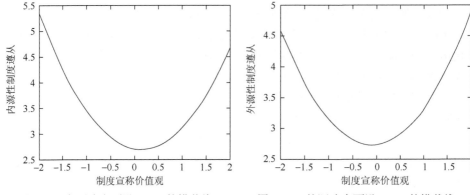

图 7-56　内源响应面沿 $Y=-X$ 的横截线 6　　　图 7-57　外源响应面沿 $Y=-X$ 的横截线 6

图 7-52，图 7-53 直观地展示了内外源制度遵从行为（IC/EC）与制度宣称价值观（ES）和个人执行价值观（EN）的关系。对于 IC 而言，a_2 为正，说明响应面沿一致性线 $Y=X$ 是凸形（图 7-54），可见随着一致性水平升高，IC 提升；a_4 为正，说明响应面沿一致性线 $Y=-X$ 是凸形（图 7-56），随着一致性程度先逐渐接近 0 而后又远离 0，可知 IC 先下降后上升。该响应面是凸形，拐点坐标为（−0.99，0.06），在研究测量范围内。据以上分析可以得到如下结论：①ES 与 EN 的一致性与不一致性相比，二者关系呈现不一致时 IC 数值更高，因为在 $Y=-X$ 线上，曲率大于 0（a_4=0.58）。②当 ES 与 EN 二者一致且一致性程度较高时，IC 更高。因为在 $Y=X$ 线上，斜率大于 0（a_1=0.47）。③当 ES 接近于 EN 时，IC 降低；ES 超出 EN 时，IC 会有短暂的下降然后上升，对比于假设 6a 的 IC 变化趋势，仅在 ES 超出 EN 时的短暂下降与原假设不同，且短暂区间非常短，可以忽略不计，因此我们认为研究假设 6a 成立。

对于 EC 而言，a_2 为正，说明响应面沿一致性线 $Y=X$ 是凸形（图 7-55），可见随着一致性程度升高，EC 提升；a_4 为正，说明响应面沿一致性线 $Y=-X$ 是凸形（图 7-57），随着不一致程度先逐渐接近 0 而后又远离 0，可知 EC 先下降后上升。该响应面是凸形，拐点坐标为（−1.87，−0.67），在研究测量范围内。可以得到如下结论：①ES 与 EN 的一致性与不一致性相比，二者关系呈现不一致时 EC 数值更高，因为在 $Y=-X$ 线上，曲率大于 0（a_4=0.51）。②当 ES 与 EN 二者一致且一致性程度较高时，EC 更高。因为在 $Y=X$ 线上，斜率大于 0（a_1=0.60）。③当 ES 接近于 EN 时，EC 降低；快接近于 EN 时，EC 上升；ES 超出 EN 时，EC 提升。对比于假设 6b 的 EC 变化趋势，仅在 ES 快接近 EN 时的短暂上升与原假设不同，且短暂区间非常短，可以忽略不计，因此，研究假设 6b 成立。

（8）平等取向维度的数据分析

基于平等取向维度的"名义-隐真"文化错位与制度遵从行为关系的分析结果见表 7-49，表 7-50。

表 7-49　各变量均值、标准差及相关性 7

变量	均值	标准差	1	2	3	4	5
1 ES	4.24	0.52	—	—	—	—	—
2 EN	2.67	0.64	0.184*	—	—	—	—
3 EP	2.68	0.55	0.032	0.318***	—	—	—
4 IC	3.27	0.65	0.228**	0.303***	0.056	—	—
5 EC	3.88	0.57	0.275***	0.175*	0.153*	—	—

注：***代表 $P<0.001$，**代表 $P<0.01$，*代表 $P<0.05$

表 7-50　平等取向维度下 "名义–隐真" 文化错位影响制度遵从的响应面回归

变量	内源 M1	内源 M2	内源 M3	外源 M1	外源 M2	外源 M3
常数	3	2.958	—	3	2.969	2.978
ES	0.181*	0.186*	—	0.261***	0.262**	0.236**
EN	0.324***	0.288**	—	0.185*	0.160*	0.141*
ES^2	—	−0.083*	—	—	0.063	0.125*
EN^2	—	0.054	—	—	−0.127*	−0.032
EN×ES	—	0.181**	—	—	0.149**	0.029
EP	—	—	—	—	—	0.174*
EP×ES	—	—	—	—	—	0.138*
EP×EN²	—	—	—	—	—	0.016
EP×ES²	—	—	—	—	—	0.224**
EP×EN²	—	—	—	—	—	−0.062
EP×ES×EN	—	—	—	—	—	0.163*
调整 R^2	0.139	0.167	—	0.101	0.196	0.275

注：***代表 $P<0.001$，**代表 $P<0.01$，*代表 $P<0.05$

从表 7-49 可知，ES、EN 及 EP 均与 EC 显著相关；ES、EN 与 IC 显著相关，但是 EP 与 IC 相关性并不显著，所以不需要研究 EP 对 IC 的调节作用，研究假设 7c 不成立。错位对内外源制度遵从行为的影响分析结果见表 7-50，在回归模型中，内源 M1 中 ES、EN 对 IC 均有显著影响（分别为 $\beta=0.181$，$P<0.05$ 和 $\beta=0.324$，$P<0.001$）。内源 M2 中 ES 二次平方项以及交互作用项均与 IC 显著相关（分别为 $\beta=-0.083$，$P<0.05$ 和 $\beta=0.181$，$P<0.01$），且相对于内源 M1，内源 M2 中显著项更多，调整 R^2 值更大，说明内源 M2 较之内源 M1 能解释更多的变量，反映出自变量与因变量间存在较强非线性关系，假设 7a 部分成立。

在外源性制度遵从行为研究中，外源 M1 中 ES、EN 对 EC 均有显著积极作用（分别是 $\beta=0.261$，$P<0.001$ 和 $\beta=0.185$，$P<0.05$）。外源 M2 分析结果显示 EN 二次平方项及交互作用项均对 EC 都有显著影响（分别为 $\beta=-0.127$，$P<0.05$ 和 $\beta=0.149$，$P<0.05$），且调整 R^2 值增大，说明外源 M2 较之外源 M1 能解释更多的变量，反映出自变量与因变量间存在较强非线性关系，假设 7b 部分成立。将调节

变量 EP 加入外源 M3 后，结果显示 EP、一个二次方项和交叉项对 EC 有显著影响（分别为 $\beta=0.174$，$P<0.05$；$\beta=0.224$，$P<0.01$ 和 $\beta=0.163$，$P<0.05$），且调整 R^2 值增高，说明外源 M3 有较好解释力，EP 有一定调节作用，假设 7d 部分成立。

为直观表达自变量与因变量的线性关系，这里拟对内源 M1 和外源 M1 分别进行响应面分析，如图 7-58～图 7-63 所示。

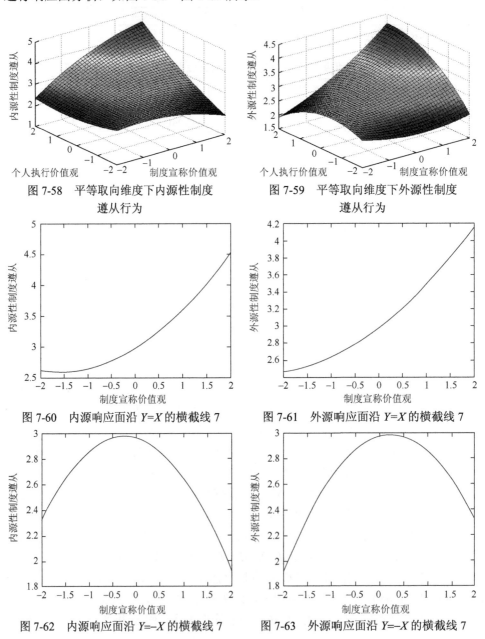

图 7-58　平等取向维度下内源性制度遵从行为

图 7-59　平等取向维度下外源性制度遵从行为

图 7-60　内源响应面沿 $Y=X$ 的横截线 7

图 7-61　外源响应面沿 $Y=X$ 的横截线 7

图 7-62　内源响应面沿 $Y=-X$ 的横截线 7

图 7-63　外源响应面沿 $Y=-X$ 的横截线 7

图 7-58，图 7-59 直观地展示了内外源制度遵从行为（IC/EC）与制度宣称价值观（ES）和个人执行价值观（EN）的关系。对于 IC 而言，a_2 为正，说明响应面沿一致性线 $Y=X$ 是凸形（图 7-60），可见随着一致性水平升高，IC 提升；a_4 为负，说明响应面沿不一致性线 $Y=-X$ 是凹形（图 7-62），随着不一致程度先逐渐接近 0 而后又远离 0，可知 IC 先提升后下降。该响应面拐点坐标为（0.82，–0.92），在研究测量范围内。得到如下结论：①ES 与 EN 的一致性与不一致性相比，二者关系呈现一致时 IC 数值更高，因为在 $Y=-X$ 线上，曲率小于 0（$a_4=-0.21$）。②当 ES 与 EN 二者一致且一致性程度较高时，IC 更高。因为在 $Y=X$ 线上，斜率大于 0（$a_1=0.47$）。③当 ES 接近 EN 时，IC 升高；但当 ES 与 EN 将要一致时，IC 下降；ES 超出 EN 时，IC 仍然下降，与研究假设 7a 中 IC 一直升高的趋势略有不同，此下降区间非常短暂，给予忽略，故而，研究假设 7a 成立。

对于 EC 而言，a_2 为正，说明响应面沿一致性线 $Y=X$ 是凸形（图 7-61），可见随着一致性水平升高，EC 提升；a_4 为负，说明响应面沿不一致性线 $Y=-X$ 是凹形（图 7-63），随着不一致程度先逐渐接近 0 而后又远离 0，可知 EC 先提升后下降。该响应面拐点坐标为（–4.59，–2.49），超出研究测量范围。据以上分析可以得到如下结论：①ES 与 EN 的一致性与不一致性相比，二者关系呈现一致时 EC 数值更高，因为在 $Y=-X$ 线上，曲率小于 0（$a_4=-0.21$）。②当 ES 与 EN 二者一致且一致性程度较高时，EC 更高。因为在 $Y=X$ 线上，斜率大于 0（$a_1=0.42$）。③当 ES 接近于 EN 时，EC 升高；ES 超出 EN 时，EC 会继续升高一段时间，然后下降。与研究假设 7b 相比较，EC 在变化趋势上与 ES 超出 EN 时的趋势略有不同，但上升区间非常短暂，也给予忽略，相应的也说明了研究假设 7b 成立。

根据外源 M3 的分析结果，有必要对 EP 在错位与 EC 关系中的调节作用利用二次响应面回归法做进一步分析。

平等取向维度下低调节作用的 EC 图及高调节作用的 EC 图，如图 7-64 和图 7-65 显示。低调节作用下，EC 从整体上呈上升趋势。当 ES 接近 EN 时，EC 上升，这与不带调节变量时一致。但是当 ES 超出 EN 时，EC 并没有下降，而是继续上升。对于不带调节作用的 EC 最低在 2 以下，最高在 4.5 以下，而带低调节作用的 EC 最低在 2 以上，最高达到 5 以上，说明调节变量具有一定的调节作用（图 7-66）。高调节作用下有相似的结论，只是效果更显著，EC 更高。对于不带调节作用的 EC 最低在 2 以下，最高在 4.5 以下，而带高调节作用的 EC 最低在 2 以上，最高达到 7 以上，明调节变量具有一定的调节作用（图 7-67）。该调节作用趋势与研究假设 7d 相比，EC 趋势与假设较为一致，说明研究假设 7d 成立。

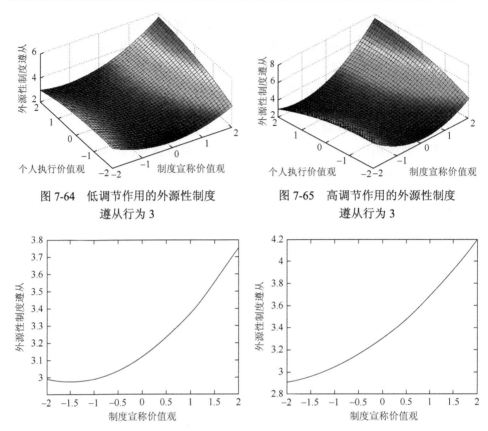

图 7-64　低调节作用的外源性制度
遵从行为 3

图 7-65　高调节作用的外源性制度
遵从行为 3

图 7-66　低调节响应面沿 $Y=-X$ 的横截线 4　　图 7-67　高调节响应面沿 $Y=-X$ 的横截线 4

（9）规则取向维度的数据分析

基于规则取向维度的"名义-隐真"文化错位与制度遵从行为关系的分析结果见表 7-51，表 7-52。

表 7-51　各变量均值、标准差及相关性 8

变量	均值	标准差	1	2	3	4	5
1 ES	4.68	0.40	—	—	—	—	—
2 EN	3.55	0.67	0.428***	—	—	—	—
3 EP	3.98	0.65	0.290***	0.627***	—	—	—
4 IC	3.27	0.65	0.180*	0.553***	0.649***	—	—
5 EC	3.88	0.57	0.351***	0.650*	0.053***	—	—

注：***代表 $P<0.001$，*代表 $P<0.05$

表 7-52 规则取向维度下"名义–隐真"文化错位影响制度遵从的响应面回归

变量	内源 M1	内源 M2	内源 M3	外源 M1	外源 M2	外源 M3
常数	3	2.919	2.949	3	2.999	3.011
ES	0.082	0.133	0.099	0.387***	0.441***	0.196**
EN	0.618***	0.670***	0.347***	0.238***	0.306***	0.137**
ES^2	—	0.034	0.005	—	0.118*	0.013
EN^2	—	0.109	0.082	—	0.079	0.018
EN×ES	—	0.012	−0.098	—	0.178*	−0.190*
EP	—	—	0.566***	—	—	0.439***
EP×ES	—	—	0.011	—	—	0.098
$EP×EN^2$	—	—	0.002	—	—	−0.080
$EP×ES^2$	—	—	−0.017	—	—	0.186**
$EP×EN^2$	—	—	−0.016	—	—	0.017
EP×ES×EN	—	—	−0.037	—	—	0.115*
调整 R^2	0.333	0.343	0.481	0.362	0.481	0.646

注：***代表 $P<0.001$，**代表 $P<0.01$，*代表 $P<0.05$

从表 7-51 可知，ES、EN 及 EP 均与 IC、EC 显著相关，可以进入下一步的研究。错位对内外源制度遵从行为的影响分析结果见表 7-52，回归模型中，内源 M1 中 IC 仅与 EN 线性关系显著（$\beta=0.618$，$P<0.001$），且内源 M2 与内源 M1 结果显示一致，仅有 EN 对 IC 具有线性显著影响（$\beta=0.67$，$P<0.001$），虽然内源 M2 调整 R^2 比内源 M1 高，但增长微量甚至可以忽略不计，说明内源 M2 并没有比内源 M1 有更好的解释力。内源 M1 和内源 M2 都说明 EN 或 ES 与 EN 一致性对 IC 影响作用仅限于线性关系，且内源 M1 更适合解释二者关系，因此研究假设 8a 不成立。将调节变量 EP 加入内源 M3，结果显示仅有 EP 对 IC 有显著影响（$\beta=0.566$，$P<0.001$），虽然调整 R^2 值增高，但其他任何项均未有任何显著影响，说明内源 M3 未有较好解释力，EP 调节作用不明显，研究假设 8c 成立。

在外源性制度遵从行为的相关研究中，外源 M1 中显示出 ES、EN 对 EC 均有显著的积极作用（分别是 $\beta=0.387$，$P<0.001$ 和 $\beta=0.238$，$P<0.001$）。外源 M2 的分析结果显示 ES 二次平方项及交互作用项均对 EC 都有显著影响（分别为 $\beta=0.118$，$P<0.05$ 和 $\beta=0.178$，$P<0.05$），且调整 R^2 值略增大，说明外源 M2 较之外源 M1 能解释更多的变量，反映出了自变量与因变量之间存在较强的非线性关系，假设 8b 部分成立。将调节变量 EP 加入外源 M3 之后，分析结果显示 EP 和部分交叉项对 EC 有显著影响（分别为 $\beta=0.439$，$P<0.001$；$\beta=0.186$，$P<0.01$ 和 $\beta=0.115$，$P<0.05$），且调整 R^2 值显著增高，说明外源 M3 具有较好的解释力，EP 具有一定的调节作用，假设 8d 部分成立。

对分析内源 M1 和外源 M2 进一步做响应面分析，结果如图 7-68～图 7-73 所示。

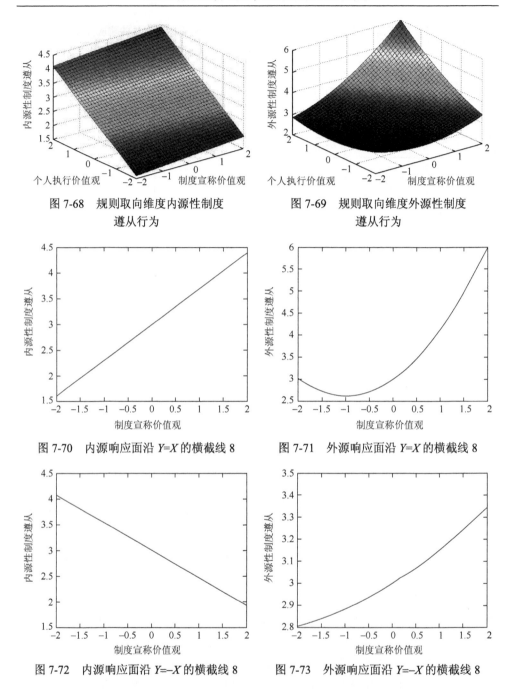

图 7-68　规则取向维度内源性制度
遵从行为

图 7-69　规则取向维度外源性制度
遵从行为

图 7-70　内源响应面沿 $Y=X$ 的横截线 8

图 7-71　外源响应面沿 $Y=X$ 的横截线 8

图 7-72　内源响应面沿 $Y=-X$ 的横截线 8

图 7-73　外源响应面沿 $Y=-X$ 的横截线 8

对于 IC 而言，图 7-68 显示出 ES、EN 中仅有 EN 与 IC 存在线性关系。图 7-70
显示 ES 与 EN 二者一致且一致性程度较高时，IC 数值更高；图 7-72 显示由于伦
理取向维度中 IC 与 ES 不相关，且 ES 与 EN 的不一致计算公式，说明不一致线

$Y=-X$ 显示的是 IC 与 EN 呈负相关关系，即图 7-72 说明了规则取向维度下 EN 与 IC 呈正相关关系，验证研究假设 8a 成立。

对于 EC 而言，a_2 为正，说明响应面沿一致性线 $Y=X$ 是凸形（图 7-71），可见随着一致性水平升高，EC 提升；a_4 为正，说明响应面沿不一致性线 $Y=-X$ 是凸形（图 7-73），随着不一致程度先逐渐接近 0 而后又远离 0，可知 EC 先提升后下降。该响应面呈凸形，拐点坐标为 (−1.71，−0.48)，在研究测量范围内。得到如下结论：①ES 与 EN 的一致性与不一致性相比，二者关系呈现不一致时 EC 数值更高，因为在 $Y=-X$ 线上，曲率大于 0（$a_4=0.14$）。②当 ES 与 EN 二者一致且一致性程度较高时，EC 更高。因为在 $Y=X$ 线上，斜率大于 0（$a_1=0.38$）。③当 ES 接近 EN 时，EC 升高；ES 超出 EN 时，EC 会继续升高。EC 在变化趋势上与研究假设 8b 相比略有不同，说明假设 8b 仅部分成立。

根据外源 M3 的分析结果，有必要对 EP 在错位与 EC 关系中的调节作用利用二次响应面回归法做进一步分析，如图 7-74～图 7-77 所示。

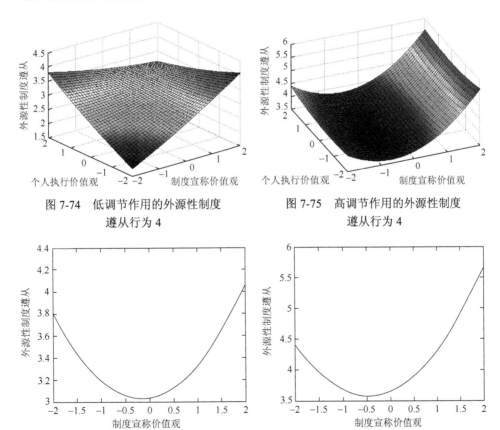

图 7-74 低调节作用的外源性制度　　图 7-75 高调节作用的外源性制度
　　　　　遵从行为 4　　　　　　　　　　　　遵从行为 4

图 7-76 低调节响应面沿 $Y=-X$ 的横截线 5　　图 7-77 高调节响应面沿 $Y=-X$ 的横截线 5

规则取向维度下低调节作用的 EC 图及高调节作用的 EC 图，如图 7-74 和图 7-75 显示。低调节作用下，EC 在整体上先降后升。当 ES 接近 EN 时，EC 下降；当 ES 将要接近 EN 时，EC 略微上升，但该上升区间短暂可以忽略不计；当 ES 超出 EN 时，EC 逐步上升。虽然与不带调节变量不一致，但是整体上 EC 要高于不带调节作用的。高调节作用下，EC 在整体上依然先降后升。当 ES 接近 EN 时，EC 下降；当 ES 将要接近 EN 时，EC 略微上升，但上升区间依然短暂，也可忽略不计；当 ES 超出 EN 时，EC 逐步上升。虽然与不带调节变量不一致，但是整体上 EC 要高于不带调节作用的。对于不带调节作用的 EC 最低在 3 以下，而带高调节作用的 EC 最低在 3.5 以上，调节作用显著（图 7-76，图 7-77）。该调节作用趋势与研究假设 8d 趋势较为一致，说明研究假设 8d 成立。

7.4.3　基于粗糙集的 8 个维度权重计算及假设验证

在煤矿企业"名义-隐真"文化整体体系中，8 个子维度的价值观错位对制度遵从的影响程度可能不同，因此需要计算每个子维度的作用权重，以便在实践中突出具有优势效应的维度管理。本书采取粗糙集方法来识别各个维度权重。

（1）粗糙集方法介绍

无论在学术研究或是在管理实践中，为了对目标对象进行评价和决策，通常需要针对目标对象建立一套完整的评价指标体系，而为了评价指标体系能更加真实地反映目标对象的客观属性，需要对各个评价指标确定相应权重。对各个指标的权重分配，反映了各因素在评判和决策过程中所占有地位和所起作用的不同，而各个指标重要程度反映的真实准确与否，则决定了指标体系的可靠性和准确性。因此，选取科学合理的指标权重确定方法对于指标体系建立具有重要意义[256]。由于粗糙集理论确定权重是通过对客观历史数据的处理而得出的，因而避免了决策者本身主观因素对权重结果的影响，增加了权重设定的客观性和可靠性[257]；同时，粗糙集理论确定权重的方法立足于客观数据，因此不需要评价者具有相关评价领域的先验知识，因而其更加具有可操作性和适用性。

（2）计算过程

首先，建立决策表。依据前期企业调研得到的实证数据编制决策表，其中，V1～V8 八个维度为决策表的条件属性（C），制度遵从得分为决策属性（D）。其次，计算正域。为了找出某些属性和属性集的重要性，需要从表中去掉另外一些属性，再来考察没有该属性后分类怎样变化。若去掉该属性会相应地改变分类，则说明该属性的强度大,即重要性高;反之说明该属性的强度小,即重要性低。这一点可以用粗集中的正域来描述〔那些根据已有知识判断肯定属于 X 的对象所组成的最大集合,称为 X 的正域,记作 POS(X)〕。

然后,运用 Matlab 软件编程,以煤矿企业制度宣称价值观 3 个维度为例,逐一计算各维度在 3 类价值观体系下的正域[258],如图 7-78~图 7-82,表 7-53~表 7-55 所示。

```
function y=uper(x)
[p,q]=size(x);
n=1;
v=0;
for i=1:p;
    for j=1:p;
        if x(j,2:q-1)==x(i,2:q-1) & x(j,q)~=x(i,q);
            v(n)=x(i,1);
            n=n+i;
        end
    end
end
b=sort(x(:,1));
c=setdiff(b',v);
c
```

图 7-78　计算正域函数表达式

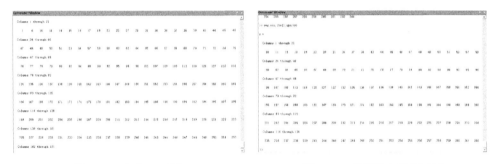

图 7-79　全集 U 正域　　　　　　图 7-80　卓越取向维度正域

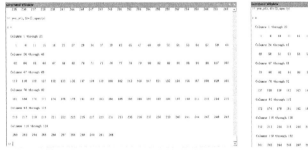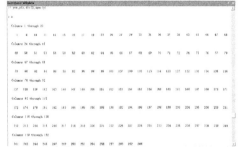

图 7-81　人本取向维度正域　　　　图 7-82　团队取向维度正域

表 7-53　煤矿制度宣称价值观各维度正域

正域的基数	内源	外源
U 全集	171	165
卓越取向	148	133
人本取向	126	137
团队取向	152	151
伦理取向	148	142
精益取向	138	128
社会取向	136	123
平等取向	131	151
规则取向	125	121

表 7-54　个人执行价值观各维度正域

正域的基数	内源	外源
U 全集	223	208
卓越取向	205	182
人本取向	187	174
团队取向	181	158
伦理取向	207	163
精益取向	177	166
社会取向	207	196
平等取向	190	167
规则取向	175	160

表 7-55　煤矿制度推行价值观各维度正域

正域的基数	内源	外源
U 全集	214	174
卓越取向	186	142
人本取向	166	142
团队取向	191	151
伦理取向	188	150
精益取向	181	136
社会取向	176	159
平等取向	194	141
规则取向	184	124

最后，计算 8 个维度的依赖度和权重。将决策属性（遵从行为）对条件属性（8个维度）的依赖度，即 CARD 函数表示返回目标数组的元素个数，用公式定义为

$$\gamma_C(D) = \frac{\mathrm{CARD}(\mathrm{POS}_C D)}{\mathrm{CARD}(U)}$$

$$\gamma_{Vi}(D) = \gamma_C(D) - \gamma_{C-Vi}(D) = \frac{\mathrm{CARD}\left[\mathrm{POS}_C(D)\right] - \mathrm{CARD}\left[\mathrm{POS}_{C-Vi}(D)\right]}{\mathrm{CARD}(U)}$$

式中，$\gamma_C(D)$ 为条件属性集 C 与决策属性 D 之间的依赖度；$\gamma_{Vi}(D)$ 为第 i 个维度与决策属性 D 之间的依赖度；$\gamma_{C-Vi}(D)$ 为条件属性集 C 除去维度 i 后与决策属性 D 之间的依赖度。

将数据带入公式，可得以下 8 个维度的依赖度数值，见表 7-56～表 7-58。

表 7-56 煤矿制度宣称价值观各维度依赖度

维度	内源	外源
卓越取向	0.134 503	0.181 818
人本取向	0.263 158	0.260 606
团队取向	0.111 111	0.133 333
伦理取向	0.134 503	0.078 788
精益取向	0.192 982	0.218 182
社会取向	0.204 678	0.157 576
平等取向	0.233 918	0.078 788
规则取向	0.269 006	0.236 364

表 7-57 煤矿个人执行价值观各维度依赖度

维度	内源	外源
卓越取向	0.147 982	0.125 000
人本取向	0.080 717	0.163 462
团队取向	0.188 341	0.240 385
伦理取向	0.071 749	0.216 346
精益取向	0.206 278	0.201 923
社会取向	0.071 749	0.057 692
平等取向	0.161 435	0.197 115
规则取向	0.215 247	0.230 769

表 7-58 煤矿制度推行价值观各维度依赖度

维度	内源	外源
卓越取向	0.130 841	0.183 908
人本取向	0.224 299	0.183 908
团队取向	0.107 477	0.132 184
伦理取向	0.121 495	0.137 931
精益取向	0.154 206	0.218 391
社会取向	0.177 570	0.086 207
平等取向	0.093 458	0.189 655
规则取向	0.140 187	0.287 356

依据权重公式，计算各个维度的权重（表 7-59～表 7-61）。

$$\omega_{Vi} = \frac{\gamma_{Vi}(D)}{\sum_{i=1}^{n} \gamma_C(D) - \gamma_{C-Vi}(D)}$$

表 7-59 煤矿制度宣称价值观各维度权重

维度	内源	外源
卓越取向	0.09	0.13
人本取向	0.17	0.12
团队取向	0.07	0.06
伦理取向	0.09	0.10
精益取向	0.13	0.16
社会取向	0.13	0.18
平等取向	0.15	0.06
规则取向	0.17	0.19

表 7-60 煤矿个人执行价值观各维度权重

维度	内源	外源
卓越取向	0.13	0.09
人本取向	0.08	0.11
团队取向	0.16	0.17
伦理取向	0.06	0.15
精益取向	0.18	0.14
社会取向	0.06	0.04
平等取向	0.14	0.14
规则取向	0.19	0.16

表 7-61 煤矿制度推行价值观各维度权重

维度	内源	外源
卓越取向	0.11	0.13
人本取向	0.20	0.13
团队取向	0.09	0.09
伦理取向	0.11	0.10
精益取向	0.14	0.16
社会取向	0.15	0.06
平等取向	0.08	0.13
规则取向	0.12	0.20

（3）结果分析

1）具体来说，对内源性制度遵从影响权重最高的 3 类价值观体系中，人本取向维度和规则取向维度在煤矿安全管理制度宣称价值观体系中具有最高权重值，规则取向维度在个人执行价值观体系中具有最高权重值，人本取向维度在煤矿制度推行价值观体系中具有最高权重值。

在内源性制度遵从方面，制度宣称价值观体系中贡献效用最高的是人本取向和规则取向。制度宣称价值观代表了反映在安全管理制度中对外体现的价值观选择，其中人本取向及规则取向有效切合了作业人员的价值取向。人本取向代表了煤矿对作业人员的关怀和重视，是煤矿对作业人员的承诺和表现，而规则取向体现了煤矿对安全生产和矿工生命安全的要求，这两方面都有效迎合了作业人员的心理需求，获得了作业人员的认可及肯定，使矿工自觉自愿地选择遵从制度要求，进而作用于内源性制度遵从。因此，为了提升煤矿一线作业人员的内源性制度遵从，在企业宣称价值观方面应重点关注人本取向及规则取向维度。

在个人执行价值观中，权重最高的为规则取向维度，工作中的不安全是威胁矿工自身生命安全的因素，对规则取向的重视，会使矿工为了能够保障自身安全而主动选择制度遵从行为，进而其对内源性制度遵从影响程度最高。因此，为提升作业人员的内源性制度遵从，在矿工个人执行价值观提升方面应重点关注规则取向维度，可能会带来较为显著的效果。

至于制度推行价值观，人本取向维度和社会取向维度的贡献效用最高。煤矿对人本取向及社会取向维度相关安全管理制度的贯彻落实，使矿工感受到煤矿在关注员工需求等方面所作出的决心，提升矿工对煤矿的归属感和更高的组织或制度认同，从而引起内源性制度遵从提升。因此，煤矿在制度推行方面，应加大人本取向和社会取向维度的投入。

2）在对外源性制度遵从影响权重最高的 3 类价值观体系中，规则取向维度分别在煤矿安全管理制度宣称价值观体系和制度推行价值观体系中具有最高权重值，团队取向维度在煤矿个人执行价值观体系中具有最高权重值。

制度宣称价值观和制度推行价值观体重权重最高的均为规则取向维度。规则取向维度反映在制度宣称中意味着制度对矿工工作的遵规行为及违规行为所对应的奖励与惩罚都有详尽规定，是矿工进行行为选择时的外部压力，对员工外源性制度遵从有着最为直接的影响，因此其作用效果显著。此外，在制度推行价值观方面，规则取向维度显示了煤矿对于遵从行为奖罚的执行力度，其也是矿工在实际工作中所面临的外部监督力量，而外部监督力量的加强无疑会增加矿工选择不遵从行为的成本，使员工倾向于选择遵从，相较于其他几个维度，规则取向维度对作业人员外源性制度遵从的调节作用最为明显。综上所述，提升员工外源性制度遵从行为，在制度宣称和制度推行方面应重点关注规则取向维度。

在个人执行价值观体系中权重最高的为团队取向，这是由于当作业人员具有高团队取向时，会更加在意自身行为对整个班组的影响，而不遵从行为有可能为班组带来负收益甚至是生命安全的损害，因此选择遵从行为，此外高团队取向使作业人员更容易受到来自班组内部的压力，当班组选择遵从而个体选择不遵从时，作业人员为了保持班组的"圈内人"身份，而不得不选择遵从，即外源性制度遵从提升。因此，在提升个人执行价值观方面，煤矿应注重团队取向维度的培养。

（4）权重修正后内外源遵从行为数据分析

煤矿企业"名义-隐真"文化错位与内源性制度遵从行为关系的分析结果见表 7-62，表 7-63。

表7-62　各变量均值、标准差及相关性 9

变量	均值	标准差	1	2	3	4	5
1 ES	4.50	0.15	—	—	—	—	—
2 EN	3.62	0.22	0.571**	—	—	—	—
3 EP	3.66	0.22	0.652***	0.626***	—	—	—
4 IC	3.27	0.65	0.369***	0.607***	0.596***	—	—

注：***代表 $P<0.001$，**代表 $P<0.01$

表7-63　加权后"名义-隐真"文化错位影响内源性制度遵从的响应面回归

变量	内源 M1	内源 M2	内源 M3
常数	3	3.052	3.122
ES	0.34***	0.311***	0.101*
EN	0.608***	0.327***	0.558***
ES^2	—	0.011	0.067

续表

变量	内源 M1	内源 M2	内源 M3
EN^2	—	-0.096^*	0.305^{***}
$EN \times ES$	—	0.073	-0.207^{**}
EP	—	—	0.011
$EP \times ES$	—	—	0.262^{***}
$EP \times EN$	—	—	-0.308^{***}
$EP \times ES^2$	—	—	0.342^{***}
$EP \times EN^2$	—	—	0.177^{***}
$EP \times ES \times EN$	—	—	-0.386^{***}
调整 R^2	0.800	0.803	0.868

注：***代表 $P<0.001$，**代表 $P<0.01$，*代表 $P<0.05$

从表 7-62 可知，在研究 8 个维度权重综合下对 IC 的影响时，ES、EN、EP 与 IC 间的相关系数均显著，说明制度宣称价值观、个人执行价值观和制度推行对内源性制度遵从具有影响关系。

在回归模型中，内源 M1 中显示出 ES、EN 与 IC 具有显著的线性相关关系（$\beta=0.34$，$P<0.001$；$\beta=0.608$，$P<0.001$）。内源 M2 分析显示了除 ES、EN 外，EN^2 显著（$\beta=0.311$，$P<0.001$；$\beta=0.327$，$P<0.001$；$\beta=-0.096$，$P<0.05$），对比内源 M1 的调整 R^2 上升趋势，说明内源 M2 显示出较高解释力度，内源 M2 更能显示自变量与因变量的关系，反映出自变量与因变量间存在较强的非线性关系，研究假设 9a 部分成立。而内源 M3 的结果说明 EN 与 IC 具有显著的相关关系（$\beta=0.558$，$P<0.001$），ES 与 IC 具有相关关系（$\beta=0.101$，$P<0.05$），EN^2 与 IC 具有相关关系（$\beta=0.305$，$P<0.001$），加入了调节变量之后，结果显示 EP 相关的两个二次方项相互作用和 EP、EN、ES 交互项对 IC 均有显著影响（分别为 $\beta=0.262$，$P<0.001$；$\beta=-0.308$，$P<0.001$；$\beta=0.342$，$P<0.001$；$\beta=0.177$，$P<0.001$；$\beta=-0.386$，$P<0.001$），模型调整 R^2 值增大且更接近于 1，说明内源 M3 显著提高了对 IC 的解释力。可见，EP 对 IC 存在调节作用，研究假设 9c 不成立。

为直观表达自变量与因变量的线性关系，这里拟对内源 M1 进行响应分析，如图 7-83～图 7-85 所示。

对于 IC 而言，响应面沿一致性线 $Y=X$ 是凸形（图 7-85），可见随着一致性水平升高，IC 提升；响应面沿不一致性线 $Y=-X$ 是凹形（图 7-84），随着不一致程度先逐渐接近 0 而后又远离 0，可知 IC 从先提升后下降。据以上分析可以得到如

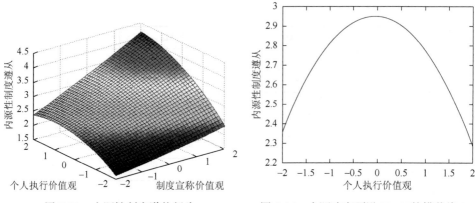

图 7-83　内源性制度遵从行为　　　　图 7-84　内源响应面沿 $Y=-X$ 的横截线 9

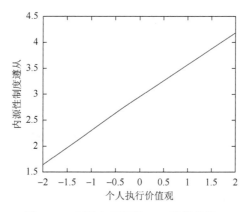

图 7-85　内源响应面沿 $Y=X$ 的横截线 9

下结论：①ES 与 EN 的一致性与不一致性相比，二者关系呈现一致时 IC 数值更高，因为在 $Y=-X$ 线上，曲率小于 0。②当 ES 与 EN 二者一致且一致性程度较高时，IC 更高。因为在 $Y=X$ 线上，斜率大于 0。③当 ES 接近于 EN 时，IC 升高；ES 超出 EN 时，IC 升高将会继续升高一段时间，然后缓慢下降，由于升高的一段比较短暂，可以忽略不计，说明研究假设 9a 成立。

在低调节作用下，当 ES 接近于 EN 时，IC 先略微下降然后上升；ES 超出 EN 时，IC 持续上升（图 7-86～图 7-89）。与内源 M2 模型即不带调节作用下的情况相比，EP 具有调节作用，且在无调节作用下，IC 最低值在 1.8 以上，而在低调节作用下，IC 最低值上升到 2 以上，调节作用较为明显。在高调节作用下虽然有相同结论，但相比于低调节情况，高调节情况下虽然对 IC 改变不明显，却存在轻度影响，即 IC 最低值在 2.3 以上。综上，EP 对 IC 具有调节作用，研究假设 9c 不成立。

煤矿企业"名义-隐真"文化错位与外源性制度遵从行为关系的分析结果见表 7-64，表 7-65。

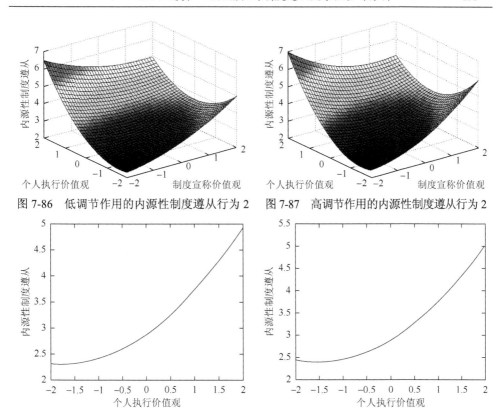

图 7-86 低调节作用的内源性制度遵从行为 2　　图 7-87 高调节作用的内源性制度遵从行为 2

图 7-88 低调节响应面沿 $Y=-X$ 的横截线 6　　图 7-89 高调节响应面沿 $Y=-X$ 的横截线 6

表 7-64 各变量均值、标准差及相关性 10

变量	均值	标准差	1	2	3	4	5
1 ES	4.58	0.15	—	—	—	—	—
2 EN	3.62	0.23	0.527[***]	—	—	—	—
3 EP	3.66	0.23	0.607[***]	0.590[***]	—	—	—
4 EC	3.88	0.57	0.546[*]	0.630[***]	0.649[**]	—	—

注：***代表 $P<0.001$，**代表 $P<0.01$，*代表 $P<0.05$

表 7-65 加权后"名义-隐真"文化错位影响外源性制度遵从的响应面回归

变量	外源 M1	外源 M2	外源 M3
常数	2.997	3.094	3.107
ES	0.099	0.237[**]	0.113
EN	0.490[***]	0.287[**]	0.342[**]
ES^2	—	0.017	−0.014
EN^2	—	−0.125[**]	0.088
EN×ES	—	0.313[***]	0.190[*]

续表

变量	外源 M1	外源 M2	外源 M3
EP	—	—	0.125*
EP×ES	—	—	0.305*
EP×EN	—	—	−0.379*
EP×ES²	—	—	0.018
EP×EN²	—	—	−0.094*
EP×ES×EN	—	—	0.181**
调整 R^2	0.317	0.373	0.422

注：***代表 $P<0.001$，**代表 $P<0.01$，*代表 $P<0.05$

　　在外源性制度遵从行为的相关研究中，虽然 ES、EN 及 EP 均与 EC 显著相关。但表 7-65 关于外源的 3 个模型研究中显示，外源 M1 中显示出只有 EN 与 EC 具有显著的线性相关关系（$\beta=0.490$，$P<0.001$）。外源 M2 分析结果显示，ES、EN、EN² 和交互项对 EC 有显著影响（分别为 $\beta=0.237$，$P<0.01$；$\beta=0.287$，$P<0.01$；$\beta=-0.125$，$P<0.01$ 和 $\beta=0.313$，$P<0.001$），说明 ES 与 EN 对 EC 存在非线性的影响关系，对比内源 M1 的调整 R^2 上升趋势，说明内源 M2 显示出较高的解释力度，内源 M2 更能显示自变量与因变量的关系，反映出自变量与因变量间存在较强的非线性关系，而不仅仅是简单的线性关系，研究假设 9b 部分成立。在外源 M3 中加入 EP 为调节变量，结果显示有 EP、交互项 EP×ES、EP×EN、EP×EN²、EP×ES×EN 均对 EC 有影响作用，并通过显著性检验。调整 R^2 相对于 M2、M1 有上升趋势，说明外源 M3 具有较好的解释力，研究假设 9d 部分成立。

　　为直观表达自变量与因变量的线性关系，这里拟对外源 M1 进行响应面分析，如图 7-90～图 7-92。

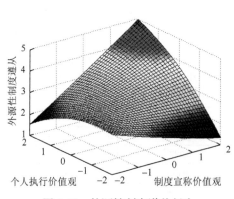

图 7-90　外源性制度遵从行为

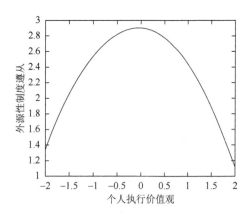

图 7-91　外源响应面沿 $Y=-X$ 的横截线 9

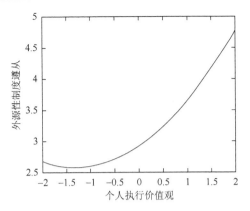

图 7-92 外源响应面沿 $Y=X$ 的横截线 9

针对 EC，响应面沿一致性线 $Y=X$ 是凸形（图 7-92），可见随着一致性水平升高，EC 提升；响应面沿不一致性线 $Y=-X$ 是凹形（图 7-91），随着不一致程度先逐渐接近 0 而后又远离 0，可知 EC 先上升后下降。据以上分析可以得到如下结论：①ES 与 EN 的一致性与不一致性相比，二者关系呈现一致时 EC 数值更高，因为在 $Y=-X$ 线上，曲率小于 0。②在 $Y=X$ 线上，斜率大于 0，说明当 ES 与 EN 二者一致且一致性程度较高时，EC 数值更高。③当 ES 接近于 EN 时，EC 先上升到一定程度后略微下降；ES 超出 EN 时，EC 会继续快速下降，但略微下降区间较小，可以忽略不计，因此研究假设 9b 成立。

如图 7-93 和图 7-94 所示，低调节作用下，EC 先升后降，且当 ES 很接近 EN时，EC 的下降趋势非常短暂，可给予忽略。可见，该趋势与无调解变量时外源 M2 的走向一致，但与外源 M2 不同的是 EC 升高了。对于不带调节作用的 EC 最低在 1 以上，而带低调节作用的 EC 最低在 2 以上。高调节作用下，随着 ES 逐渐接近 EN 时，EC 上升，这与不带调节变量时一致。但是当 ES 超过 EN 时，EC 并

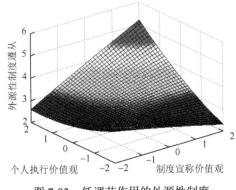

图 7-93 低调节作用的外源性制度
遵从行为 5

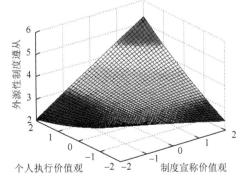

图 7-94 高调节作用的外源性制度
遵从行为 5

没有直接下降，而是上升了一小段，这与低调节作用下的 EC 走势稍有区别，由于 EC 上升趋势过于短暂给予忽略，在整体上 EC 的走势也时先升后降，调节作用显著（图 7-95，图 7-96），说明研究假设 9d 成立。

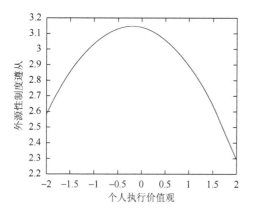 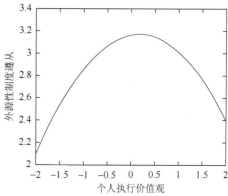

图 7-95　低调节响应面沿 $Y=-X$ 的横截线 7　　图 7-96　高调节响应面沿 $Y=-X$ 的横截线 7

7.5　分析与讨论

7.5.1　"名义-隐真"文化错位与制度遵从关系分析

（1）研究假设与验证假设的对比

通过对所获取数据进行二次响应面回归，对卓越取向等 8 个维度构成煤矿企业"名义-隐真"文化错位对内外源制度遵从行为的影响关系进行分析，对比 18 个原有研究假设，发现验证研究假设成立的有 13 个，部分成立的有 3 个，不成立的有 2 个，见表 7-66。

表 7-66　研究假设与假设验证对比表

假设序号	假设内容	验证内容	假设是否成立
假设 1a	基于卓越取向的"制度宣称-个人执行"价值观错位程度与 IC 具有非线性关系（当 ES 接近 EN 时，IC 上升；当 ES 超出 EN 时，IC 下降）	基于卓越取向的"制度宣称-个人执行"价值观错位程度与 IC 存在线性关系，且二者关系随着 EN 的改变而改变，即 EN 与 IC 存在正相关关系	不成立
假设 1b	基于卓越取向的"制度宣称-个人执行"价值观错位程度与 EC 具有非线性关系（当 ES 接近 EN，EC 上升；当 ES 超出 EN 时，EC 下降）	基于卓越取向的"制度宣称-个人执行"价值观错位程度与 EC 具有非线性关系（当 ES 程度接近 EN，EC 先上升后下降；当 ES 超出 EN 时，EC 下降）	部分成立

续表

假设序号	假设内容	验证内容	假设是否成立
假设 2a	基于人本取向的"制度宣称-个人执行"价值观错位程度与 IC 具有非线性关系（当 ES 接近 EN 时，IC 上升；当 ES 超出 EN 时，IC 先上升后下降）	基于人本取向的"制度宣称-个人执行"价值观错位程度与 IC 具有非线性关系（当 ES 接近 EN 时，IC 上升；当 ES 超出 EN 时，IC 先上升后下降）	成立
假设 2b	基于人本取向的"制度宣称-个人执行"价值观错位程度与 EC 具有非线性关系（当 ES 接近 EN 时，EC 上升；当 ES 超出 EN 时，EC 先上升后下降）	基于人本取向的"制度宣称-个人执行"价值观错位程度与 EC 具有非线性关系（当 ES 接近 EN 时，EC 上升；当 ES 超出 EN 时，EC 先上升后下降）	成立
假设 3a	基于团队取向的"制度宣称-个人执行"价值观错位程度与 IC 存在线性关系，且二者关系随着 EN 的改变而改变，即 EN 与 IC 存在正相关关系	基于团队取向的"制度宣称-个人执行"价值观错位程度与 IC 存在线性关系，且二者关系随着 EN 的改变而改变，即 EN 与 IC 存在正相关关系	成立
假设 3b	基于团队取向的"制度宣称-个人执行"价值观错位程度与 EC 具有非线性关系（当 ES 接近 EN 时，EC 下降；当 ES 超出 EN 时，EC 上升）	基于团队取向的"制度宣称-个人执行"价值观错位程度与 EC 具有非线性关系（当 ES 接近 EN 时，EC 下降；当 ES 超出 EN 时，EC 先下降后上升）	部分成立
假设 4a	基于伦理取向的"制度宣称-个人执行"价值观错位程度与 IC 存在线性关系，且二者关系随着 EN 的改变而改变，即 EN 与 IC 存在正相关关系	基于伦理取向的"制度宣称-个人执行"价值观错位程度与 IC 存在线性关系，且二者关系随着 EN 的改变而改变，即 EN 与 IC 存在正相关关系	成立
假设 4b	基于伦理取向的"制度宣称-个人执行"价值观错位程度与 EC 具有非线性关系（当 ES 接近 EN 时，EC 下降；当 ES 超出 EN 时，EC 上升）	基于伦理取向的"制度宣称-个人执行"价值观错位程度与EC存在正相关的线性关系	不成立
假设 5a	基于团队取向的"制度宣称-个人执行"价值观错位程度与 IC 具有非线性关系（当 ES 接近 EN 时，IC 上升；当 ES 超出 EN 时，IC 下降）	基于团队取向的"制度宣称-个人执行"价值观错位程度与 IC 具有非线性关系（当 ES 接近 EN 时，IC 上升；当 ES 超出 EN 时，IC 下降）	成立
假设 5b	基于团队取向的"制度宣称-个人执行"价值观错位程度与 EC 具有非线性关系（当 ES 接近 EN 时，EC 上升；当 ES 超出 EN 时，EC 下降）	基于团队取向的"制度宣称-个人执行"价值观错位程度与 EC 具有非线性关系（当 ES 接近 EN 时，EC 上升；当 ES 超出 EN 时，EC 下降）	成立
假设 6a	基于社会取向的"制度宣称-个人执行"价值观错位程度与 IC 具有非线性关系（当 ES 接近 EN 时，IC 下降；当 ES 超出 EN 时，IC 上升）	基于社会取向的"制度宣称-个人执行"价值观错位程度与 IC 具有非线性关系（当 ES 接近 EN 时，IC 下降；当 ES 超出 EN 时，IC 上升）	成立
假设 6b	基于社会取向的"制度宣称-个人执行"价值观错位程度与 EC 具有非线性关系（当 ES 接近 EN 时，EC 下降；当 ES 超出 EN 时，EC 上升）	基于社会取向的"制度宣称-个人执行"价值观错位程度与 EC 具有非线性关系（当 ES 接近 EN 时，EC 下降；当 ES 超出 EN 时，EC 上升）	成立
假设 7a	基于平等取向的"制度宣称-个人执行"价值观错位程度与 IC 具有非线性关系（当 ES 接近 EN 时，IC 上升；当 ES 超出 EN 时，IC 下降）	基于平等取向的"制度宣称-个人执行"价值观错位程度与 IC 具有非线性关系（当 ES 接近 EN 时，IC 上升；当 ES 超出 EN 时，IC 下降）	成立

续表

假设序号	假设内容	验证内容	假设是否成立
假设 7b	基于平等取向的"制度宣称-个人执行"价值观错位程度与 EC 具有非线性关系（当 ES 接近 EN 时，EC 上升；当 ES 超出 EN 时，EC 下降）	基于平等取向的"制度宣称-个人执行"价值观错位程度与 EC 具有非线性关系（当 ES 接近 EN 时，EC 上升；当 ES 超出 EN 时，EC 下降）	成立
假设 8a	基于规则取向的"制度宣称-个人执行"价值观错位程度与 IC 存在线性关系，且二者关系随着 EN 的改变而改变，即 EN 与 IC 存在正相关关系	基于规则取向的"制度宣称-个人执行"价值观错位程度与 IC 存在线性关系，且二者关系随着 EN 的改变而改变，即 EN 与 IC 存在正相关关系	成立
假设 8b	基于规则取向的"制度宣称-个人执行"价值观错位程度与 EC 具有非线性关系（当 ES 接近 EN 时，EC 下降；当 ES 超出 EN 时，EC 上升）	基于规则取向的"制度宣称-个人执行"价值观错位程度与 EC 具有非线性关系（当 ES 接近 EN 时，EC 上升；当 ES 超出 EN 时，EC 上升）	部分成立
假设 9a	"制度宣称-个人执行"价值观错位程度与 IC 存在非线性关系（当 ES 接近 EN 时，IC 上升；当 ES 超出 EN 时，IC 下降）	"制度宣称-个人执行"价值观错位程度与 IC 存在非线性关系（当 ES 接近 EN 时，IC 上升；当 ES 超出 EN 时，IC 下降）	成立
假设 9b	"制度宣称-个人执行"价值观错位程度与 EC 具有非线性关系（当 ES 接近 EN 时，EC 上升；当 ES 超出 EN 时，EC 下降）	"制度宣称-个人执行"价值观错位程度与 EC 具有非线性关系（当 ES 接近 EN 时，EC 上升；当 ES 超出 EN 时，EC 下降）	成立

（2）讨论

1）卓越取向维度的分析：研究结果表明，在"制度宣称-个人执行"价值观错位模型中，相对于安全管理制度作用因素，内源性制度遵从更多受到员工个人因素的影响，即员工个人执行价值观水平的高低决定了员工对制度的内源性遵从程度。而基于卓越取向的员工执行价值观其实反映了员工改革创新的能力与意愿，只要个体"愿意"，他们就能贡献自己的想法和主意[254]，说明煤矿企业如果重视技术创新，仅仅从制度宣称方面努力是不够的，还需要从其他激励手段上来提升员工的内在动力。

对于外源性制度遵从，如果制度要求的改革创新水平超出员工的实际水平，由于超出自身的创新能力和意愿，员工无法实现制度要求，制度本身对于员工产生的是阻断性压力[235]，会对员工遵从行为产生消极影响，外源性制度遵从减小。此外，如果制度要求快接近员工执行价值观，员工可能认为制度提供的奖惩仍然达不到自己的要求，不足以产生激励，甚至对制度制定失望，从而外源性制度遵从减少。只有当制度要求从最低程度慢慢提升到一定程度还没有接近员工执行价值观的时候，随着制度要求的提升，员工对制度会心存希望，内源性制度遵从提升，比较类似于"民主型"制度表现手段。

但无论怎样，"制度宣称-个人执行"价值观一致时要比不一致时的外源性制度遵从程度高，且随着一致性程度的提升，外源性制度遵从也提升，说明煤矿企业在制度设计时，在卓越取向维度要保持与员工个人执行价值观的一致性。

2）人本取向维度的分析：研究结果表明，在"制度宣称–个人执行"价值观错位模型中，内源性制度遵从和外源性制度遵从都受到制度和个人因素的共同影响。但并非是制度提供的人本水平越高越好，结果显示无论哪种类型的制度遵从，如果制度提供的人本水平过高于员工的实际要求，员工会感知到组织对其期望过高，甚至超出了自身意愿和能力，将会给员工造成心理上的压力，同样产生阻断性压力[235]，员工的制度遵从下降。只有制度提供的人本水平超出员工实际要求水平一小段，员工此时虽然感知到组织对其期望有点高，但通过自身努力，员工是倾向于满足组织需求的[251]，同时员工也会为组织提供超乎自己要求的关心与支持而感动，从而对内（外）源性制度遵从程度提升。

可见，煤矿企业基于人本取向的制度设计，要想最大限度地提升员工的内源性制度遵从与外源性制度遵从，并不是给员工提供的关心与支持越多越好，而是反映在制度宣称价值观中，人本程度刚刚超出于员工执行价值观时正好。

3）团队取向维度的分析：研究结果表明，在"制度宣称–个人执行"价值观错位模型中，相对于安全管理制度作用因素，内源性制度遵从更多地受到员工个人因素的影响，即个人团队取向的执行水平高低决定了员工对制度的内源性遵从程度。对于外源性制度遵从，如果制度要求的团队取向水平低于甚至稍微超出员工的实际水平，员工会认为组织应该重视团队建设，但实际中却不够重视，从而对制度的认同度降低，外源性制度遵从降低。只有制度要求过于超出实际水平，员工通过制度意识到团队建设的重要性，以及为了避免过高的惩罚，外源性制度遵从才能提升。

具体到煤矿企业中，如果企业重视班组建设，但制度设计中体现的激励或约束水平低于或稍超出员工的实际要求，员工对班组建设相关制度的遵从程度会降低，只有相关制度体现出过高的奖惩力度，员工对制度的外源性遵从程度才能提升，类似于"强制性"制度表现手段。同时，煤矿企业需要其他类型的激励或约束手段来提升员工自身团队取向水平，以此提升对制度的内源性遵从。此外，价值观一致性与不一致性相比，不一致性的外源制度遵从更高，说明煤矿企业针对该维度的制度设计没有必要考虑与员工执行价值观的一致性程度。

4）伦理取向维度的分析：研究结果表明，在"制度宣称–个人执行"价值观错位模型中，相对于安全管理制度作用因素，无论是内源性制度遵从还是外源性制度遵从，二者更多受到员工个人因素的影响，即个人伦理取向执行水平的高低决定了员工对内（外）源性制度的遵从程度。

具体到煤矿企业中，伦理取向维度更多地是反映在员工守则或员工行为规范中，安全管理制度中涉及更多的是具体的安全要求，伦理取向在此类制度中总是以提倡的形式存在，制度中围绕该维度进行的奖惩措施并不多见。但不可否认，伦理取向对于煤矿安全管理确实具有重要作用，研究结果也证明了个人伦理取向水平确实影响员工对整体安全管理制度的内（外）性制度遵从程度，因此煤矿企业需要通过其他激励或约束手段来提升员工的伦理取向水平，以进一步提升员工对整体安全管理制度的内（外）性制度遵从。

5）团队取向维度的分析：研究结果表明，在"制度宣称-个人执行"价值观错位模型中，内源性制度遵从和外源性制度遵从都受到制度和个人因素的共同影响。随着制度要求接近于员工的实际水平，员工对制度的认同程度会提升，且相关奖惩措施也会提升，从而员工的内（外）源性制度遵从提升；超出员工实际水平，制度对员工的工作效率等要求过高，员工因能力有限而倍感压力，制度对员工形成的是阻断性压力[235]，从而内（外）源性制度遵从下降。

具体到煤矿企业中，安全管理制度设计在团队取向维度必须要考虑员工执行价值观。在团队取向中，虽然制度设计逐渐贴近员工执行价值观能提升内（外）源性制度遵从，但"价值观一致性与不一致性相比，一致性的内（外）源性制度遵从更高"，说明煤矿企业针对该维度的制度设计最好与员工执行价值观保持一致，且制度中对员工工作质量、产量和效率的要求最好不要过于超出员工实际，类似于"双向型"制度表现手段。

6）社会取向维度的分析：研究结果表明，在"制度宣称-个人执行"价值观错位模型中，内源性制度遵从和外源性制度遵从都受到制度和个人因素的共同影响。虽然制度要求接近于员工的实际水平，但员工仍然感觉制度并未达到自己期望的水平，所以认为制度制定不合理。如果制度要求水平提升，员工对制度合理性的失望程度会增大，从而对制度认同度降低，且相关奖惩措施力度微弱，员工的内（外）源性制度遵从降低；超出员工的实际水平，员工的社会取向感被唤醒，且相关奖惩力度很强，员工内（外）源性制度遵从提升。

具体到煤矿企业，如果企业重视社会责任，但制度设计中体现的激励或约束水平低于员工的实际要求，员工对社会取向相关制度的遵从程度会降低，只有相关制度超出员工的执行价值观时，员工对制度的内（外）源性遵从程度才能提升，且制度宣称或奖惩力度越大，员工对制度的内（外）源性遵从程度越高。可见，煤矿企业针对社会责任的安全管理制度设计不仅要大力宣称该维度的重要性，更要体现在奖惩制度中，且力度越大越好。此外，社会取向维度中"价值观一致性与不一致性相比，不一致性的内（外）源制度遵从更高"，说明煤矿企业针对该维度的制度设计没有必要考虑与员工执行价值观的一致性程度。从侧面也说明，在该维度中，"强制型"制度表现手段要比"双向型"和"民主型"表现手段的作用强。

7）平等取向维度的分析：研究结果表明，在"制度宣称-个人执行"价值观错位模型中，内源性制度遵从和外源性制度遵从都受到制度和个人因素的共同影响。但并非是制度提供的权力监督水平越高越好，结果显示无论哪种类型的制度遵从，如果制度提供的权力监督水平高于员工的实际要求，就会违背中国企业中"人情"规则，员工对制度认同度降低，内（外）源性制度遵从下降；如果制度提供的权力监督水平低于员工的实际要求，组织实际管理中又显得过于注重人际关系，削弱制度的权威性，员工根本不把制度放在眼里，内（外）源性制度遵从同样下降。

具体到煤矿企业中，针对平等取向维度的安全管理制度设计，既不可低于也不可高于员工执行价值观，正如该维度中结果显示的"价值观一致性与不一致性相比，一致性的内（外）源制度遵从更高"规律说明，煤矿企业在安全管理制度设计时要在平等取向维度上与员工执行价值观保持一致，此时员工的内（外）源制度遵从都将最高，属于"双向型"制度表现手段。

8）规则取向维度的分析：研究结果表明，在"制度宣称-个人执行"价值观错位模型中，相对于安全管理制度作用因素，内源性制度遵从更多地受到员工个人因素的影响，即个人规则取向的执行水平高低决定了员工对制度的内源性遵从程度。对于外源性制度遵从，由于安全与风险意识直接关乎员工自身的生命安全，应该是员工对自身要求高并且是最关注的一个维度，随着制度要求的安全与风险水平接近于并超出员工执行价值观，员工感受到企业在安全方面对员工提供的支持增加，对制度的认同度增加，同时随着奖惩力度的不断提升，员工对制度的外源性遵从程度将逐渐提升。

具体到煤矿企业中，规则取向是煤矿企业安全管理最为重视的维度之一。上述结果说明，安全管理制度设计中体现出该维度价值观水平的程度越高，超出水平越高，员工的外源性制度遵从越高，也就是说，规则取向相关的制度必须要具备过高的奖惩力度，类似于"强制性"制度表现手段。同时，煤矿企业需要其他类型的激励或约束手段来提升员工自身规则取向水平，以此提升内源性制度遵从。此外，价值观一致性与不一致性相比，不一致性的外源制度遵从更高，说明煤矿企业针对该维度的制度设计没有必要考虑与员工执行价值观的一致性程度。

9）总维度分析：8个维度由于对内源制度遵从影响方面具有不同的权重，且制度宣称价值观、个人执行价值观和制度推行价值观体系中8个维度的权重排序不同，使得内源制度遵从的变化及走向与假设具有优势效应的3个维度的走向不同。数据验证结果显示，在"制度宣称-个人执行"价值观错位模型中，内源性制度遵从和外源性制度遵从都受到制度和个人因素的共同影响且个人价值观作用较大。但并非是制度提供宣称价值观水平越高越好，结果显示无论哪种类型的制度遵从，如果制度提供的宣称价值观水平过于超过了员工实际要求水平，面对组织要求的表现水平和自身实际意愿，以及能力之间的差距，员工心理产生压力、挫败等负面情绪，继而产生阻断性压力[235]，导致员工的制度遵从下降；如果制度提供的宣称价值观水平过低于员工实际要求水平，会引起员工对制度的不满，认为企业并没有真正在制度设计上投入足够的资源和精力，造成制度要求水平低于员工实际要求水平，导致员工对制度的认同度及重视程度降低，表现为制度遵从的下降。只有制度提供的水平符合员工实际要求水平，员工此时虽然感知到组织对其期望有点高，但通过自身努力、员工倾向于满足组织的需求[251]，从而导致内（外）源性制度遵从程度提升。通过上述分析可以看出，从一定程度上可以认为个人执行价值观水平决定了制度宣称价值观最优表现区间，而二者的匹配能够影响内外源遵从行为的表现水平，反映了个人执行价值观对内外源遵从行为的影响力度，也解释了模型中 EN 系数较高的原因。

　　具体到煤矿企业管理中，综合 8 个维度的整体情况来看，在进行煤矿安全制度设计时，要想最大限度地提升员工的内源性制度遵从与外源性制度遵从，并不是在企业宣称价值观上表现得越多越好，过多超出员工自身意愿和要求的宣称价值观反而会成为遵从水平提升的巨大阻力，过低的水平又会引起员工的不满。安全管理制度设计应尽可能贴合员工执行价值观，正如该维度中结果显示的"价值观一致性与不一致性相比，一致性的内（外）源制度遵从更高"规律说明，煤矿企业在安全管理制度设计时要在宣称价值观上与员工执行价值观保持一致，此时员工的内（外）源制度遵从都将最高，属于"双向型"制度表现手段。

7.5.2　基于调节变量的分析

（1）研究假设与验证假设的对比

　　通过对所获取数据进行二次响应面回归，对卓越取向等 8 个维度构成煤矿企业"名义-隐真"文化错位对内外源制度遵从行为的影响关系进行分析，对比 18 个原有研究假设，发现验证研究假设成立的有 10 个，部分成立的有 2 个，不成立的有 6 个，见表 7-67。

表 7-67　基于调节变量的研究假设与假设验证对比表

假设序号	假设内容	验证内容	假设是否成立
假设 1c	制度推行程度对基于卓越取向的"制度宣称-个人执行"价值观错位与 IC 的关系无显著调节作用	制度推行程度对基于卓越取向的"制度宣称-个人执行"价值观错位与 IC 的关系无调节作用	成立
假设 1d	价值观错位与 EC 的关系具有调节作用(高 EP 下，EC 上升；低 EP 下，EC 下降)	制度推行程度对基于卓越取向的"制度宣称-个人执行"价值观错位与 EC 的关系无调节作用	不成立

续表

假设序号	假设内容	验证内容	假设是否成立
假设2c	制度推行程度对基于人本取向的"制度宣称-个人执行"价值观错位与IC的关系有调节作用（高EP下，IC先下降后上升；低EP下，IC持续下降）	制度推行程度对基于人本取向的"制度宣称-个人执行"价值观错位与IC的关系有调节作用（高EP下，IC先下降后上升；低高EP下，IC先降上升）	部分成立
假设2d	制度推行程度对基于人本取向的"制度宣称-个人执行"价值观错位与EC的关系无显著调节作用	制度推行程度对基于人本取向的"制度宣称-个人执行"价值观错位与EC无显著调节作用	成立
假设3c	制度推行程度对基于团队取向的"制度宣称-个人执行"价值观错位与IC的关系无显著调节作用	制度推行程度对基于团队取向的"制度宣称-个人执行"价值观错位与IC无显著调节作用	成立
假设3d	制度推行程度对团队取向"制度宣称-个人执行"价值观错位与EC有调节作用（高EP下，EC升；低EP下，EC下降）	制度推行程度对基于团队取向的"制度宣称-个人执行"价值观错位与EC无显著调节作用	不成立
假设4c	制度推行程度对基于伦理取向的"制度宣称-个人执行"价值观错位与IC的关系无显著调节作用	制度推行程度对基于伦理取向的"制度宣称-个人执行"价值观错位与IC的关系无显著调节作用	成立
假设4d	制度推行程度对基于伦理取向的"制度宣称-个人执行"价值观错位与EC的关系具有调节作用（高EP下，EC先降后升；低EP下，EC先降后升，但变化速度小于高EP）	制度推行程度对基于伦理取向的"制度宣称-个人执行"价值观错位与EC的关系具有调节作用（高EP下，EC先降后升；低EP下，EC先下降后上升，但变化速度小于高EP）	成立
假设5c	制度推行程度对基于团队取向的"制度宣称-个人执行"价值观错位与IC的关系无显著调节作用	制度推行程度对基于团队取向的"制度宣称-个人执行"价值观错位与IC的关系无显著调节作用	成立
假设5d	制度推行程度对基于团队取向的"制度宣称-个人执行"价值观错位与EC的关系具有调节作用（高EP下，EC先上升后下降；低EP下，EC下降）	制度推行程度对基于团队取向的"制度宣称-个人执行"价值观错位与EC的关系具有调节作用（高EP下，EC先上升后下降；低EP下，EC先上升后下降）	部分成立
假设6c	制度推行程度对基于社会取向的"制度宣称-个人执行"价值观错位与IC的关系无显著调节作用	制度推行程度对基于社会取向的"制度宣称-个人执行"价值观错位与IC的关系无显著调节作用	成立
假设6d	制度推行程度对基于社会取向"制度宣称-个人执行"价值观错位与EC的关系具有调节作用（高EP下，EC上升；低EP下，EC低水平上升）	制度推行程度对基于社会取向的"制度宣称-个人执行"价值观错位与EC无显著调节作用	不成立
假设7c	制度推行程度对基于平等取向的"制度宣称-个人执行"价值观错位与IC的关系具有调节作用（高EP下，IC先上升后下降；低EP下，IC先上升后下降）	制度推行程度对基于平等取向的"制度宣称-个人执行"价值观错位与IC的关系无调节作用	不成立
假设7d	制度推行程度对基于平等取向"制度宣称-个人执行"价值观错位与EC的关系具有调节作用（高EP下，EC上升；低EP下，EC低水平上升）	制度推行程度对基于平等取向的"制度宣称-个人执行"价值观错位与EC的关系具有调节作用（高EP下，EC上升；低EP下，EC低水平上升）	成立

假设序号	假设内容	验证内容	假设是否成立
假设 8c	制度推行程度对基于规则取向的"制度宣称-个人执行"价值观错位与 IC 的关系无显著调节作用	制度推行程度对基于规则取向的"制度宣称-个人执行"价值观错位与 IC 的关系无显著调节作用	成立
假设 8d	制度推行程度对基于规则取向的"制度宣称-个人执行"价值观错位与 EC 的关系具有调节作用(高 EP 下,EC 先下降后上升;低 EP 下,EC 低水平先降后升)	制度推行程度对基于规则取向的"制度宣称-个人执行"价值观错位与 EC 的关系具有调节作用(高 EP 下,EC 先下降后上升;低 EP 下,EC 低水平先降后升)	成立
假设 9c	制度推行程度对"制度宣称-个人执行"价值观错位与 IC 的关系无显著调节作用	制度推行程度对"制度宣称-个人执行"价值观错位与 IC 的关系具有调节作用(高 EP 下,IC 先下降后上升;低 EP 下,IC 低水平先下降后上升)	不成立
假设 9d	制度推行程度对"制度宣称-个人执行"价值观错位与 EC 的关系具有调节作用(高 EP 下,EC 先下降后上升;低 EP 下,EC 低水平先下降后上升)	制度推行程度对"制度宣称-个人执行"价值观错位与 EC 关系具有调节作用(高 EP 下,EC 先上升后下降;低 EP 下,EC 低水平先上升后下降)	不成立

（2）讨论

分析结果显示，制度推行程度在卓越取向、团队取向和社会取向维度均无调节作用，对伦理取向、团队取向、平等取向、规则取向维度的内源性制度遵从，以及人本取向维度的外源性制度遵从也均无调节作用，仅对伦理取向等维度的外源性制度遵从，以及人本取向的内源性制度遵从具有调节作用。

1）卓越取向维度的分析：由于本书的调研对象是煤矿一线作业人员，程序化操作是其工作特征，改革创新对该类人员属于非必要意识或技能，因此组织或直接上级对该类人员的改革创新要求不高，制度中有关卓越取向的激励或约束作用主要体现在奖励而非惩罚措施上，可见如果员工不遵从该制度也不会受到惩罚。同时，初中及以下学历的人占调研人员的 57.3%，比例超过一半，说明该类人员自身改革创新意识与能力也较低[232]，对于制度的内源性制度遵从取决于自身执行价值观水平。因此，无论是高程度的制度推行还是低程度的制度推行，对于该维度中的价值观错位与内（外）源性制度遵从关系并无影响。

2）人本取向维度的分析：人本取向维度中，对于外源性制度遵从，由于人本维度的制度只关注正向激励而非负向惩罚，属于内源性激励，因而其推行程度对外源性制度遵从无调节作用。制度推行程度在内源性制度遵从中显示出显著的调节作用，使得原有的价值观错位与制度遵从规律发生倒向变化。在高程度推行情境下，就算制度承诺的人本条件完全兑现，但由于制度宣称的人本程度远低于个体实际要求，个体仍不满意，内源性制度遵从下降。但当制度宣称的人本程度逐渐接近并超出个体实际要求时，制度承诺的人本条件完全兑现，且员工真实感受到组织或直接上级的关心与支持,这种关心与支持可以抵消制度带给员工的压力,激发员工内心的感动[234],使员工表现出对组织或制度的高度认同,员工的内源性制度遵从不断提升。在低制度推行程度下也是如此,只是其内源性制度遵从程度要远低于高制度推行程度下的值。

具体到煤矿企业管理中,当制度宣称的人本程度将要接近或超出作业人员的人本期望时,加大人本取向相关制度的推行力度,员工内源性制度遵从将不断提升。

3)团队取向维度的分析:团队取向维度与卓越取向维度类似,虽然煤矿企业一直提倡班组建设的重要性,也强调团队建设的重要性,但团队取向本身强调的仅仅是煤矿一线作业人员对所在部门或所在班组的支持与拥护,而制度是组织利益的代表,也就是说团队取向的影响力并没有上升到组织利益的高度,制度的推行程度代表了部门主管或直接上级对该价值观的执行程度[211],将会影响作业人员对所在班组或部门规定等的支持程度,对代表组织整体利益的安全管理制度遵从程度影响力较弱,因此无论是高程度的制度推行还是低程度的制度推行,对于该维度中的价值观错位与内(外)源性制度遵从关系并无影响。

4)伦理取向维度的分析:由于伦理取向特征是长期、稳固的个体品质特征,且个体的伦理取向水平将影响个体对组织相关制度规则的支持与遵从程度[211],无论直接上司的行为或制度约束等外部激励程度如何,个体对制度的内源性遵从程度都难在短期内发生变化,因而制度推行程度对该维度的内源性制度遵从无调节作用。对于煤矿企业的外源性制度遵从而言,在高制度推行情境下,虽然制度宣称价值观接近于作业人员执行价值观,却没有达到其自身伦理取向水平,由于上级行为的榜样作用和制度要求的导向作用[240],员工意识到没有必要表现出自身道德水准,进而降低自我要求,外源性制度遵从降低。但是,如果制度宣称价值观超出自身水平,在外力影响下,员工的外源性制度遵从将不断提升。低制度推行程度下,外源性制度遵从变化趋势与高度情境下相似,但制度遵从程度越远低于高度制度推行情境下的制度遵从程度。

因此,煤矿企业在进行制度管理时,可以加大与伦理取向相关的奖惩力度,该力度应该超出员工实际期望的水平,同时更要加大制度的推行力度,以保证煤矿企业作业人员外源性制度遵从的不断提升。

5)精益取向维度的分析:产量、质量和效率是煤矿企业安全管理中对员工的重要性要求。员工个人的工作能力决定了其为企业提供的产量、产品质量和效率水平。与卓越取向维度较为一致的是,制度的内源性遵从取决于自身执行价值观水平,也就是说,制度推行程度对价值观错位与制度遵从程度的关系并无调节作用。与卓越取向维度不同的是,企业为了激励员工不断提升产量、效率等,与团队取向相关的制度表现手段更关注高强度的奖惩措施。但由于个人能力有限,无论是高制度推行还是低制度推行,一旦制度要求超出个人实际水平,制度对员工形成的是阻断性压力[235],这与无调节变量时的外源性制度遵从走向一致,不同的仅是在高制度推行情境下，当制度要求与员工实际水平一致时，个体的外源性制度遵从程度最高，说明煤矿企业的制度设计不仅需要与员工实际水平一致，更需要在一致时进行高程度的制度推行，员工的外源性制度遵从才能达到最高。

6）社会取向维度的分析：对于一线作业人员，他们的需求仍停留在安全、生存或者关系等需求层级上，对于社会取向维度来说，此类群体的社会责任意识并不明显，同时煤矿企业对他们在社会取向维度的表现的要求不高。因此，制度中有关社会责任的激励或约束作用主要体现在奖励而非惩罚措施上，甚至没有任何激励措施，可见如果员工不遵从该制度也不会受到惩罚。因此，无论是高程度的制度推行还是低程度的制度推行，对于该维度中的价值观错位与内（外）源性制度遵从关系并无影响。

7）平等取向维度的分析：该维度主要体现了组织为员工提供的权力公正氛围，以及员工为了形成和维护相应的权力公正氛围应做的努力，且结果显示制度推行程度仅对外源性制度遵从产生调节作用。考虑到该维度与制度权威性关系的特殊性，即当平等取向维度要求较低时，关系运作会降低制度的权威性，而平等取向维度要求较高，又会对生活在"人情"文化下的员工产生阻断性压力[235]，只有与个人实际需求一致时，制度才能最大限度地发挥其作用。这种趋势在制度推行程度的调节作用下发生改变，高制度推行程度说明员工的上级非常公平公正，加深了制度的权威性，使得员工的外源性制度遵从提升；在低制度推行程度下，上级顾及并提倡与下属的关系和谐，在和谐关系的促使下，员工也会听从上级安排[246]，外源性制度遵从同样提升，但程度不如高制度推行程度情境下高。

可见，煤矿企业在安全管理中，安全管理制度不仅要宣称高度的平等取向，即要体现对关系运作、官僚作风等的强烈反对，更需要部门主管或员工的直接上司严厉并高度推行和执行制度，这样作业人员的外源性制度遵从才能达到最高。

8）规则取向维度的分析：由于员工的规则取向是长期的、稳固的个体品质特征，与伦理取向维度相似，员工的规则取向水平将影响个体对组织相关制度规则的支持与遵从程度，无论外部激励程度如何，员工对制度的内源性遵从程度都难在短期内发生变化，因而制度推行程度对该维度的内源性制度遵从无调节作用。对于煤矿企业的外源性制度遵从而言，由于制度要求水平低于个人实际水平，无论是高制度推行程度还是低制度推行程度，员工都会受到上级行为与制度要求的导向影响，意识到没有必要对自己要求过高，因而会降低自我要求，因此外源性制度遵从降低。但是如果制度宣称价值观超出自身水平，在外力影响下，员工外源性制度遵从将不断提升。低制度推行程度下，外源性制度遵从变化趋势与高度情境下相似，但制度遵从程度远低于高制度推行情境下的制度遵从程度。

因此，煤矿企业在进行制度管理时，可以加大与规则取向相关的奖惩力度，该力度应该超出员工实际期望的水平，同时更要加大制度的推行力度，以保证煤矿企业作业人员外源性制度遵从的不断提升。

9）总维度分析：在高制度推行条件下，当企业要求水平低于员工实际水平时，在内源方面，员工感受到企业在严格推行一套并不真正适合员工实际情况的制度，认为这是企业制度设计的失误，但却坚持要大力推行，导致员工产生强烈的心理抵触，以及对制度本身的不认同，而随着企业要求水平逐渐接近员工实际水平，员工逐渐意识到企业制度设计靠拢员工实际想法的诚意，内源遵从渐渐开始攀升，而当企业要求水平超过员工真实水平时，虽然已经超出员工自身能力，但员工真实感受到企业高推行背后对员工的期望，抵消了水平差距所带来的心理压力，最终表现为内源遵从行为提升。低制度推行下有相类似结论，但是调节效果弱于高制度推行。

外源性制度遵从方面，在高制度推行情境下，当企业要求水平低于员工实际水平时，员工无需表现外源遵从行为，当企业要求水平逐渐靠近员工实际水平时，员工开始感受到外源驱动力的作用效果，高制度推行所带来的奖惩力度逐渐使员工不得不选择顺从，表现为外源遵从行为提升；而当企业要求水平不断提升，开始超越员工实际水平时，员工逐渐感受到企业要求和自身意愿与能力之间的差距，这种差距的加大，使员工心理负担激增，形成阻断性压力[235]，导致外源遵从行为下降。低制度推行下有相类似结论，但调节效果弱于高制度推行。

因此，具体到煤炭企业中，想要获得最大限度的制度遵从行为或自主遵从，就必须从内源性制度遵从提升与外源性制度遵从下降的趋势中找到总效用最大的区间，并加大推行力度，从而实现相应目标。

8 煤矿安全管理制度遵从行为"动-衡"调控体系设计

"行是知之始，知是行之成"。理论对实践的指导，需对接理论的重要思想。组织文化"二元"结构中"名义-隐真"文化的整合与分裂程度影响到安全管理制度中"宣称-执行"价值观的形态，进而作用于作业人员制度遵从行为，可见如何将研究所得的理论化结论应用于调控煤矿作业人员安全管理制度遵从行为的实践中是本书的重点。

员工安全管理制度遵从行为，从本质上来说，是企业"宣称-执行"价值观错位的外在表现，类似于中医理论中体内病灶根源所导致的外在生理表现。在治愈机制上，中医理论从病灶根源入手，采用"内调"的办法平衡和疏导体内的紊乱状态，区别于西医理论针对外在生理表现对抗式的理疗办法，因而其能够治标更治本。因此，单单从员工行为端进行控制，难以从根本上解决制度遵从问题，必须从组织文化"二元"结构形态入手，通过科学的制度设计来调整企业"宣称-执行"价值观错位的失衡状态，影响员工的遵从表现；关注制度推行过程中"宣称-推行"价值观错位的控制，保持"宣称-推行"价值观错位在协调和平衡的范围内，保证"宣称-执行"价值观错位对员工遵从行为影响的有效性。可见，煤矿安全管理制度遵从行为的调控过程，实质是一个在制度设计与执行过程中需求"平衡"的过程。同时，不同维度的内涵及作用效果不同，使得各维度"可纳错位"范畴也不同，对应相关维度的安全管理制度设计手段和非制度调控策略也将存在区别；另外，不同企业的文化错位形态不同，其"平衡"过程也将随着情境而不断改变，二者共同形成了调控过程的"动态"特征。因此，本书汲取"平衡"和"动态"特征，将安全管理制度遵从行为调控体系称为"煤矿作业人员安全管理制度遵从行为'动-衡'调控体系"。这里的"动-衡"主要包括两个层面的含义：一是把握和平衡8个维度的"动态变化"；二是"平衡"不同维度的制度设计层面和非制度设计层面。

8.1 "可纳错位"与制度遵从

8.1.1 "可纳错位"、良性制度与劣性制度

（1）良性制度与劣性制度

理论上，安全管理制度结构包括存在目的、表现形式和表现手段。煤矿安全

管理制度的定义已经点明该类制度存在的目的是"保证企业人员自身行为安全和企业安全生产"[1]，制度的表现形式和表现手段都围绕实现其存在目的而服务（图8-1）。就其存在目的而言，制度的存在不仅保障企业安全，更关注人员行为安全，同样具有企业与员工的双主体特征。为了实现制度存在的目的，关注员工行为安全的同时达到企业安全，即实现员工自主行为安全的同时达到制度遵从最大化，以实现企业安全，其看似理所当然，顺理成章。

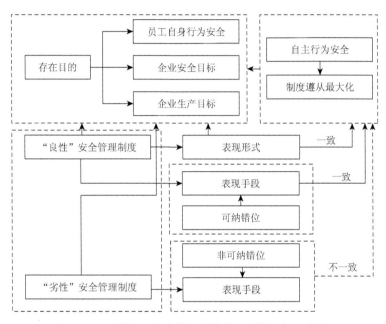

图8-1　可纳错位、安全管理制度的"良性"与"劣性"

　　然而在实践中，第7章所调研的国有大型煤矿企业文化特征数据证明，煤矿企业"名义"文化与"隐真"文化并存且具有一定程度的错位，特别是人本取向维度的"制度宣称-制度推行"价值观错位最为显著，制度宣称价值观最重视和次重视的两个维度（规则取向和精益取向）并不是企业实际制度推行中最重视和次重视的维度，说明煤矿企业这8个维度作为安全管理重要的8个目标，其内部存在一定的冲突。例如，如果煤矿企业追求效益，那么人本取向与生产在短期财务目标下就会存在资源分配的冲突。可见，在实际制度表现手段的设计中，由于无法有效兼容多目标，使得安全管理制度的表现手段偏离制度存在目的或表现形式，这样的制度就算宣称的"天花乱坠"，却无法被认同，以至于无法有效推行和执行，实属"劣性"制度，在此类制度下，自主行为安全和制度遵从最大化的目标更遥不可及。相反，能够有效兼容多目标使得安全管理制度表现手段与制度存在目的或表现形式一致的制度则属"良性"制度，在此类制度作用下作业人员的自主行为安全或制度遵从最大化才有可能实现（图 8-1）。

（2）可纳错位：良性制度与劣性制度的分界

依据安全管理制度设计思想，参考组织文化二元结构理论，以及在制度表现手段与员工制度遵从行为的博弈分析结论，都显示出安全管理制度表现手段与制度遵从行为选择存在非线性关系，而且"错位"可能存在各个博弈参与方都能接纳的范围，从而证明了"可纳错位"的存在。

"名义-隐真"文化错位是制定煤矿企业安全管理制度必须要考虑的因素，反映了企业与员工各自利益的整合与分裂程度，煤矿企业的安全管理制度表现手段不可能只偏向于一方，而是存在"可纳错位"范畴，是组织和员工都可接受的利益博弈范围（见第 4 章博弈分析）。也就是说，"名义-隐真"文化错位程度并非是越高就越好，也不是越低就越好，而是既有"适合的契合"也有"适合的差异"，是组织与员工共同利益的可纳范畴，也是"名义-隐真"文化错位的"可纳"范畴。当安全管理制度的表现手段形态处于"可纳错位"范畴内，制度的内部结构相互平衡、稳固，相应地，制度表现手段能够较好地平衡组织与员工的共同利益，员工体现更多的内源性制度遵从，此时的制度属于"良性"制度。当安全管理制度的表现手段形态处于"可纳错位"范畴外，制度未能平衡员工与企业的共同利益，此时制度内部结构处于失衡且不稳定状态，员工随时都有可能出现违章行为，制度则属于"劣性"制度。可见，"可纳错位"是"良性"制度与"劣性"制度的分界（图 8-1）。

8.1.2 8 个维度的可纳错位计算

假定个人执行价值观不变，通过改变制度体现的价值观水平，来探寻内源性制度遵从与外源性制度遵从在不同错位区间内的水平变化趋势。本书同样运用 Matlab 软件进行编程来计算，并通过图形来体现可纳错位在各个维度的反映。该作图法本质上用的是控制变量法，个人执行价值观在短时间内不会出现巨大的变动，可以视为常数，研究制度宣称价值观对内外源制度遵从行为的影响，自然根据不一致性定义就可以得出不一致性程度对制度遵从行为的影响。因此，选取本次调研个人执行价值观得分的均值为个人执行价值观得分。在不同维度下，当个人执行价值观（EN）取均值时（见不同维度下的描述性、相关性表），以制度宣称价值观（ES）的得分 1、2、3、4、5 分别减去 EN 均值为横坐标，即当 EN 为某一定值时，ES–EN 的不一致性程度取值区间[1–EN，5–EN]为横坐标，以相应取值下内外源制度遵从为纵坐标作图。

（1）卓越取向维度的可纳错位

图 8-2 展示了在卓越取向维度下，ES–EN 错位（不一致性）程度与内、外源

制度遵从行为的关系，可以反映出卓越取向的"可纳错位"范畴。该维度下，煤矿企业作业人员的执行价值观水平为4.02，煤矿企业"名义-隐真"文化（即"宣称-执行"价值观）的不一致性程度处于区间[-3.02，-0.95]，此时制度宣称价值观程度低于个人执行价值观程度，内源性制度遵从高于外源性制度遵从。但当制度宣称价值观程度逐渐接近并超出个人执行价值观程度时，不一致性程度处于区间[-0.95，0.98]，内源制度遵从低于外源性制度遵从，且此时外源性制度遵从程度代表制度总遵从程度。

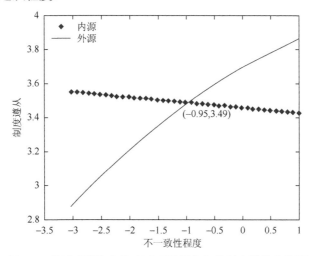

图 8-2　基于卓越取向维度"可纳错位"的制度遵从走势图

（2）人本取向维度的可纳错位

图 8-3 展示了在人本取向维度下，ES-EN 错位（不一致性）程度与内、外源

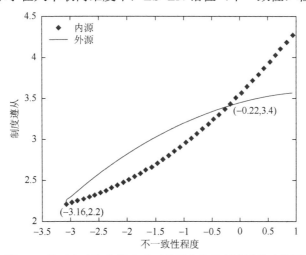

图 8-3　基于人本取向维度"可纳错位"的制度遵从走势图

制度遵从行为的关系，可以反映出该维度下的"可纳错位"范畴。该维度下，煤矿企业作业人员的执行价值观水平为 4.07，煤矿企业"名义-隐真"文化（即"宣称-执行"价值观）的不一致性程度处于区间[-3.16，-0.22]，此时制度宣称价值观程度低于个人执行价值观程度，内源性制度遵从低于外源性制度遵从。但煤矿企业"名义-隐真"文化（即"宣称-执行"价值观）的错位程度处于区间[-0.22，0.93]，也就是制度宣称价值观逐渐接近并超过个人执行价值观时，内源性制度遵从高于外源性制度遵从，且此时内源性制度遵从程度代表制度总遵从程度。

（3）团队取向维度的可纳错位

图 8-4 展示了在团队取向维度下，ES-EN 错位（不一致性）程度与内（外）源制度遵从行为关系，显示了该维度"可纳错位"范畴。煤矿企业作业人员在团队取向维度下的执行价值观水平为 3.74，当"名义-隐真"文化（即"宣称-执行"价值观）的错位程度处于区间[-2.74，-0.55]，此时个人执行价值观高于制度宣称价值观，内源性制度遵从高于外源性制度遵从。当错位程度在区间[-0.55，1.26]，制度宣称价值观将要接近并逐渐超过个人执行价值观时，外源性制度遵从高于内源性制度遵从，此时外源性制度遵从程度代表制度总遵从程度。

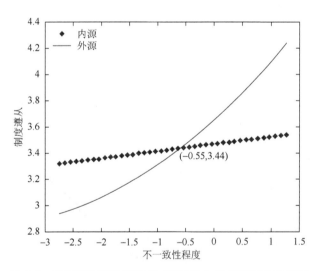

图 8-4　基于团队取向维度"可纳错位"的制度遵从走势图

（4）伦理取向维度的可纳错位

图 8-5 展示了 ES-EN 错位（不一致性）程度与内（外）源制度遵从行为在伦理取向维度下的关系，显示了该维度"可纳错位"范畴。煤矿作业人员在伦理取

向维度下的执行价值观水平为 3.43，当 "名义-隐真" 文化（即 "宣称-执行" 价值观）错位程度处于区间[-2.43，-0.3]时，制度宣称价值观程度低于个人执行价值观程度，即制度要求员工具备的伦理取向水平小于个人实际水平，内源性制度遵从高于外源性制度遵从。但当错位程度在区间[-0.3，1.57]，制度宣称价值观将要接近并超出个人执行价值观时，外源性制度遵从高于内源性制度遵从，且外源性制度遵从程度代表制度总遵从程度。

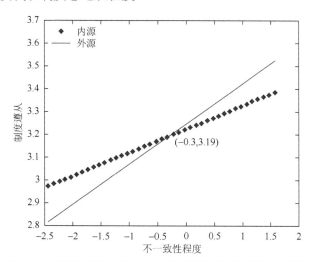

图 8-5　基于伦理取向维度 "可纳错位" 的制度遵从走势图

（5）精益取向维度的可纳错位

图 8-6 展示了精益取向维度下，ES-EN 错位（不一致性）程度与内（外）

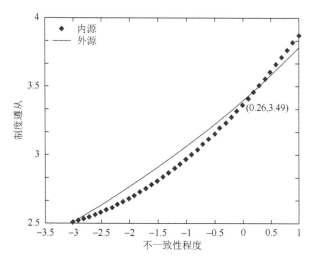

图 8-6　基于精益取向维度 "可纳错位" 的制度遵从走势图

源制度遵从行为的关系，可以反映该维度下的"可纳错位"范畴。该维度下，煤矿企业作业人员的执行价值观水平为4.01，煤矿企业"名义-隐真"文化（即"宣称-执行"价值观）的不一致程度处于区间[-3.01，0.26]，此时制度宣称价值观程度低于个人执行价值观程度，即制度对员工在精益取向维度的要求低于员工对自我的实际要求程度，作业人员的内源性制度遵从低于外源性制度遵从。但当ES-EN错位程度处于区间[0.26，0.99]，也就是制度宣称价值观逐渐接近并超过个人执行价值观时，制度要求的精益水平将要接近并超出个人实际水平，作业人员的内源性制度遵从高于外源性制度遵从，且此时内源性制度遵从程度代表制度总遵从程度。

（6）社会取向维度的可纳错位

图8-7反映了煤矿企业ES-EN错位（不一致性）程度与内（外）源制度遵从行为在社会取向维度的关系图，也反映了该维度"可纳错位"范畴。煤矿企业作业人员社会取向方面的执行价值观水平为3.97，当"名义-隐真"文化（即"宣称-执行"价值观）的错位程度处于区间[-2.97，-0.59]，此时个人执行价值观高于制度宣称价值观，内源性制度遵从高于外源性制度遵从，且个人执行价值观水平远高于制度宣称价值观，其错位程度等于-2.97时，内源性制度遵从程度取最大值3.72。当错位程度在区间[-0.59，1.03]，制度宣称价值观将要接近并逐渐超过个人执行价值观，其错位程度等于1.03时，外源性制度遵从取最高值3.71，外源性制度遵从最值略低于内源性制度遵从，可视作两类制度遵从的最大值相等。

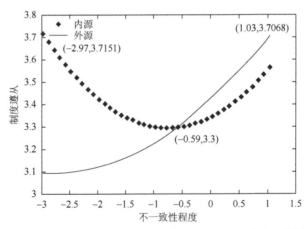

图8-7　基于社会取向维度"可纳错位"的制度遵从走势图

（7）平等取向维度的可纳错位

由图8-8可见，在平等取向维度下，ES-EN错位（不一致性）程度与内（外）

源制度遵从行为的关系及"可纳错位"范畴与其他几个维度都不相同。在该维度下，煤矿企业作业人员的执行价值观水平为 2.67，当错位程度处于区间[−1.67，2.33]时，内源性制度遵从始终低于外源性制度遵从，且当错位取值为 2.33 时，外源性制度遵从达到最大值，此时制度遵从程度也最高。

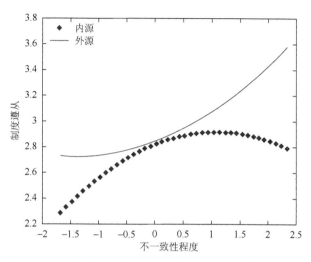

图 8-8　基于平等取向维度"可纳错位"的制度遵从走势图

（8）规则取向维度的可纳错位

图 8-9 展示了在规则取向维度下，煤矿企业 ES–EN 错位（不一致性）程度与内（外）源制度遵从行为的关系，显示了该维度"可纳错位"范畴。煤矿企业作

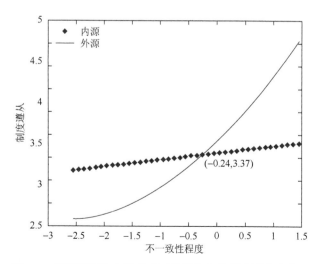

图 8-9　基于规则取向维度"可纳错位"的制度遵从走势图

业人员在规则取向维度下的执行价值观水平为3.55，当"名义-隐真"文化（即"宣称-执行"价值观）的错位程度处于区间[−2.55，−0.24]，此时个人执行价值观高于制度宣称价值观，内源性制度遵从高于外源性制度遵从。当错位程度在区间[−0.24，1.45]，制度宣称价值观将要接近并逐渐超过个人执行价值观时，外源性制度遵从高于内源性制度遵从，此时外源性制度遵从程度代表制度总遵从程度。

8.1.3　基于调研企业的安全管理制度"良""劣"特征分析

（1）调研企业的安全管理制度"良""劣"分析

组织文化的二元结构理论构建章节提出了"可纳错位"，煤矿企业"名义-隐真"文化错位与制度遵从的博弈分析中证明了实践中"可纳错位"的存在，本章计算出每个维度的"可纳错位"数值，所有的努力都只为一个目标服务：如何从提升内源性制度遵从视角来设计有效的"良性"安全管理制度，以实现煤矿安全管理的自主行为安全，进而提升制度遵从程度（见第6章建立的概念模型）。因此，只有能实现自主行为安全，进而提升制度遵从程度的安全管理制度才是有效的制度，是"良性"的制度，而实现此目标的制度设计应该建立在"可纳错位"的基础上。如果现有制度表现手段游离于"可纳错位"范畴外，可能会产生外源性制度遵从，无法实现完全意义上的自主行为安全，此时的制度并不是真正意义上的有效制度，属于"劣性"制度。

为了分析和评判所调研煤矿企业现有安全管理制度是"良性"还是"劣性"制度，以及在什么情况下"良性"制度会转化为"劣性"制度，本书在上述各维度价值观错位，以及"可纳错位"所得数值的基础上进行了分析。各维度对应的价值观错位及"可纳错位"数值见表8-1。

表8-1　8个维度"可纳错位"与调研企业价值观错位数值图

维度名称	卓越取向	人本取向	团队取向	伦理取向	精益取向	社会取向	平等取向	规则取向
可纳错位	[−3.02，−0.95]	[−0.22，0.93]	[−2.74，−0.55]	[−2.43，−0.3]	[0.26，0.99]	[−2.97，−0.59]	无	[−2.55，−0.24]
非可纳错位	[−0.95，0.98]	[−3.16，−0.22]	[−0.55，1.26]	[−0.3，1.57]	[−3.01，0.26]	[−0.59，1.03]	[−1.67，2.33]	[−0.24，1.45]
制度宣称价值观数值	4.57	4.52	4.56	4.42	4.60	4.46	3.52	4.68
个人执行价值观数值	4.02	4.07	3.74	3.43	4.01	3.97	3.76	3.55
"制度宣称-个人执行"价值观错位	0.55	0.45	0.82	0.99	0.59	0.49	−0.24	1.13

表8-1分别给出8个维度可纳错位的数值范围，以及调研企业"制度宣称-个人执行"价值观错位的数值，通过对比可以发现，除了人本取向和精益取向维度的"制度宣称-个人执行"价值观错位处于可纳错位范畴内之外，其余6个维度均处于非可纳错位范畴。

如果抛开制度推行程度这一调节变量，仅从制度宣称与个人执行价值观错位视角讨论，所调研煤矿企业的安全管理制度围绕以人本取向和精益取向内容进行的制度表现手段设计属于"良性"制度，如《职业卫生/健康管理制度》、《煤矿企业质量标准化制度》等中所体现出的激励措施力度。该激励措施力度是相对数，是对比于企业现有作业人员个人执行价值观平均值的基础上的，如果制度宣称价值观力度与个人执行价值观差值处于[-0.22，0.93]，都算是"良性"制度。其余6个维度的价值观错位数值均高于可纳错位，说明所调研企业在卓越取向、团队取向等维度中体现出的安全管理制度表现手段过于强势，这与煤矿企业实行的"准军事化管理"风格相吻合，特别是安全风险维度的价值观错位为1.13，是最接近于该维度下非可纳错位[-0.24，1.45]的最高值，说明体现在煤矿企业规则取向维度的制度表现手段在这8个维度中属于最"强势"的。

（2）基于"可纳错位"的安全管理制度"良""劣"转化

如果煤矿企业现有安全管理制度在不同维度下有着不同的"良""劣"特征，随着时间的推移、外界环境的变化、新入职人员价值观特征显著异样或者由于其他系统性因素，制度的"良""劣"会发生相互转化。以现有调研数据的"可纳错位"为例，分两种情况说明两种制度的转化，一是新制度建立之初，二是现有制度需要修改之时。所调研数据的"可纳错位"计算可用于第一种情况，虽然上述人本取向维度的安全管理制度属于"良性"制度，但如果价值观错位低于[-0.22，0.93]而处于[-3.16，-0.22]时，说明制度在宣称的时候就不关心和支持员工的生命、权益等，显然会引发员工的不满，此时"良性"制度会向"劣性"制度转化。同样，如果精益取向维度的价值观错位低于[0.26，0.99]而处于[-3.01，0.26]中的任何一个数值，基于精益取向的安全管理制度过于低程度要求作业人员，一方面无法激发个人的内驱力，另一方面制度中过低的激励措施也会使得员工不满意制度设计，此时"良性"制度也会向"劣性"制度转化。相应地，其他6个维度的制度要想转变化"良性"制度，以规则取向维度为例，只需要在规则取向相关的激励措施力度上降低至"可纳错位"[-2.55，-0.24]，制度表现手段体现出一定的"民主"色彩即可。剩余5个维度都可以做相似分析，本书不再赘述。调研数据分析中的内外源性制度遵从程度也显示出，外源性制度遵从程度高于内源性制度遵从程度，调研结果趋势与本书的分析结果一致。第二种情况的应对办法就需要重新调研现有作业人员的个人执行价值观，以相同的方法重新计算"可纳错位"，再判断现有制度的"良"或"劣",以此采取相应的调整措施。

可见,如果要使内源性制度遵从高于外源性遵从,煤矿企业就需要改变安全管理制度表现手段的类型。依据计算出的"可纳错位"数值,煤矿企业在进行制度设计时要考虑组织资源的有效分配,以确定不同维度的制度表现手段处于"可纳错位"范畴内的具体数值,使得制度成为或转换为"良性"制度,实现自主行为安全。

8.2 基于煤矿安全管理制度设计的"动-衡"调控体系

8.2.1 安全管理制度设计思想

无论是煤矿企业"名义-隐真"文化错位与制度遵从关系的分析,还是各个维度"可纳错位"的分析,都说明了一个问题:柔性特征的安全管理制度设计虽然可以提升内源性制度遵从并实现自主行为安全的目标,但并不意味着其实现的作业人员制度遵从程度高于制度的刚性特征所实现的作用,即某些维度中制度柔性特征作用下的内源性制度遵从程度高于外源性制度遵从,但另一些维度下却低于外源性制度遵从。因此,要想实现自主行为安全,就不一定实现最高程度的制度遵从;而要实现最高程度的制度遵从就需要"刚柔并济"的安全管理制度设计。

综上分析,煤矿企业安全管理制度设计的思想体现在两个方面:一是为了实现自主行为安全的安全管理制度设计;二是为了实现作业人员对安全管理制度遵从最大化的制度设计。前者体现了制度设计应该遵从作业人员个体自身适应和变革规律,在参考"可纳错位"的基础上,通过制度本身的价值观基础构建,以及制度的科学设计,以引导和干预作业人员从"要我遵从"转为"我要遵从",让绝大部分作业人员产生积极主动、持久的制度遵从行为;后者体现了通过制度的表现手段来实现制度的"刚柔并济",在"可纳错位"分析的基础上,调研企业现有作业人员的执行价值观,同样是遵从作业人员个体自身适应和变革规律,也就是说,制度表现手段体现出的"名义-隐真"文化(即"宣称-执行"价值观)的错位程度遵从各个维度的"可纳错位"特征,最大化制度遵从程度。无论是制度的"刚柔并济"、两类目标下8个维度错位程度的均衡设计,抑或是遵从作业人员个体自身适应和变革规律,都体现出制度设计自身的"动-衡"特征,其目的都是通过调控体系促使"劣性"安全管理制度转换为"良性"安全管理制度。

8.2.2 基于自主行为安全的煤矿安全管理制度"动-衡"设计

(1)卓越取向

新技术在煤矿企业的推广和应用是煤矿实现高水平安全管理的重要手段。相关研究指出，在煤矿企业核心竞争力方面要以采煤技术创新为突破口；在提升煤矿安全管理水平方面，新技术的开发与应用可以有效改善煤矿安全水平。例如，高度机械化和自动化作业，以及先进开采技术应用就是美国煤矿安全记录产生巨大改善的重要原因之一等[259, 260]。可见，卓越取向对于煤矿企业安全管理具有重要作用。

基于卓越取向的"可纳错位"分析结果，虽然制度宣称价值观与个人执行价值观的错位处于[-3.02，-0.95]，员工内源性制度遵从程度高于外源性制度遵从，员工能够自觉遵从相关安全管理制度。同时，随着错位程度的减少，内源性制度遵从降低，当错位程度等于-3.02 时，内源性制度遵从最高。但处于该范畴内的内源性制度遵从最大值（3.57）与交点值（3.49）的差值非常小，仅为 0.08，可以忽略不计。因此，在错位程度处于[-3.02，-0.95]范畴内的内源性制度遵从趋势等同于与横坐标轴平行的线段.

可见，在卓越取向维度下，个人的执行价值观水平决定了作业人员对安全管理制度的内源性遵从水平，制度宣称价值观并未构成对内源性制度遵从的影响。要想实现自主行为安全，就需要作业人员具备很高程度的卓越取向价值观水平，这样内源性制度遵从才有可能一直高于外源性制度遵从（图 8-10）。

（2）人本取向

煤矿安全生产的人本管理理念被认为是实现员工自我主动安全管理的主要途径[261]，而人本取向的企业安全文化体现了"自己的安全自己管，指望他人不保险"的安全理念，其是保障矿井安全生产和员工身心健康的重要保障[262]，可见人本取向可以促进员工内源性制度遵从，从而能够有效地实现员工的自主行为安全。

在人本取向的内源性制度遵从方面，"制度宣称-个人执行"价值观错位程度与内源性制度遵从具有显著的非线性关系，相关分析结果显示，制度宣称的人本程度并非越高越好，而是在一定区间范围内，内源性制度遵从程度最高，且高于外源性制度遵从。基于人本取向维度的"可纳错位"分析结果显示，对于所调研煤矿企业而言，如果煤矿企业高度重视员工的个人需求，且基于"人本取向"维度的制度设计等与员工执行价值观的错位范畴处于[-0.22，0.93]时，既能激发员工的内源性驱动，又不至于让制度对员工产生"阻断性压力"，此时员工对煤矿企业绝大部分的安全管理制度的内源性遵从程度大于外源性遵从，且二者的错位程度等于 0.93 时，内源性制度遵从最高，制度遵从程度最高。

可见，要想实现自主行为安全，需要重点考虑基于人本取向的煤矿安全管理制度设计。由于个人执行价值观在短期内是固定的，需要调研企业个人执行价值观的平均水平，当制度宣称价值观在[-0.22，0.93]的错位区间内变动时，内源性制度遵从高于外源性制度遵从，此时制度的表现手段属于"双向"民主集中型表现手段，且越偏向于"民主型"表现手段，内源性制度遵从程度越高。在高度制度推行情境下，内源性制度遵从程度更高。因此，高制度推行、价值观错位处于[−0.22，0.93]区间的"双向"民主集中型并且偏向于"民主型"的表现手段都是实现自主行为安全的有效方式（图 8-10）。

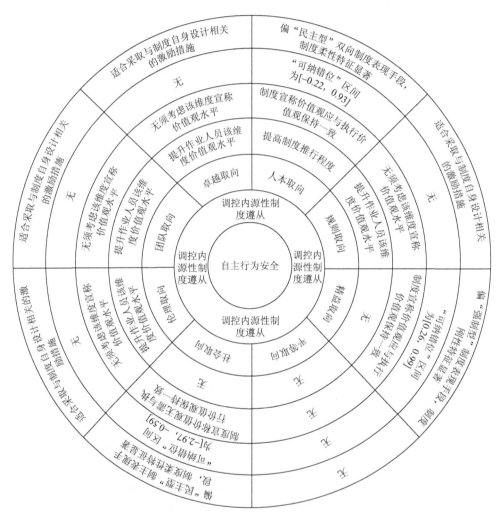

图 8-10　基于自主行为安全的煤矿安全管理制度"动-衡"设计

（3）团队取向

班组建设一直被认为是煤矿企业安全管理的基石，而班组建设的核心就是培养班组职工的团队精神。企业管理中十分重视团队和团队精神的作用，通过建设强有力的优秀团队可以保障安全管理的有效进行，减少事故发生的概率[263]。

基于团队取向维度的"可纳错位"分析结果显示，对于所调研煤矿企业而言，如果煤矿需要作业人员自觉遵从与团队取向相关的制度，煤矿安全管理制度对员工在该维度的要求程度要小于员工的执行价值观，且处于[−2.74，−0.55]时，员工内源性制度遵从程度较高。但处于该范畴内的内源性制度遵从最大值（3.32）与交点值（3.44）的差值非常小，仅为 0.12，可以忽略不计。因此，在错位程度处于[−2.74，−0.55]的内源性制度遵从趋势等同于与横坐标轴平行的线段。可见，该维度与卓越取向维度的结论较为一致，即制度宣称价值观并未构成对基于团队取向的内源性制度遵从的影响，而是个人的执行价值观水平决定了作业人员对安全管理制度的内源性遵从水平。煤矿企业需要其他类型的激励或约束手段来提升员工自身团队精神水平，内源性制度遵从才有可能一直高于外源性制度遵从，才能实行自主行为安全（图 8-10）。

（4）伦理取向

安全管理者道德素质及安全生产者道德素质低下，同时煤矿对生命关怀的伦理意识淡漠，并普遍存在违反社会基本道德规范的现象，这些是我国煤矿安全问题长期得不到解决的根本原因[264]，可见通过尊重生命和诚信等伦理原则构建，重建道德体系规范煤矿安全生产，是降低煤矿事故发生率的必然趋势[265, 266]。

基于伦理取向的"可纳错位"分析结果显示，对于所调研煤矿企业而言，如果煤矿要求作业人员应该具备的道德水平较低且低于个人实际水平，其错位程度处于[−2.43，−0.3]时，员工内源性制度遵从程度较高，此时员工对制度的遵从是主动遵从，属于自主行为安全。具体到煤矿企业管理中，伦理取向维度更多的是反映在员工守则或员工行为规范中，安全管理制度中更多涉及的是具体的安全要求，伦理道德在此类制度中总是以提倡的形式存在，制度中围绕该维度进行的奖惩措施并不多见。但不可否认，伦理道德对于煤矿安全管理确实具有重要作用，因此煤矿企业需要通过其他激励或约束手段来提升员工的伦理道德水平，以进一步提升员工对整体安全管理制度的内源性制度遵从水平（图 8-10）。

（5）精益取向

基于精益取向的"可纳错位"分析结果显示，对于所调研煤矿企业而言，如果煤矿企业在安全管理制度制定中对作业人员在团队取向方面提出较高的要求，且二者的错位程度处于[0.26，0.99]时，作业人员的制度遵从程度一直提升，以至于达到最高，且内源性制度遵从高于外源性制度遵从，煤矿企业可以实现自主行为遵从，同时当二者错位程度等于 0.99 时，内源性制度遵从程度最高，制度遵从程度最高。该趋势特征与煤矿企业"宣称-执行"价值观错位与内制度遵从关系的分析结果并不一致，可能是由于个人执行价值观水平过高，横坐标无法显示出其他 4 个级别的趋势走向。此外，制度推行程度对于价值观错位与内源性制度遵从关系并无调节作用。

具体到煤矿企业中，安全管理制度设计在团队取向维度必须要考虑制度宣称价值观的水平。虽然制度设计逐渐贴近员工执行价值观能提升内源性制度遵从，但"价值观一致性与不一致性相比，一致性的内源性制度遵从更高"，说明煤矿企业针对该维度的制度设计最好与员工执行价值观保持一致，即如果制度宣称价值观与其一致，煤矿企业作业人员结精益取向的价值观水平越高，则内源性制度遵从更高。当制度宣称价值观在[0.26，0.99]的错位区间内变动时，内源性制度遵从高于外源性制度遵从，随着错位程度的提升，内源性制度遵从越高，制度遵从程度就越高，此时制度的表现手段属于"双向型"民主集中型表现手段，且越偏向于"强制型"表现手段。可见，提升作业人员精益取向的价值观水平、价值观完全一致，以及价值观错位处于[0.26，0.99]的"双向"民主集中型并且偏向于"强制型"的表现手段都是实现自主行为安全的有效方式（图 8-10）。

（6）社会取向

社会责任是煤矿为了创造有利于自身发展的社会环境，积极符合社会发展要求，并与政府、社区、环境等发展良好关系，是组织价值观的重要要素[267]，也是煤矿企业持续健康发展的重要途径。基于社会取向的"可纳错位"分析结果显示，对于所调研煤矿企业而言，如果企业要想实现自主行为安全，基于社会取向的安全管理制度对员工的要求要小于个人执行价值观水平，其错位程度可处于[-2.97，-0.59]。随着错位程度的降低，内源性制度遵从虽然高于外源性制度遵从，但遵从程度却下降，要实现制度遵从最高，错位程度取值为-2.97。

具体到煤矿企业管理，要实现自主行为安全，基于社会取向的煤矿企业安全管理制度宣称价值观水平应小于个人执行价值观水平，且错位程度沿着[-2.97，-0.59]趋势变动时，内源性制度遵从更高，即制度宣称价值观越低于个人执行价值观水平，内源性制度遵从就越高，此时制度表现手段属"双向型"民主集中型表现手段，且越偏向于"民主型"表现手段。同时，社会取向维度中"价值观一致性与不一致性相比，不一致性的内（外）源制度遵从更高"，说明煤矿企业针对该维度的制度设计没有必要考虑与员工执行价值观的一致性程度。可见，价值观错位处于[-2.97，-0.59]的"双向"民主集中型并且偏向于"民主型"的表现手段是实现自主行为安全的有效方式（图 8-10）。

（7）平等取向

"权力寻租"是近些年煤矿安全管理在宏观层面的关注方向，"权力寻租"在宏观层面上是指国家公务人员利用手中权力作为筹码，向企业或个人出租权力以获取暴利[268]，反映在安全管理的微观层面也应如此。如果煤矿内部权力距离高，官僚风气严重，腐败行为滋生，会严重侵蚀监督机制的有效执行，煤矿的事故发生将不能得到有效遏制，因此企业内合适的权力距离（即平等程度）对权力监督和事故发生等有着密切关系[269]。

基于平等取向的"可纳错位"分析结果显示，对于所调研煤矿企业而言，煤矿企业制度中体现的对权力和人际关系约束与监督程度无论是低于或超出个人实际或期望水平，作业人员对制度遵从的外源性驱动力始终高于内源性驱动力，说明在平等取向维度下，对于实现自主行为安全无任何作用，不予考虑。

（8）规则取向

毋庸置疑，安全培训、风险控制等是煤矿企业实现安全目标的普适性措施，对煤矿安全管理的重要性已不需赘述。

基于规则取向的"可纳错位"分析结果显示，对于所调研煤矿企业而言，如果煤矿需要作业人员自觉遵从与规则取向相关的制度，煤矿安全管理制度对员工在该维度的要求程度要小于员工执行价值观，且处于[-2.55，-0.24]时，员工内源性制度遵从程度较高。但处于该范畴内的内源性制度遵从最大值（3.21）与交点值（3.37）的差值非常小，仅为0.16，可以忽略不计。因此，在错位程度处于[-2.55，-0.24]的内源性制度遵从趋势等同于与横坐标轴平行的线段。该趋势特征和煤矿企业"宣称–执行"价值观错位与制度遵从关系的分析结果一致，即在规则取向维度，内源性制度遵从显示仅与个人执行价值观水平呈正相关。此外，该维度的制度推行程度也无法影响员工对该维度的制度遵从程度。

可见，制度宣称价值观并未构成对基于规则取向的内源性制度遵从的影响，而个人执行价值观决定了作业人员对安全管理制度的内源性遵从程度。煤矿企业需要其他手段来提升员工自身安全与风险水平，内源性制度遵从才有可能一直高于外源性制度遵从，以实现自主行为安全（图8-10）。

8.2.3 基于制度遵从行为最大化的煤矿安全管理制度"动–衡"设计

（1）卓越取向

基于卓越取向的"可纳错位"分析结果显示，对于所调研企业，制度要求改革创新的程度与员工执行价值观错位最好处于[-0.95，0.98]，外源性制度遵从高于内源性制度遵从。如果价值观错位在[-0.62，0.98]，外源性制度遵从在整体上高于内源性制度遵从，并当错位程度等于0.95时，外源性制度遵从程度最高，且制度遵从程度最高，此时安全管理制度表现手段为"双向"民主集中型并且偏向于"强制型"的表现手段。同时，"制度宣称-个人执行"价值观一致时要比不一致时的外源性制度遵从程度高，且随着一致性程度的提升，外源性制度遵从提升，说明煤矿设计制度时，在该维度要保持与员工个人执行价值观的一致性。此外，制度推行程度在该维度无任何调节作用。

可见，如果企业希望员工进一步提升在该维度的制度遵从程度，可能无法实现自主行为安全的目标，需要依赖制度提供的外源性驱动力以提升制度对员工的要求程度，因此提升员工卓越取向的价值观水平、价值观完全一致，以及价值观错位处于[-2.97, -0.62]的"双向"民主集中型并且偏向于"民主型"的表现手段都是实现制度遵从程度最大化的有效方式（图8-11）。

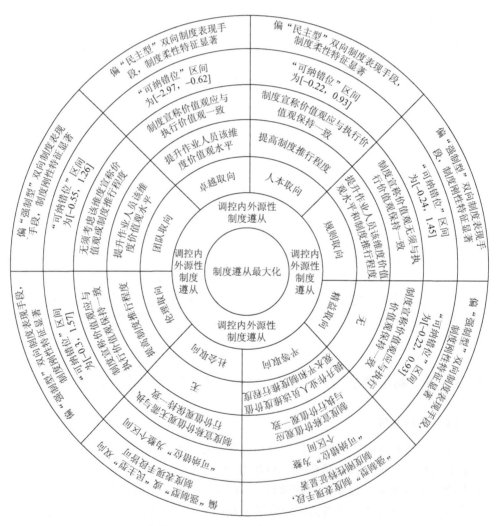

图8-11 基于制度遵从最大化的煤矿安全管理制度"动-衡"设计

（2）人本取向

由于该维度下制度遵从程度最大化就是实现自主行为安全时的价值观错位特征，这里不再重复分析。与实现自主行为安全的制度设计模式一样，高制度推行、价值观错位处于[-0.22，0.93]的"双向"民主集中型并且偏向于"民主型"表现手段都是实现制度遵从最大化和自主行为安全的有效方式（图8-11）。

（3）团队取向

基于团队取向的"可纳错位"分析结果显示，对于所调研企业，制度要求程度与员工执行价值观错位最好处于[-0.55，1.26]，此时制度则更倾向于刚性特征且外源性制度遵从在整体上高于内源性制度遵从。二者价值观错位越大，外源性制度遵从就越高，当错位程度等于1.26时，外源性制度遵从程度最高，且制度遵从程度最高，此时安全管理制度表现手段为"双向"民主集中型并且偏向于"强制型"。同时，"制度宣称-个人执行"价值观不一致时要比一致时的外源性制度遵从程度高，说明煤矿企业针对该维度的制度设计没有必要考虑与员工执行价值观的一致性。此外，制度推行程度在该维度下并无调节作用。

具体到煤矿企业中，如果企业重视班组建设，但制度设计中体现的激励或约束水平低于或稍超出员工的实际要求，员工对班组建设相关制度的遵从程度会降低，只有相关制度体现出过高的奖惩力度，员工对制度的外源性制度遵从程度才会提升。可见，价值观错位处于[-0.55，1.26]的"双向"民主集中型并且偏向于"强制型"的表现手段是实现制度遵从程度最大化的有效方式（图8-11）。

（4）伦理取向

基于伦理取向的"可纳错位"分析结果显示，对于所调研煤矿企业而言，如果煤矿期望员工的制度遵从程度提升，就需要刚性的制度约束以提升外部驱动力，此时的价值观错位程度处于[-0.3，1.57]，外源性制度遵从在整体上高于内源性制度遵从，且制度遵从程度一致提升，偏离于自主行为安全的实现。二者价值观错位越大，外源性制度遵从就越高，当二者错位程度等于1.57时，外源性制度遵从程度最高，制度遵从程度最高。高制度推行程度对价值观错位与外源性制度遵从具有明显的调节作用，且制度推行程度越高，外源性制度遵从程度越高。

可见，煤矿企业在进行制度设计时，可以加大与伦理道德相关的奖惩力度，该力度应该超出员工实际期望的水平，同时更要加大制度的推行力度，以保证煤矿企业作业人员外源性制度遵从的不断提升。因此，高制度推行程度、价值观错位处于[-0.3，1.57]的"双向"民主集中型并且偏向于"强制型"的表现手段都是实现制度遵从程度最大化的有效方式（图8-11）。

（5）精益取向

由于该维度下的制度遵从程度最大化就是实现自主行为安全时的价值观错位特征，这里不再重复分析。因此，提升作业人员精益取向的价值观水平、价值观完全一致，以及价值观错位处于[0.26，0.99]的"双向"民主集中型并且偏向于"强制型"的表现手段都是实现制度遵从最大化的有效方式（图8-11）。

（6）社会取向

基于社会取向的"可纳错位"分析结果显示，该维度在内外源制度遵从走向上与其他7个维度都不相同。如果煤矿企业追求制度遵从程度最大化，其错位程度既可以处于[-2.97，-0.59]，也可以处于[-0.59，1.03]，因为内源性制度遵从与外源性制度遵从的最高值几乎相等。同时，社会取向维度中"价值观一致性与不一致性相比，不一致性的内（外）源制度遵从更高"，说明煤矿企业针对该维度的制度设计没有必要考虑与员工执行价值观的一致性程度。此外，制度推行程度对于该维度无调节作用。

可见，煤矿企业针对社会取向的安全管理制度设计既可以采取处于[-2.97，-0.59]的偏"民主型"的制度表现手段，也可以采取处于[-0.59，1.03]的偏"强制型"的"双向型"制度表现手段（图8-11）。

（7）平等取向

基于平等取向的"可纳错位"分析结果显示，对于所调研煤矿企业而言，煤矿企业制度中体现的对权力和人际关系约束与监督程度无论是低于或超出个人实际或期望水平，作业人员对制度遵从的外源性驱动力始终高于内源性驱动力，且错位程度越高，内源性制度遵从越高，制度遵从也越高，说明在平等取向维度下，制度的刚性特征都显示出较强的影响作用，自主行为安全的思想在该维度下似乎并不能得到实现。同时，该维度中结果显示的"价值观一致性与不一致性相比，一致性的内（外）源制度遵从更高"规律说明，煤矿企业在安全管理制度设计时要在平等取向维度上与员工执行价值观保持一致。此外，高程度的制度推行可以有效调节外源性制度遵从，提升其程度。

可见，煤矿安全管理制度不仅需要宣称高度的平等取向，采取"强制型"制度表现手段，既要体现对关系运作、官僚作风等的强烈反对，还需要部门主管或员工的直接上司严厉并高度推行和执行制度，价值观完全一致及提升作业人员的相关价值观水平，作业人员的外源性制度遵从才能达到最高（图8-11）。

（8）规则取向

基于规则取向的"可纳错位"分析结果显示，对于所调研煤矿企业而言，如果企业要求员工更高程度的制度遵从，就需依赖员工遵从制度的外源性驱动，制度要求程度与员工执行价值观错位最好处于[-0.24，1.45]，外源性制度遵从在整体上高于内源性制度遵从，此时制度则更倾向于刚性特征，可能偏离自主行为安全目标。价值观错位程度越高，制度遵从及外源性制度遵从程度越高，当二者错位程度等于1.45时，外源性制度遵从程度最高，制度遵从程度最高。同时，价值观一致性与不一致性相比，不一致性的外源制度遵从更高，说明煤矿企业针对该维度的制度设计没有必要考虑与员工执行价值观的一致性程度。此外，制度推行程度在该维度下具有调节作用。

具体到煤矿企业中，规则取向是煤矿企业安全管理最为重视的一个维度。上述分析结果说明，安全管理制度设计中体现出该维度价值观水平的程度越高，超出水平越高，员工的外源性制度遵从就越高，也就是说，围绕规则取向相关的制度必须要具备过高的奖惩力度，类似于"强制性"制度表现手段。可见，高制度推行程度、价值观错位处于[-0.24，1.45]的"双向"民主集中型并且偏于"强制型"的表现手段都是实现制度遵从程度最大化的有效方式（图8-11）。

8.3 基于非制度设计的煤矿安全管理制度遵从 "动-衡"调控体系

8.3.1 作业人员执行价值观提升

在卓越取向、团队取向、伦理取向和规则取向4个维度中，煤矿企业安全管理制度自身设计对作业人员的内源性制度遵从并无显著影响，反而是作业人员自身的执行价值观水平对其有显著的正向影响。因此，要想实现真正意义上的自主行为安全，煤矿企业必须围绕这4个维度来采取措施，提升作业人员的执行价值观水平。同时，卓越取向、精益取向、平等取向3个维度中的制度宣称与个人执行价值观一致性可以有效提升外源性制度遵从，使得制度遵从最大化，也就是说，如果个人执行价值观水平越高，此时制度宣称价值观水平又与其完全一致，那么作业人员对制度遵从的程度将不断提升，从而实现制度遵从程度最大化的目标。可见，煤矿企业需要在卓越取向、团队取向、伦理取向、精益取向、平等取向和规则取向6个维度来提升作业人员的执行价值观水平，可以采取以下方法（图8-10～图8-12）。

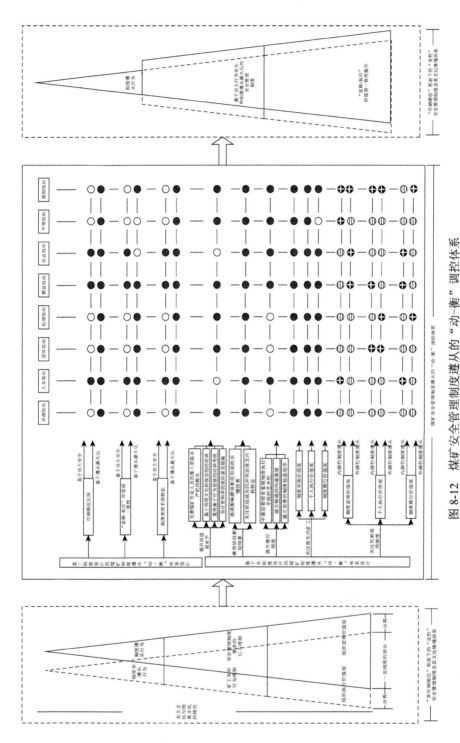

图 8-12 煤矿"安全管理制度遵从的"动-衡"调控体系

○表示 8 个维度无需考虑调控体系中该对应因素；●表示 8 个维度必须考虑调控体系中该对应因素，在调控体系维度权重较小，在调控体系对应因素中不必过多关注；⊕表示该维度权重较大，在调控体系对应因素中需要重点关注

（1）完善煤矿作业人员的准入资格并严把招聘关

提高煤矿作业人员的执行价值观，先要设置准入资格，通过完善煤矿企业从业人员的准入资格，可以提升作业人员的安全技能与综合素质，使作业人员的价值观水平符合企业要求并对煤矿安全有更好的理解，最大限度地避免事故发生。目前，我国还没有相对完备且权威的准入资格出台，现有的准入资格一般都存在于安全培训相关的文件中，仅规定了健康情况、年龄和学历的相关要求，如煤矿从业人员的学历要求规定在初中以上水平。然而，由于工种及岗位不同，所以准入资格也不相同，需要针对不同岗位及工种完善准入资格。可以参照美国的经验，如美国相关法律规定，煤矿企业的新矿工被录用后，必须接受安全相关的知识和法规的教育培训，且井工矿不少于 40h，露天矿不少于 20h 等。因此，我国煤矿监管部门在准入资格方面不仅要从健康、年龄、学历等方面考虑，还要从工种、岗位及相应的培训时间等来规定。此外，还可以依据完善之后的准入资格来严把招聘关，把不合格的人员排除在外。

（2）基于传统文化积极思想的培训

不可否认，个人价值观在短期内虽然是固定的，但如果在外界因素的长期影响下，个人价值观将会发生改变。因此，对于已经进入企业且价值观水平有待进一步提升的员工，就需要通过培训与考核的方式来提升其现有的价值观水平。此外，行为产生的根源可以追溯到文化的作用，即研究员工执行行为必然要追溯到员工所在国家传统文化的影响[270]，对于上述需要提升的 6 个维度，其表达的内涵及思想在传统文化中都有体现，煤矿企业可以通过大力弘扬传统文化中的积极思想与精神来提升作业人员相应的价值观水平。对员工进行有选择的传统文化培训，且培训形式需要多样化。国学热的兴起使得很多企业花重金邀请国学大师去讲课，但企业先要做的是需求分析，不能盲目追热。对于煤矿作业人员而言，由于其文化水平有限，企业是可以选择授课的形式来培训员工相关价值观的，但授课对于员工理解知识，以及对员工思想影响的持续性都不明显。因此，煤矿企业对于作业人员的培训形式应多样化，通过设计适合于该类群体的活动，将传统文化灌输其中。例如，冀中能源集团下属的邢台矿非常重视员工的传统文化培训，该矿管理层认为要促进员工的自主行为安全不能紧紧从组织利益视角来教育员工，还需要从最打动员工内心如孝敬父母、家庭观等出发来设计相关活动，可以通过如三字经等传统文化的讲解、让员工背诵相关内容，以及举办相关主题的业余文化活动，让作业人员参与其中以加深对传统文化的理解，加深自我的安全行为，这不仅为了组织利益，更是为了父母和其他家庭成员的利益。

（3）重视基于行为层级的培训考核

安全培训是煤矿企业永恒且重要的安全管理方式。进行基于中国传统文化积极思想的多样化培训是提升员工价值观的主要方式，但作业人员对于团队取向等6个维度相关价值观的提升并不意味着一定反映在员工的行为中，而执行价值观是指反映在员工实际行为中的价值观，可见只有实现价值观的内化并使得员工行为发生持久的改变才算是真正意义上执行价值观提升。因此，对作业人员进行传统文化积极思想的相关培训后，煤矿企业不可忽视培训后的评估，且应该把员工的行为层次做重要评估维度。通过对作业人员的培训评估，企业更确切地掌握了针对该类人员的评估需求，明确了下一步培训需努力的方向。同时，评估指标可以有效引导员工的行为，在Kirkpatrick提出的四层级评估模型的基础上设计培训评估指标，重点关注行为层级的评估，通过合理的行为层级培训评估指标来提升执行价值观。

8.3.2　兼容班组断层现象，减少错位的非可纳特征

根据相似相吸理论[271]，人们较为喜欢与类别相同的个体互动并逐渐形成群体，且群体规则对于个体价值观形成与改变具有强大的影响力，煤矿企业作业人员在工作与生活中经常接触的群体也都是与自己有共同特征的群体，如班组，那么煤矿企业要想使得处于"非可纳错位"的作业人员价值观转向"可纳错位"形态，则可以依靠班组建设的强力手段。

（1）班组建设中的群体断层现象

虽然国家乃至企业层面都十分重视班组建设，但在调研过程中发现，一线员工普遍反映对所在煤矿班组建设现状不满意，如班组中存在很多小群体，会削弱班组成员的凝聚力，增加价值观的"非可纳错位"形态等。班组中的小群体存在形态其实就是班组中的"断层现象"。

群体断层是一组假想的分割线，基于一个或多个特征将群体划分为不同的亚群体。现有群体断层模型首次强调了多重人口统计特征的组合对群体过程和群体效能的显著影响，指出当人口统计特征形成断层并且与任务关联时，最容易在群体内部产生互相对立的亚群体。西方学者提出，在研究群体中个人进行群体划分时，不仅考虑一个维度的划分因素，也要考虑每个个体可能属于不同子群体的情况；也有学者提出，随着群体成员共同相处时间的增长，共同工作经历的累积和相互之间了解的加深，群体人口统计特征对于断层的影响降低，与工作相关的特征可能会成为亚群体划分的有力依据。可见，群体断层关注了多样性群体中亚群体的形成和演化，从群体中亚群体内的聚合和亚群体间的差

异与对立视角,生动反映了多样性群体的动态构成,为深入理解多样化工作群体运作过程及群体绩效提供了新的研究视角[193]。因此,班组的建设并不意味着班组成员的个人绩效产生正协同效应,群体断层的存在或许会削弱或减少班组成员对核心价值观的共享程度,降低凝聚力。如何有效构建兼容群体断层现象的班组结构显得很有必要。

（2）强调影响群体断层形成的关键因素

芦慧等[193]指出,影响断层形成的5个因素的影响程度排序,从高到低依次为心理特征、关系特征、工作关联特征、人口统计特征和工作结果反馈特征。这一排列顺序与当代中国人的价值观体系一致,当代中国人价值观结构包含 8 个因素,按照因素认同强度递减排序为品格自律、才能务实、公共利益、人伦情感、名望成就、家庭本位、守法从众、金钱权利。传统的儒家文化、中庸思想深刻影响着中国人的价值观,使得"金钱权力"让位于"品格自律"、"才能务实"等人伦情感、家庭本位和守法从众,体现了中国传统文化中的义利观念。当代中国文化是传统文化与世界其他文化相互作用、不断变化的结果,受到西方资本主义和市场经济的影响,人们对于"金钱权力"的追求逐渐体现在断层划分因素中,所以人们在形成断层时更追求情感上的划分,与工作结果直接相关的利益因素影响程度最低[193]。因此,煤矿企业一线作业人员的班组建设,需重点关注班组成员的心理特征和关系特征,可以通过员工情感援助计划等形式,从情感等方面给员工提供支持,来聚合班组成员对组织等的共有情绪,降低断层的不利影响,使得班组成员的价值观与宣称价值观保持一致,处于"可纳错位"范畴中。

（3）关注班组成员的冲突态度及内耗特征

亚群体的存在使得群体内部互动过程较为复杂,在中国文化背景下,群体中亚群体成员存在冲突时更多表现出的是回避甚至是努力避免冲突或者客观公正调解,而不是像理论预测的一样维护自己子群体的利益,即中国文化情境下的工作群体中,个体形成子群体的目的是寻求保护、归属和安全感,个体成员基于长远利益的考虑会选择回避态度,甚至是尽量避免冲突,追求和谐的"中庸"局面。此外,中国自古就有"明哲保身"、"各人自扫门前雪,休管他人瓦上霜"的思想,基于"枪打出头鸟"、"深植恩德、预留后路"的社会认知,一般情况下个体没有意愿引起冲突或是"出风头",或者是表示虽然感情上倾向于维护自己子群体的利益,但仍会选择站在客观公正的角度进行调解,达到不伤和气、共赢的中庸局面。但是,当冲突涉及个人利益已经超过自己的界限时,人们会主动放弃"安逸"选择维护子群利益的行为[193]。因此,相比西方把悖论

（矛盾）当作专属对立的观点，"阴阳"则体现了中国文化中悖论（矛盾）是对立统一的观点。这些都说明了工作群体中的个体行为在不同情境下"矛盾"行为的"阴阳"特征体现。可以看出，人们对待冲突的态度也体现了文化"二元"特征：回避和冲突两个矛盾对立面共存，同时两者保持动态平衡，一旦平衡被打破则会造成此消彼长的激化现象。冲突处于隐性状态时，人们不会主动打破和谐的表象，基本上只是对人们的情感造成一定的冲击和伤害，一旦矛盾激化，冲突显性化之后，必然会带来程序上的、工作上的影响，如信息传递障碍、责任推诿、决策失效等认知型内耗。可见，不合理的班组建设会抑制员工的自我意志，对实现自主行为安全产生不利影响。因此，需要设计更为科学的班组建设措施，如考虑从性格特征、个人影响力等方面选择更为合适的班组长，并从性格匹配等方面来搭建内耗特征小的班组，以此凝聚班组成员的价值观，促使"非可纳错位"转化为"可纳错位"。

8.3.3　制度推行程度提升

　　制度制定得再科学完善，如果得不到有效推行也无法取得相应的效果，因此煤矿企业中基层管理者必须认真做好制度的推行工作。我们发现，在精益取向、社会取向、平等取向和规则取向 4 个维度中，煤矿安全管理制度推行程度对"名义-隐真"文化（"宣称-执行"价值观）错位与外源性制度遵从关系具有显著的调节作用，而在人本取向维度，制度推行程度对文化（价值观）错位与内源性制度遵从具有显著调节作用，且制度推行程度越高，制度遵从程度就越高，可见采取措施以提升煤矿安全管理制度推行程度对于自主行为安全与制度遵从最大化都具有积极作用（图 8-12）。

　　（1）中基层管理者应重视制度执行手段的艺术性

　　安全管理制度的推行程度主要依靠煤矿相关部门中层管理者对制度的重视、推行和执行程度。然而，制度总是具有一定程度的"刚性特征"，员工在面对制度时总会存在不满情绪，很有可能降低员工对制度的遵从程度。既然制度是通过中基层管理者进行推行的，那么制度的推行就意味着员工与其直接上司之间的关系互动。如果管理者具有较为"艺术性"的制度推行方式，那么就能有效调节制度刚性特征引发的员工不满。在对教育系统的制度研究中发现，"教师执行制度之后的关注、关心和关爱，也许会实现比制度本身更有意义的教育效果。他让学生感觉到教师执行制度惩罚的目的不是为了敌视、歧视，而是一种对自己的负责，对自己更好的期望和关爱"[211]。因此，当中层管理者表现出了高的制度执行度时，为了不使下属感到高执行度下的消极情绪（敌视、歧视），必须在制度的推行过程中加强管理者对下属的关心，使得下属对领导的认同更为稳固，将这种高的执行度看作是一种对自己的负责，是对自己生命安全的关注，营造一种理解和谐的推行氛围，从而保证员工的制度执行程度。

（2）建立畅通的沟通渠道

制度如果想达到足够的推行程度，不能只是单单强调制度执行，还必须能够及时检测到基层员工在执行制度时所遇到的困难和问题，一个被基层员工普遍诟病的制度，即使中层管理者在制度推行方面付出了很多努力，也很难得到员工的理解而被执行，所以达不到应有的推行程度。因此，必须畅通沟通渠道，从而加强员工对制度的理解和归属感。在任何企业中，员工都渴望得到组织和领导的关心，渴望能够有机会与管理层交流思想，反映自己在实际工作、制度执行中所遇到困难和所想到的问题。因此，管理层与基层应建立经常性的沟通机制，各级、各岗位的管理人员要定期下基层了解基层情况并提供反馈[270]；完善沟通计划，促进沟通渠道的畅通，让基层员工对制度执行的态度和声音能够快捷有效地反映到中高层。基层员工的想法能被中高层制度制定和被推行者接受，甚至这些想法能在实际推行中得以体现，能够很大程度上加强员工对制度的认同和理解，弱化员工的消极情绪，提升员工对制度的执行程度。

（3）建立完善的制度检查程序

想要保证制度的高推行度能够长期保持和巩固，就要对安全管理制度推行过程进行实时的监察和反馈，及时对安全管理制度的有效性和合理性进行贴合实际的调整。虽然讨论了通过加强中层管理者制度执行方法的重视和建立畅通的沟通渠道两种途径来保证制度的推行程度，但是仅仅凭借从制度推行的主、客体两方面进行调节并不能保证制度推行的结果，考虑到主、客体两方面都会受到如倦怠、松懈等因素的影响，需要引入一个独立于制度推行直接相关的第三方，作为监督部门实时评估推行情况并做好相应的反馈。

因此，首先在设计制定安全管理制度之初，就要考虑设置相应的监察体系，起到对安全管理制度推行的监测和监督作用，同时督查体系的设立也使得安全管理制度的设计更加合理和完善；其次，在安全管理制度实际的推行阶段，制度的监察部门要明确制度推行主客体的人员构成、相应的职责范围、所应承担的任务和责任等问题，还要制定一个职责分明、流程清晰的监管程序，让监察工作拥有一个科学并且有效的实施流程；最后，要在制度推行和监察过程中不断增强检查、监察程序的能力和技术手段，通过引入更为有效的监督手段和先进的技术设备，完善相应的部门建设，增强监控力度，通过不断增强核实主体行为的技术能力来保证制度监察和监督的作用和约束力。

8.3.4 关注新生代矿工和优势效用维度

（1）关注新生代矿工，有针对性的展开组织文化或价值观建设工作

基于人口统计特征的 8 个维度特征分析结果显示，卓越取向等 7 个维度在年龄、入职年限和学历方面均有显著差异。由于年龄、入职年限和学历三者之间存在一定关联性，即新生代员工具有入职年限短、学历较老一代员工高的特点，因此先将三者以年龄为代表做统一分析。数据表明，在制度宣称价值观和个人执行价值观方面，8 个子维度在年龄上均具有显著差异，且新生代矿工得分要低于老生代矿工；在制度推行价值观方面，卓越取向等 7 个维度在年龄上具有显著差异，且新生代矿工得分要低于老生代矿工。此外，年龄、入职年限和学历虽有一定的内在关联，但绝非完全一致，根据显著性差异分析结论，入职时间较短、学历较高的矿工个人执行价值观表现水平较低，具体来说，针对入职年限，在制度宣称价值观和制度推行价值观方面，8 个子维度在学历上均具有显著差异；个人执行价值观方面，卓越取向等 7 个维度入职年限上具有显著差异。针对学历，在制度宣称价值观和个人执行价值观方面，8 个子维度在学历上均具有显著差异；制度推行价值观方面，卓越取向等 7 个维度学历上具有显著差异。针对职务，在制度宣称价值观方面，卓越取向等 6 个子维度在职称上具有显著差异；个人执行价值观方面，在 8 个子维度均具有显著差异；制度执行价值观方面，卓越取向等 6 个子维度在职务上具有显著差异。因此，煤矿企业在组织文化或组织价值观建设时，需要根据具体情况，重点关注不同学历和入职时间方面具有显著差异的维度，并给予针对性关注（图 8-12）。

（2）关注优势效用维度

1）基于内源性制度遵从的综合分析。基于内源性制度遵从的 8 个维度权重分析结果显示，不同维度作用于内源性制度遵从程度具有差异性。具体来说，在煤矿制度宣称价值观方面，权重较高的为人本取向维度、规则取向维度及平等取向维度；在个人执行价值观方面，权重较高的为规则取向维度、团队取向维度及精益取向维度，说明规则取向、人本取向、团队取向、精益取向及平等取向 5 个维度在影响员工内源性制度遵从具有优势效用，其提升作用效果较为显著。因此，实践中煤矿企业在安全管理制度设计，以及价值观错位控制中需重点关注这 5 个优势效用维度，以充分利用其对内源性制度遵从的影响特征，最大化促进内源性制度遵从，实现自主行为安全。

2）基于外源性制度遵从的综合分析。基于外源性制度遵从的 8 个维度权重分析结果，企业制度宣称价值观体系中权重较高的为规则取向维度、精益取向维度

及社会取向维度；在个人执行价值观体系中，权重较高的为团队取向维度、规则取向维度及伦理取向维度。可见，规则取向、精益取向、社会取向、团队取向及伦理取向 5 个维度的作用最为显著，因此为实现制度遵从行为最大化，煤矿安全管理制度制定和价值观错位控制需重点关注以上 5 个维度，按照前述分析中各优势维度下的制度表现手段选择，发挥各优势维度，提升制度遵从行为的积极作用（图 8-12）。

8.3.5 安全管理制度制定者构成

组织制度不仅是实现组织文化的主要手段，也是组织实现其战略目标的关键方式[272]，具体到煤矿企业也应该如此。安全管理制度有效建设可以帮助煤矿企业安全文化的实现，而安全文化或安全管理制度又是煤矿企业战略目标实现的关键途径。

煤矿企业管理中，制度制定者主要来自于煤矿企业的高管理层成员，其决定了卓越取向等 8 个维度在安全管理制度中表现的价值观水平，将影响到安全管理制度的表现手段，并进一步影响到员工的制度遵从驱动力形式与水平。而制度制定者——高层管理者团队（top management team，TMT）的构成特征将会影响战略决策有效性[273]，同样也会影响到煤矿企业安全管理制度的有效性。

（1）关注煤矿 TMT 结构的异质性特征

无论是公司治理领域还是人力资源管理领域，TMT 都是近些年研究的热点，而 TMT 的异质性经常被当作检验团队构成的维度。TMT 异质性（多元化）区分为社会类别异质性、信息异质性与价值异质性 3 种类型，具体含义上，社会类别异质性指在社会类别上的显性差异程度，如年龄、性别与种族等；信息异质性指群体成员在知识基础与专业方向方面的差异程度，如学历、教育背景与功能背景等；价值观异质性指团队成员对团队任务、目标和使命意见的差异程度。TMT 异质性的构成因素对战略决策的质量和速度有不同的影响程度。例如，TMT 的知识结构被认为是制定战略的基础，其异质性通过战略决策影响了企业业绩；TMT 任期异质性对于全球战略姿态有着积极的影响[274]。芦慧和王良洪[275]发现煤矿企业高层管理群体的人口统计异质性特征对企业相关决策具有显著影响。可见，合理的高层管理群体构成是煤矿企业安全管理制度有效制定和推行的关键举措。

（2）减少煤矿 TMT 的过程冲突

异质性的团队，冲突必然伴随其整个运作过程，是 TMT 理论研究的一个重要内容。异质性团队，由于团队人口特征的多样性造成了内、外群体的出现，以及个体的认知差异，这种认知差势必引起团队内部的冲突。冲突分为认知性冲突和情绪性冲突，其中 TMT 认知性冲突指 TMT 成员在其认知发展过程中原有的概念或认知结构与现实环境的不相符而在心理上所产生的冲突；情绪性冲突指 TMT 个体成员由于客观外部环境或主观内心活动的刺激所产生的较为强烈的态度体验而导致的冲突。认知冲突有助于决策质量的提高，而情绪冲突引起的问题会降低高管理层团队成员的满意感，进而降低高管理层团队的效率。但不意味着 TMT 的异质性一定会引起认知性冲突或情绪性冲突，如果团队成员的学历背景相差越大，越容易产生情绪性冲突，团队对于制度制定程序、制度目标等的分歧越大，对组织绩效越有着负面影响；如果年龄异质性越高，成员越容易降低对团队的满意度，引起凝聚力下降、团队内的交流和合作减少、提高冲突等负面效应[274]，可见与上述一样，煤矿企业的安全管理制度制定群体需要关注年龄、任期等异质性搭配，以构建合理的安全管理制度制定群体。

（3）强调煤矿企业 TMT 的团队氛围和管理培训

尽管许多团队都依赖于不同背景的成员进行相互协作，来完成任务和解决问题，但这种不同会带来团队成员合作性的降低，对团队氛围产生消极影响，团队成员的情感因素与协调关系往往是成功与失败的关键所在。与此相佐的是，团队成员的互动强度和网络强度反映在个体层面上，相对于弱联系强联系被认为更有利于主体间分享精细化和深层次知识，为成员提供了更多的认识和接触独有知识的机会，增加了团队成员对他人专业知识的了解，同时也有利于团队愿景的建立与传播，形成良好的团队氛围。因此，TMT 团队成员互动强度和网络密度值高的情况下，异质性团队成员之间的交流较多，有助于激发和学习他人专业知识的机会，有利于增强成员归属感，形成基于信任的团队氛围[274]。

然而，由于煤炭企业生产的重要性和复杂性，其管理人员大多来自生产、技术一线，根据人们认知上相似性、接近性和选择性的特点，"技术出身"职业经历的人大都具有"技术本位"倾向，因此这些高层管理人员继任之后在决策方面会有"重技术、轻管理"的意识，以至于在培养高管群体候选人方面也会有以"技术经验"为先的倾向。在解决安全问题的时候，高层管理者的"技术"本位倾向及团队内部过程损耗，都会带来决策方向的甚至是制度制定方面的失误[275]。这一事实从另一侧面反映了煤矿企业高层管理群体结构的不合理是企业最大的安全隐患，因此煤矿企业在选拔、培养高层管理者时，需要注重高层管理群体成员的年龄、教育水平等特征因素，为了消除高层管理人员的某些"重技术、轻管理"倾向，煤矿企业也要积极组织针对该类群体的技术和管理知识培训。此外，煤矿企业在选拔高层管理者时，应注重所候选人管理经验的丰富性和人际关系网络的丰富性。

参 考 文 献

[1] 陈红. 煤炭企业重大事故防控的行为栅栏研究. 北京：经济科学出版社，2008.

[2] 陈红. 基于不安全行为防控的煤矿安全管理制度有效性研究. 国家自然科学基金，2012.

[3] Chen H，Qi H，Long R Y，et al. Research on 10-year tendency of china coal mine accidents and the characteristics of human factors. Safety Science，2012，50（4）：745-750.

[4] 吕小康. 社会转型与秩序变革：潜规则盛行的社会学阐释. 天津：南开大学硕士学位论文，2010.

[5] 吴思. 潜规则：中国历史中的真实游戏. 昆明：云南人民出版社，2001.

[6] Eccles R G，Ioannou I，Serafeim G. The impact of a corporate culture of sustainability on corporate behavior and performance[working paper]. Harvard Business School，2011，（11）：2835-2857.

[7] Vargas-Hernández J G，Noruzi M R. An exploration of the organizational culture in the international business relationships and conflicts era. American Journal of Economics and Business Administration，2009，1（2）：182-193.

[8] Argyris C，Schon D A. Organizational Learning. New Jersey：Addison-Wesley Pub. Co.，1978.

[9] Howell A，Kirk-Brown A，Cooper B K. Does congruence between espoused and enacted organizational values predict affective commitment in australian organizations? The International Journal of Human Resource Management，2012，23（4）：731-747.

[10] Hawkins P. Organizational culture：sailing between evangelism and complexity. Human Relations，2007，4（50）：417-440.

[11] Commons J R. Institutional Economies：Its Place in Political Economy. Piscataway，New Jersey：Transaction Publishers，1989.

[12] Veblen T. The theory of the leisure class. Logos Foundation（UK）：Dover Publications，1994.

[13] Coase R H. Essays on the institutional structure of production. American Economic Review，1992，82（4）：713-719.

[14] North D. Institution Change and Economic Performance. Cambridge：Cambridge University Press，1990.

[15] 高柏. 中国经济发展模式转型与经济社会学制度学派. 社会学研究，2008，（4）：1-16.

[16] 周业安，赖步连. 认知、学习和制度研究——新制度经济学的困境和发展. 中国人民大学学报，2005，（1）：74-80.

[17] North D C. Understanding the Process of Economic Change. Princeton：Princeton University Press，2005.

[18] Powell W W，DiMaggio P J. 组织分析的新制度主义. 上海：上海人民出版社，2008.

[19] 凯瑟琳•丝莲，斯文•史泰默. 比较政治学中的历史制度学派. 经济社会体制比较，2003，（5）：44-52.

[20] Thelen K. Historical institutionalism in comparative analysis. Annual Review of Political Science, 1999, (2): 369-404.

[21] 青木昌彦. 比较制度分析. 北京：中国发展出版社，2001.

[22] 约翰·N·德勒巴克，约翰·V·C·奈. 新制度经济学前沿. 北京：经济科学出版社，2003.

[23] A·爱伦·斯密德. 制度与行为经济学. 北京：中国人民大学出版社，2004.

[24] Sylwester K. A model of institutional from action with in a rent seeking environment. Journal of Economic Behavior and Organization, 2001, (44): 169-176.

[25] Cooley C H, Schubert H J. On Self and Social Organization. Chicago: University of Chicago Press, 1956.

[26] North D C. Structure and Change in Economic History. New York: WW Norton & Co Inc, 1981.

[27] Eggertsson T. Economic Behavior and Institutions. Cambridge: Cambridge University Press, 1990.

[28] Hodgson G M. Evolution and Institutions: on Evolutionary Economics and the Evolution of Economics. Northampton, MA: E. Elgar Publishing, 1999.

[29] Cosimano T F. Financial institutions and trustworthy behavior in business transactions. Journal of Business Ethics, 2004, 52 (2): 179-188.

[30] Beckmann V. Sustainability, institutions and behavior. Institutions and Sustainability, 2009, (4): 293-314.

[31] Vatn A. Cooperative behavior and institutions. Journal of Socio-Economics, 2009, (38): 188-196.

[32] Elsner W. The process and a simple logic of 'meso'. Emergence and the co-evolution of institutions and group size. Journal of Evolutionary Economics, 2009, 38 (5): 843-858.

[33] Elvik R. Strengthening incentives for efficient road safety policy priorities: the roles of cost-benefit analysis and road pricing. Safety Science, 2010, 48 (9): 1189-1196.

[34] Rahimiyan M H, Mashhadi R. Evaluating the efficiency of eivestiture policy in promoting competitiveness using an analytical method and agent-based computational economics. Energy Policy, 2010, 38 (3): 158-159.

[35] Qudrat-Ullah H, Seong B S. How to do structural validity of a system dynamics type simulation model: the case of an energy policy model. Energy Policy, 2010, 38(5): 2216-2224.

[36] 霍春龙，包国宪. 政治制度的有效性与政府责任. 经济社会体制比较，2009，(3)：89-93.

[37] 霍春龙，包国宪. 新制度主义政治学视角下的制度有效性. 内蒙古社会科学，2010，(1)：15-18.

[38] 冯务中. 制度有效性理论论纲. 理论与改革，2005，(5)：15-19.

[39] 张文健，孙绍荣. 基于行为控制的制度设计研究. 科学学研究，2005，23 (1)：98-100.

[40] 李鸿，姜永贵. 国有企业在岗职工制度行为问题分析. 长白学刊，2006，(4)：85-88.

[41] 李志强. 企业家创新行为的制度分析———一个理论框架. 北京：社会科学文献出版社，2012.

[42] 李洪磊，甘仞初. 一种基于多主体仿真的制度有效性分析方法研究. 系统仿真学报，2006，(2)：444-447.

[43] 张炳，毕军，袁增伟，等. 基于 Agent 的区域排污权交易仿真与分析. 系统仿真学报，2008，（20）：5651-5654，5660.

[44] 孙绍荣. 行为管理制度设计的符号结构图及计算方法——以治理企业污染环境行为的制度设计为例. 管理工程学报，2010，（1）：76，77-81.

[45] 闫磊. 文化-社会学视角下的概念分析. 湖北函授大学学报，2010，（2）：12-14.

[46] Tylor E B. Primitive Culture：Researches into the Development of Mythology，Philosophy，R\religion，Art，and Custom. Cambridge：Cambridge University Press，2010.

[47] 威廉·A·哈维兰. 当代人类学. 上海：上海人民出版社，1987.

[48] Herskovits M J. Cultural Dynamics. New York：Knopf，1967.

[49] Ogburn W F，Nimkoff M F. Sociology. Boston：Houghton Mifflin，1964.

[50] Kroeber A L，Kluckhohn C. Culture：a critical review of concepts and definitions. Vintage International，1952，（22）：223.

[51] Hofstede G. Culture's Consequences：International Differences in Work-Related Values. California：Sage，1980.

[52] Schein E H. Organizational Culture and Leadership. California：Jossey Bass Press，2012.

[53] Cosmides L，Tooby J. Cognitive Adaptations for Social Exchange. Oxford：Oxford University Press，1992.

[54] 巴斯 D M. 进化心理学：心理的新科学. 上海：华东师范大学出版社，2007.

[55] 顾冠华，沈广斌. 中国传统文化与高等教育. 北京：海洋出版社，1999.

[56] Tony F. Yin Yang: a new perspective on culture. Management and Organization Review，2012，8（1）：25-50.

[57] Li P P. Towards a geocentric framework of organizational form：a holistic，dynamic and paradoxical approach. Organization Studies，1998，（19）：829-861.

[58] Pettigrew A M. On studying organizational cultures. Administrative Science Quarterly，1979，（24）：570-581.

[59] Peters T J，Waterman R H. In Search of Excellence：Lessons from America's Best-Run Companies. New York：Harper & Row，1982.

[60] Barley S R. Semiotics and the study of organizational cultures. Administrative Science Quarterly，1983，（28）：393-413.

[61] Ott J S. The Organizational Culture Perspective. California：Dorsey Press，1989.

[62] Robbins S P. Organization Theory：Structure，Design，and Applications. California：Prentice Hall，1990.

[63] 河野丰弘. 改造企业文化. 台北：远流出版社，1990.

[64] Hofstede G. Cultures and organizations：software of the mind. London：McGraw-Hill，1991.

[65] Levin I M. Five windows into organization culture：an assessment framework and approach. Organization Development Journal，2000，18（4）：80-95.

[66] Detert J R，Schroeder R G，Mauriel J J. A framework for linking culture and improvement initiatives in organizations. Academy of Management Review，2000，25（4）：850-863.

[67] Hill C，Jones G. Strategic Management. Boston：Houghton Mifflin，2001.

[68] Ostroff C，Kinicki A J，Tamkins M M. Organizational culture and climate. Handbook of

Psychology: Industrial and Organizational Psychology, 2003, (12): 565-593.

[69] Robbins S P, Coulter M. Management. New Jersey: Pearson Prentice Hall, 2005.

[70] Kerlavaj M, Tembergera M I, Krinjara R, et al. Special section on organizational structure, culture and operations management: an empirical missing link. International Journal of Production Economics, 2007, 106 (2): 346-367.

[71] 俞文钊. 管理心理学. 上海: 东方出版中心, 2002.

[72] 陈亭楠. 现代企业文化. 北京: 企业管理出版社, 2003.

[73] 沃伟东. 企业文化的经济学分析. 上海: 复旦大学博士学位论文, 2006.

[74] 刘理晖, 张德. 组织文化度量: 本土模型的构建与实证研究. 南开管理评论, 2007, (10): 19-24.

[75] O'Reilly C A, Chatman J A, Caldwell D F. People and organizational culture: a profile comparisons approach to assessing person-organization fit. Academy of Management Journal, 1991, (34): 487-516.

[76] Denison D R, Mishra A H. Toward a theory of organizational culture and effectiveness. Organization Science, 1995, (6): 204-230.

[77] Xin K R, Tsui A S, Wang H, et al. Corporate culture in Chinese state-owned enterprises: an inductive analysis of dimensions and influences//Tsui A S, Lau C M. The Management of Enterprises in the People's Republic of China. Boston, MA: Kluwer Academic Press, 2002.

[78] Tsui A S, Wang H, Xin K R. Organizational culture in China: an analysis of culture dimensions and culture types. Management and Organization Review, 2006, 2 (3): 345-376.

[79] Eric F, Rangapriya K N. Differential impact of cultural elements on financial performance. European Management Journal, 2005, 1 (23): 50-64.

[80] Rousseau D. Assessing organizational culture: the case for multiple methods//Schneider B. Climate and Culture. San Francisco: Jossey Bass Press, 1990.

[81] 刘光明. 企业文化. 北京: 经济管理出版社, 2002.

[82] Turnipseed D L, Murkison E. A bi-cultural compassion of organizational citizenship behavior: does the OCB phenomenon transcend national culture? The International Journal of Organization Analysis, 2000, (8): 200-222.

[83] Bell S J, Menguc B. The employee-organization relationship, organizational citizenship behaviors, and superior service quality. Journal of Retailing, 2002, (78): 131-146.

[84] 傅永刚, 许维维. 组织公民行为在四种组织文化类型下的差异研究. 大连理工大学学报 (社会科学版), 2005, (12): 23-27.

[85] 王亚鹏, 李慧. 组织文化、组织文化吻合度与员工的组织公民行为. 心理与行为研究, 2009, 7 (2): 137-144.

[86] Mohanty A, Dash M, Pattnaik S, et al. Study of organization culture and leadership behavior in small and medium sized enterprises. European Journal of Scientific Research, 2012, 2 (68): 258-267.

[87] Tsui A S, Zhang Z X, Wang H, et al. Unpacking the relationship between CEO leadership behavior and organizational culture. Leadership Quarterly, 2006, (17): 113-137.

[88] Casida J, Genevieve P. Leadership-organizational culture relationship in nursing units of acute

care hospitals. Nursing Economic，2008，（1）：7-15.

[89] Fang Y. Relationship between organizational culture，leadership behavior and job satisfaction. BMC Health Services Research，2011，（11）：98.

[90] Davenport T H，Prusak L. Working Knowledge: How Organizations Manage What They Know. Boston：Harvard Business School Press，1998.

[91] De Long D W，Fahey L. Diagnosing cultural barriers to knowledge management. The Academy of Management Executive，2002，14（4）：113-127.

[92] 王思峰，林于荻. 组织文化如何影响知识分享之探索性个案研究. 台大管理论丛，2003，13（2）：59-99.

[93] 曹科岩，戴健林. 组织文化与员工知识分享行为的关系分析. 科技与管理，2009，（11）：106-108.

[94] Gibson C B，Vermeulen F A. Healthy divide: subgroups as a stimulus for team learning behavior. Administrative Science Quarterly，2003，48（2）：202-240.

[95] 李明斐，卢小君，李明星. 组织文化对团队学习行为的影响研究. 科技与管理，2010，（5）：99-102.

[96] 刘文彬，井润田. 组织文化影响员工反生产行为的实证研究——基于组织伦理气氛的视角. 中国软科学，2010，（9）：32-38.

[97] 朱苏丽，龙立荣. 基于企业收益观的组织文化导向对员工创新行为的影响. 中国地质大学学报（社会科学版），2009，（11）：19-25.

[98] 曹升元，赵周杰. 基于组织文化的会计行为优化研究. 会计研究，2011，（6）：38-42.

[99] 樊耘，顾敏，汪应洛. 论组织文化的结构. 预测，2003，22（3）：1-5.

[100] Cooke R A，Lafferty J C. Organizational Culture Inventory. Plymouth：Human Synergistics，1987.

[101] Cooke R A，Szumal J L. Measuring normative beliefs and shared behavioral expectations in organizations：the reliability. Psychological Reports，1993，72（3）：1299.

[102] 郑伯埙. 组织文化价值观的数量衡鉴. 中华心理学刊，1990，（32）：31-49.

[103] Cameron K S，Quinn R E. Diagnosing and Changing Organizational Culture：Based on the Competing Values Framework. New Jersey：Addsion-Wesley，1998.

[104] 王国顺，张仕璟，邵留国. 企业文化测量模型研究——基于 Dension 模型的改进及实证. 中国软科学，2006，（3）：150-155.

[105] 尹波. 组织文化分析方法及应用研究. 成都：电子科技大学博士学位论文，2009.

[106] Ashkanasy N M，Broadfoot L E，Falkus S. Questionnaire measure of organizational culture//Ashkanasy N M，Wilderom C P M，Peterson M F. Handbook of Organizational Culture & Climate. Thousand Oaks：Sage Publications，2000.

[107] Kluckhohn C K M. Value and Value Orientation in the Theory of Action：An Exploration in Definition and Classfication. Cambridge：Harvard University Press，1954.

[108] Williams R M. Values. New York：Macmillan Press，1968.

[109] Rokeach M. The Nature of Human Values. New York：Free Press，1973.

[110] Beggan J K，Allison S T. Social values//Ramanchandran. Encyclopedia of Human Behavior. San Diego：Academic Press，1994.

[111] Schwartz S H. Universal in the content and structure of values: theoretical advances and empirical test in 20 counties//Zanna M. Advances in Experimental Social Psychology. San Diego, CA: Academic Press, 1992.

[112] Padaki V. Coming to prips with organizational values. Development in Practice, 2000, 10 (3): 420-434.

[113] Kanika A K, Nishtha M. Espoused organizational values, vision, and corporate social responsibility: does it matter to organizational members? VIKALPA, 2010, 35 (3): 19-36.

[114] 谭小宏, 秦启文. 组织价值观结构的实证研究. 心理科学, 2009, 32 (2): 11-17.

[115] Zhang X, Austin S, Glass J, et al. Toward collective organizational values: a case study in UK construction. Construction Management and Economics, 2008, 26 (10): 1009-1028.

[116] Torelli C J, Kaikati A M. Values as predictors of judgements and behaviors: the role of abstract and concrete mindsets. Journal of Personality and Social Psychology, 2009, 96 (1): 231-247.

[117] Srite M, Karahanna E. The influence of national culture on the acceptance of information technologies: an empirical study. MIS Quarterly, 2006, 30 (3): 679-704.

[118] Kinicki A, Kreitner R. Organizational Behavior: Key Concepts, Skills and Best Practices. New York: McGraw-Hill Press, 2008.

[119] Senge P, Roberts C, Ross R, et al. The Fifth Discipline Fieldbook. New York: Doubleday, 1994.

[120] Sutton R I, Callahan A C. The stigma of bankruptcy: spoiled organizational image and its management. Academy of Management Journal, 1987, 30 (3): 405-436.

[121] Siehl C, Martin J. Organizational Culture: A Key to Financial Performance? San Francisco: Jossey-Bass Publishers, 1990.

[122] Borucki C C, Burke M J. An examination of service related antecedents to retail store performance. Journal of Organizational Behavior, 1999, 20 (6): 943-962.

[123] Schuh A M, Miller G M. Maybe wilson was right: espoused values and their relationship to enacted values. International Journal of Public Administration, 2006, 29 (9): 719-741.

[124] O'Neal R A. Do Values Matter? The Impact of Organizationally Enacted Values on Business Performance in A Retail Store Context. Chicago: Benedictine University Dissertation for the Degree of Doctor Philosophy, 2011.

[125] Posner B Z, Kouzes J M, Schmidt W H. Shared values make a difference: an empirical test of corporate culture. Human Resource Management, 1985, 24 (3): 293-309.

[126] Organ D W, Podsakoff P M, MacKensie S B. Organizational Citizenship Behavior, Its Nature, Antecedents, and Consequences. California: Sage Publishing, 2006.

[127] McDonald P, Gandz J. Getting value from shared values. Organizational Dynamics, 1992, 20 (3): 64-77.

[128] Kwantes C, Arbour S, Boglarsky C. Organizational culture fit and outcomes in six national contexts: an organizational level analysis. Journal of Organizational Culture, Communication and Conflict, 2007, (11): 95-112.

[129] Kujala J, Ahola T. The value of customer satisfaction surveys for project based organizations: symbolic, sechnical, or none. International Journal of Project Management, 2005, 23 (5):

404-409.

[130] 朱力. 变迁之痛：转型期的社会失范研究. 北京：社会科学文献出版社，2006.

[131] 汪新建，吕小康. 作为惯习的潜规则——潜规则盛行的文化心理学分析框架. 南开学报（哲学社会科学版），2009，（4）：133-139.

[132] 马洁. "潜规则"的伦理批判. 苏州：苏州科技学院硕士学位论文，2010.

[133] 高勇军. 企业潜规则与工作倦怠的关系研究. 杭州：浙江财经学院硕士学位论文，2011.

[134] 梁碧波. 潜规则的供给、需求及运行机制. 经济问题，2004，（8）：14-16.

[135] 罗昌瀚. 非正式制度的演化博弈分析. 长春：吉林大学博士学位论文，2006.

[136] 方旺贵. 制度环境与潜规则. 经济体制改革，2007，（3）：49-51.

[137] 王涛. 新制度经济学视角下潜规则产生原因及遏制途径的研究. 青岛：中国海洋大学硕士学位论文，2008.

[138] 邹统钎. 饭店战略管理：理论前沿与中国的实践. 广州：广东旅游出版社，2002.

[139] 吴思. 隐蔽的秩序——拆解历史弈局. 海口：海南出版社，2004.

[140] 王德应，张仁华. 潜规则的管理学思考. 财贸研究，2005，（3）：33-35.

[141] 罗明忠. 人力资源管理中的潜规则内涵、维度及其功能. 澳门理工学报，2006，（1）：13-18.

[142] 胡瑞仲. 管理潜规则. 北京：经济管理出版社，2007.

[143] 柯武刚，史漫飞. 制度经济学——社会秩序与公共政策. 北京：商务印书馆，2000.

[144] 章群. 论工资集体谈判的潜规则与制度的应对——以"民工荒"为视角所作的分析. 政治与法律，2008，（3）：24-30.

[145] 李宁，张蕊. 潜规则对会计准则制度变迁的演化博弈分析. 经济管理，2010，（8）：118-122.

[146] 张德荣，杨慧. 潜规则与中国王朝循环的经济根源——一个交易成本的视角. 财经研究，2011，（3）：39-49.

[147] 默顿. 社会理论和社会结构. 南京：译林出版社，2006.

[148] 潘雪江. 潜规则研究. 南京：南京师范大学硕士学位论文，2007.

[149] 郑奕. 潜规则研究. 芜湖：安徽师范大学硕士学位论文，2007.

[150] 李桂秋. 中西方文化比较视域下的我国官场潜规则. 岭南学刊，2012，（5）：116-120.

[151] 周一纯. 潜规则——知识团队中的心理契约探析. 河北经贸大学学报，2006，（3）：42-47.

[152] 刘南. 中国传统文化下的潜规则对企业管理绩效的影响. 价值工程，2007，（11）：23-25.

[153] 沈伊默，袁登华. 心理契约破坏研究现状与展望. 心理科学进展，2006，14（6）：912-917.

[154] Chen M J. Reconceptualizing the competition-cooperation relationship：a transparadox perspective. Journal of Management Inquiry，2008，（17）：288-304.

[155] Shannon S F，Carole A E. Mapping the organizational culture research in nursing：a literature review. Journal of Advanced Nursing，2006，56（5）：498-513.

[156] 董进才. 组织价值观、组织认同与领导认同对并购后员工行为的影响研究. 杭州：浙江大学博士学位论文，2011.

[157] 金盛华，郑建君，辛志勇. 当代中国人价值观的结构与特点. 心理学报，2009，（10）：1000-1014.

[158] Givens M A. The Impact of New Information Technology on Bureaucratic Organizational Culture. Florida：Nova Southeastern University Ph.D.Dissertation，2011.

[159] 简传红，任玉珑，罗艳蓓. 组织文化、知识管理战略与创新方式选择的关系研究. 管理世

界，2010，（2）：181-182.

[160] Scott L N. The Relationship between Organizational Culture and Organizational Performance in A Large Federal Government Agency. Minnesota：Walden University Ph.D.Dissertation，2009.

[161] Okoro H M. The Relationship between Organizational Culture and Performance：Merger in the Nigerian Banking Industry. Arizona：University of Phoenix，D.M.Dissertation，2010.

[162] 邓荣霖，吴欣，郑平. 组织文化、组织结构与绩效：中国企业的实证研究. 商业研究，2006，（11）：23-28.

[163] Jimenez T R. Attending to Deep Structures：An Exploration of How Organizational Culture Relates to Collaborative and Network Participation for Systems Change. East Lansing，Michigan：Michigan State University Dissertation for the Degree of Doctor of Philosophy，2012.

[164] 樊耘，邵芳，张翼. 基于文化差异观的组织文化友好性和一致性对组织变革的影响. 管理评论，2011，（8）：152-161.

[165] Johnson A. The Influence of Need for Achievement，Need for Affiliation，Leadership Support，and Organizational Culture on Organizational Citizenship Behavior. California：Alliant International University Dissertation for the Degree of Doctor of Philosophy，2008.

[166] Ma E J. A Cross-Culture Study on the Motivational Mechanism of Hotel Employees' Organizational Citizenship Behavior. Oklahoma：Oklahoma State University Dissertation for the Degree of Doctor of Philosophy，2010.

[167] 张力，宋洪涛，王以群，等. 复杂人-机系统中影响作业人员行为的组织因素. 工业工程，2008，（5）：6-11.

[168] 孟坤. 组织文化视角下的知识管理与组织绩效关系的研究. 重庆：重庆大学博士学位论文，2010.

[169] Fehr R. The forgiving organization：building and benefiting from a culture of forgiveness. Academy of Management Proceedings，2011，（1）：1-6.

[170] Mohanty J，Rath B P. Influence of organizational culture on organizational citizenship behavior：a three-sector study. Global Journal of Business Research，2012，6（1）：65-76.

[171] Kristof A L. Person organization fit: integrative review of its conceptualizations，measurement，and implications. Personnel Psychology，1996，49（1）：1-49.

[172] Verquer M L，Beehr T A，Wagner S H. A meta-analysis of relations between person-organization fit and work attitudes. Journal of Vocational Behavior，2003，63（3）：473-489.

[173] Kristof A L，Zimmerman R D，Johnson E C. Consequences of individuals' fit at work：a meta-analysis of person-job，person-organization，person-group，and person-supervisor fit. Personnel Psychology，2005，58（2）：281-342.

[174] Park H I. The Relationship between P-E Fit and Subjective Well-Being：Moderating Effects of Personality. Michigan：Central Michigan University Doctoral Dissertation，2009.

[175] Aumann K A. Being a Stranger in a Strange Land：the Relationship between Person-Organization Fit on the Work-Related and Broad Cultural Value Dimensions and Outcomes Related to Expatriates' Success. New York：Columbia University Doctoral Dissertation，2007.

[176] Jordan T A. Volunteer Entry into Hospital Culture: Relationships among Socialization, P-O Fit, Organizational Commitment, and Job Satisfaction. Louisville: University of Louisville Doctoral Dissertation, 2009.

[177] 赵慧娟, 龙立荣. 价值观契合、需求契合与工作满意度的关系研究. 商业经济与管理, 2009, (12): 37-44.

[178] 杨晓刚. 工作价值观、组织价值观契合及其对敬业度的影响. 开封: 河南大学硕士学位论文, 2010.

[179] Yen W S. Person-Environment Fit: Work-Related Attitudes and Behavioral Outcomes in Continuing Care Retirement Communities. Manhattan: Kansas State University Dissertation for the Degree of Doctor, 2012.

[180] Ozcelik H. Emotional Fit in the Workplace: Its Psychological and Behavioural Outcomes. Vancouver: The University of British Columbia (Canada) Dissertation for the Degree of Doctor of Philosophy, 2004.

[181] Cox T. Cultural Diversity in Organizations: Theory, Research and Practice. San Francisco, California: Berrett-Koehler Publishers, 1994.

[182] Robertson M, Swan J. Control-what control? Culture and ambiguity within a knowledge intensive firm. Journal of Management Studies, 2003, 40 (4): 831-858.

[183] Gorham J L. An Investigation of Organizational Culture Type and Cultural Values in Campus Recreation. Greely: University of Northern Colorado, 2009.

[184] Weick K E, Quinn R E. Organizational change and development. Annual Review of Psychology, 1999, 50 (1): 361-386.

[185] Hatch M J. The dynamics of organizational culture. Academy of Management Review, 1993, 18 (4): 657-693.

[186] 姜瑛. 企业文化四层次结构的演进关系研究. 北京: 首都经济贸易大学硕士学位论文, 2012.

[187] 赵玎. 略论组织文化的功能——以西南航空公司和安然有限公司为例. 肇庆学院学报, 2010, 31 (3): 55-58.

[188] 隋志强. 浅谈组织文化与企业管理的关系. 中国市场, 2010, (36): 76-77.

[189] Edwards J R, Cable D M. The value of value congruence. Journal of Applied Psychology, 2009, 94 (3): 654.

[190] 周庆国. 论公平的主要指涉领域. 延边大学学报: 社会科学版, 2009, 42 (4): 105-111.

[191] 汪新艳. 中国员工组织公平感结构和现状的实证解析. 管理评论, 2009, (9): 39-47.

[192] Rokeach M. The Nature of Human Values. Florence: Free Press, 1973.

[193] 芦慧, 陈红, 周肖肖, 等. 基于扎根理论的工作群体断层——群体绩效关系概念模型的本土化研究. 管理工程学报, 2013, (3): 45-52.

[194] Li P P. Towards a geocentric framework of organizational form: a holistic, dynamic and paradoxical approach. Organization Studies, 1998, 19: 829-861.

[195] Fang T. Yin Yang: a new perspective on culture. Management and Organization Review, 2012, 8 (1): 25-50.

[196] 潘权骁. 诚信: 博弈论视角下民营企业组织文化的理性选择. 北方经济, 2012, (10): 47-48.

[197] 陈红，刘静，龙如银. 基于行为安全的煤矿安全管理制度有效性分析. 辽宁工程技术大学学报：自然科学版，2009，（5）：813-816.

[198] 林伟丽. 准军事化管理能够增强煤炭企业的竞争力. 中国煤炭，2005，30（12）：26-27.

[199] 时蓉华. 现代社会心理学. 上海：华东师范大学出版社，2001.

[200] 宋官东. 对从众行为的新认识. 心理科学，1997，20（1）：88-90.

[201] 宋官东. 遵从行为的调查研究. 心理科学，2004，27（3）：657-611.

[202] Allen V L. Situational Factors in Advanced in Experimental and Social Psychology. New York：Academic Press，1965.

[203] Deutsch M，Gerard H B. A study of normative and informational social influences upon individual judgment. Journal of Abnormal and Social Psychology，1955，54：629-636.

[204] Lascu D N，Zinkhan G. Consumer conformity：review and application for marketing theory and practice. Journal of Marketing，1999，7：1-11.

[205] Luthans F. 组织行为学. 北京：人民邮件出版社，2005.

[206] Gagné M，Deci E L. Self-determination theory and work motivation. Journal of Organizational Behavior，2005，26（4）：331-362.

[207] Amabile T M. Motivation and creativity：effect of motivational orientation on creative writers. Journal of Personality and Social Psychology，1985，48（2）：393-399.

[208] Grolnick W S，Ryan R M. Autonomy in children learning-an experimental and individual difference investigation. Journal of Personality and Social Psychology，1987，52（5）：890-898.

[209] 翟学伟. 信任与风险社会——西方理论与中国问题. 社会科学研究，2008，（4）：123-128.

[210] 吕杰. 新生代矿工的生存状态与发展诉求——以黑龙江四大矿区青工调查为例. 中国青年研究，2008，（6）：50-54.

[211] 蔡辰梅. 我国中小学课堂管理制度的审视-制度伦理学的视角. 教育学报，2006，（4）：80-84.

[212] Kelman H C，Hamilton V L. Crimes of Obedience. New Haven：Yale，1989.

[213] Tyler T R，Blader S L. Can businesses effectively regulate employee conduct? The antecedents of rule following in work settings. Academy of Management，2005，48（6）：1143-1158.

[214] 冯群，陈红. 基于动态博弈的煤矿安全管理制度有效性研究. 中国安全科学学报，2013，（002）：15-19.

[215] 张广利，陈丰. 制度成本的研究缘起，内涵及其影响因素. 浙江大学学报（人文社会科学版），2009，9：48-52.

[216] 王晓春. 价值观契合与企业文化文本. 北京：经济管理出版社，2012.

[217] Churchill G A. A paradigm for developing better measures of marketing constructs. Journal of Marketing Research（JMR），1979，16（1）：64-73.

[218] Miller J G. Culture and the development of everyday social explanation. Journal of Personality and Social Psychology，1984，46（5）：961.

[219] Dobni D，Ritchie J R，Zerbe W. Organizational values：the inside view of service productivity. Journal of Business Research，2000，47（2）：91-107.

[220] Tepeci M，Bartlett A L. The hospitality industry culture profile：a measure of individual values，organizational culture，and person-organization fit as predictors of job satisfaction and

behavioral intentions. International Journal of Hospitality Management, 2002, 21(2): 151-170.

[221] 魏钧, 张德. 传统文化影响下的组织价值观测量. 中国管理科学, 2008, (z1): 420-425.

[222] 吴明隆. 问卷统计分析实务: SPSS 操作与应用. 重庆: 重庆大学出版社, 2010.

[223] Amos E A, Weathington B L. An analysis of the relation between employee-organization value congruence and employee attitudes. The Journal of Psychology, 2008, 142 (6): 615-632.

[224] Chatman J A. Improving interactional organizational research: a model of person-organization fit. Academy of Management Review, 1989, 14: 333-349.

[225] 谭小宏, 秦启文, 刘永芳. 基于价值观的个人与组织匹配研究述评. 西南大学学报: 人文社会科学版, 2011, 37 (1): 12-17.

[226] 冯周卓. 后现代文化与管理变革. 北京师范大学学报: 社会科学版, 2003, (1): 137-143.

[227] 钟乃雄. 柔性管理: 组织制度刚性的溶解剂. 江苏商论, 2004, (5): 99-100.

[228] 麻宝斌, 段易含. 再论制度执行力. 理论探讨, 2013, (2): 140-144.

[229] Edwards J R. Person-job Fit: A Conceptual Integration, Literature Review and Methodological Critique. New York: John Wiley & Sons, 1991.

[230] Muchinsky P M, Monahan C J. What is person-environment congruence? Supplementary versus complementary models of fit. Journal of Vocational Behavior, 1987, 31 (3): 268-277.

[231] Shalley C E, Zhou J, Oldham G R. The effects of personal and contextual characteristics on creativity: where should we go from here? Journal of Management, 2004, 30: 933-958.

[232] Hunter S T, Bedell K E, Mumford M D. Climate for creativity: a quantitative review. Creativity Research Journal, 2007, 19 (1): 69-90.

[233] 杨彦. 坚持以人为本促进煤矿企业安全健康可持续发展. 东方企业文化, 2013, 10: 152.

[234] Chen Z X, Tsui A S, Farth J L. Loyalty to supervisor vs. organizational commitment: relationship to employee performance in china. Journal of Occupational and Organizational Psychology, 2002, 75: 339-356.

[235] Podsakoff N P, LePine J A, LePine M A. Differential challenge stressor-hindrance stressor relationships with job attitude, turnover intentions, turnover, and withdrawal behavior: a meta-analysis. Journal of Applied Psychology, 2007, 92 (2): 438-454.

[236] Vandenbergh M P. Beyond elegance: a testable typology of social norms in corporate environmental compliance. Stan. Envtl. LJ, 2003, 22: 55.

[237] Smidts A, Pruyn A, Cbmv R. The impact of employee communication and perceived external prestige on organizational identifaction. The Academy of Management Journal, 2001, 44: 1051-1062.

[238] Hatch M, Schultz M. The dynamics of organizational identity. Human Relations, 2002, 55: 989-1018.

[239] Mullen B, Cooper C. The relation between group cohesiveness and group performance: an intergration. Psychologist Bulletin, 1994, 115: 210-227.

[240] 吴翠丽. 制度伦理的研究视阈. 南京工业大学学报, 2003, (3): 42-43.

[241] Malloy D C, Hadjistavropoulos J, Douaud P, et al. The code of ethics of the Canadian psychological association and the Canadian medical association: ethical orientation and functional grammar analysis. Canadian Psychology Canadienne, 2002, 43 (4): 244-253.

[242] Becker T E. Foci and bases of commitment：are they distinctions worth making? Academy of Management Journal，1992，35：232-244.

[243] Branco M C，Rodrigues L L. Corporate social responsibility and resource-based perspectives. Journal of Business Ethics，2006，69（2）：111-132.

[244] Ali I，Rehman K U，Ali S I，et al. Corporate social responsibility influences，employee commitment and organizational performance. African Journal of Business Management，2010，4（12）：2796-2801.

[245] McClelland D C. Testing for competence rather than for"intelligence". American Psychologist，1973，28（1）：1.

[246] Fu P P，Tsui A，Dess G. The dynamics of guanxi in Chinese high-tech firms：implications for knowledge management decision making. Management Interna-tional Review，2006，46（3）：1-29.

[247] 尚玉钒，富萍萍，茬珮雯. 权力来源的第三个维度——"关系权力"的实证研究. 管理学家：学术版，2011，（001）：3-11.

[248] Kelman H C. Compliance，identification，and internalization. Journal of Conflict Resolution，1958，2：51-60.

[249] Tyler T R. Why People Obey the Law. New Haven：Yale，1990.

[250] O'Reilly C A，Chatman J A. Organizational commitment and psychological attachment. Journal of Applied Psychology，1986，71：492-499.

[251] Edwards J R. Alternatives to difference scores：polynomial regression analysis and response surface methodology//Drasgow F，Schmitt N W. Advances in Measurement and Data Analysis. San Francisco：Jossey-Bass，2002.

[252] Shanock L R，Baran B E，Gentry W A，et al. Polynomial regression with response surface analysis：a powerful approach for examining moderation and overcoming limitations of difference scores. Journal of Business and Psychology，2010，25（4）：543-554.

[253] Aiken L S，West S G. Multiple Regression：Testing and Interpreting Interactions. California：Sage，1991.

[254] 杜旌，王丹妮. 匹配对创造性的影响：集体主义的调节作用. 心理学报，2009，（10）：980-988.

[255] 张珊珊，张建新，周明洁. 二次响应面回归方法及其在个体-环境匹配研究中的使用. 心理科学进展，2012，（20）：825-833.

[256] 鲍新中，张建斌，刘澄. 基于粗糙集条件信息熵的权重确定方法. 中国管理科学，2009，17（3）：131-135.

[257] 王国胤，姚一豫，于洪. 粗糙集理论与应用研究综述. 计算机学报，2009，32（7）：1229-1246.

[258] 张雪峰，张庆灵. 粗糙集数据分析系统 MATLAB 仿真工具箱设计. 东北大学学报：自然科学版，2007，28（1）：40-43.

[259] 范韶刚. 采煤技术创新对井工开采煤矿企业核心竞争力的提升作用研究. 北京：煤炭科学研究总院博士学位论文，2007.

[260] 徐蕾. 美国煤矿安全管理制度借鉴. 经济研究导刊，2011，（8）：178-179.

[261] 张同全，王飞鹏. 构建煤矿安全生产以人为本管理模式研究. 中国煤炭，2006，31（10）：

59-61.

[262] 袁秋新. 论煤炭企业员工自主化安全管理. 中国煤炭, 2010, (1): 106-109.

[263] 陈静, 曹庆贵, 刘音. 煤矿事故人失误致因模型构建及团队建设安全对策分析. 山东科技大学学报: 自然科学版, 2010, (4): 83-87.

[264] 刘星. 提升安全生产道德素质推进煤矿安全生产发展. 煤炭经济研究, 2008, (3): 73-74.

[265] 刘征. 对我国煤矿矿难频发的伦理思考. 株洲: 湖南工业大学硕士学位论文, 2012.

[266] 穆旭甲. 煤矿安全伦理研究. 武汉: 武汉科技大学硕士学位论文, 2012.

[267] Dobni D, Ritchie J R, Zerbe W. Organizational values: the inside view of service productivity. Journal of Business Research, 2000, 47 (2): 91-107.

[268] 秦军, 王爱芳. 论权力寻租的原因及对策. 前沿, 2003, (12): 08.

[269] 康纪田. 对矿难背后深层次问题的思考. 探索与争鸣, 2005, (5): 28-29.

[270] 芦慧, 陈红, 柯江林. 传统文化视角下的员工敬业与绩效关系概念模型构建. 软科学, 2010, (10): 106-109.

[271] Byrne D E. The Attraction Paradigm. Massacheseffs: Academic Pr, 1971.

[272] Peng M W. Institutional transitions and strategic choices. The Academy of Management Review, 2003, 28 (2): 275-296.

[273] Hambrick D C, Mason P A. Upper echelons: the organization as a reflection of its top managers. Academy of Management Review, 1984, (9): 193-206.

[274] 芦慧, 陈红. TMT 异质性理论近十年研究回顾与评述. 华东经济管理, 2010, (5): 139-143.

[275] 芦慧, 王良洪. TMT 内容特征与组织绩效关系的实证研究——基于能源生产行业上市公司的研究. 中国矿业, 2010, 3: 49-53.

附录　研究中涉及的重要概念介绍

1. 宣称价值观：企业对外和对内宣称的价值观；

2. 执行价值观：反映在企业员工实际行为中的价值观；

3. 组织文化结构：以层级性为代表的组织文化层级结构的统称；

4. 目标实现型宣称价值观：组织"期望"员工"应该"共享的价值观，通过各类承载组织宣称价值观的载体来影响、强化或者约束成员的行为，使其有助于组织战略目标的实现；

5. 印象管理型宣称价值观：出于应对国家或行业等微观及宏观制度要求、缓解竞争压力、吸引人才、维护社会形象等目的来刻意影响个体、组织乃至国家对该组织的印象而宣称的价值观；

6. 一致型执行价值观：执行价值观与组织宣称价值观一致的价值观；

7. 被动型执行价值观：员工出于某些压力，不得不按照宣称价值观的要求去做，这种行为提炼出的执行价值观，虽表面上与宣称价值观保持一致，但实际上却是员工隐藏了自己的真实意愿；

8. 自我型执行价值观：员工中普遍存在的背离于宣称价值观的行为，这种行为表现出的执行价值观虽然形式上得不到组织的支持，但却是组织中真实存在而被隐藏掉的真实执行价值观；

9. 隐规则：强调在可控范围内与正式规则有一定程度的错位（包涵对立等多种形态）、藏匿于正式制度之下、成形并被受众共同遵循的行为准则；

10. 名义文化：以组织宣称价值观作为结构的核心层，并以此为基础，反映在组织显性制度层和组织对内对外宣称，如口号及行为准则等的物质层所构成的文化体系；

11. 隐真文化：对应于组织执行价值观，以此为基础反映在基于"隐规则"的组织隐性制度层和体现组织员工实际行为准则等的物质层所构成的文化体系；

12. 组织文化横向结构错位：由价值观层错位引发的制度层"组织正式制度"与"组织隐规则"的错位，波及至行为层，形成了"制度遵从行为"与"隐规则遵从行为"的错位，共同构成了组织文化结构的水平形状错位；

13. 组织文化纵向结构错位：价值观层与制度层在内容上的错位、制度层与行为层在实践中的错位等形成的组织文化层级结构在纵向上的错位特征；

14. 可纳错位："名义"型和"隐真"型两类文化形态既有"适合的契合"，也有"适合的差异"，存在着组织和员工共同接纳和认同的组织文化形态，可称为

"可纳错位"范畴；

15. 基于"二元"结构的组织文化：组织内部固有的系列"名义-隐真"文化错位形态集合，为了实现组织战略目标，错位形态集合应处于"可纳错位"范畴内，并通过物质、行为、制度等各种载体表现出的作用于组织所有成员的意识形态；

16. 内源性煤矿安全管理制度遵从：煤矿安全管理制度作用对象自愿且主动选择与制度要求一致的行为或行为倾向；

17. 外源性煤矿安全管理制度遵从：煤矿安全管理制度作用对象仅仅为了避免制度惩罚或获得奖励，又或是为了满足他人或群体期望等外部原因，不得不进行的遵从行为或行为倾向；

18. 煤矿企业"宣称-执行"价值观错位：煤矿企业"名义-隐真"文化错位的测量代理，安全管理制度视角的"宣称-执行"价值观错位主要包括"制度宣称-个人执行"价值观错位和"制度宣称-制度执行"价值观错位；

19. 煤矿企业"制度宣称-个人执行"价值观错位：煤矿企业安全管理制度倡导的价值观与反映在企业员工实际工作行为中的价值观的分离与契合程度，是煤矿企业"名义-隐真"文化的横向结构错位测量代理；

20. 煤矿企业安全管理制度推行程度：即煤矿企业"制度宣称-制度执行"价值观错位，是煤矿企业安全管理制度倡导的价值观与反映在煤矿企业中基层管理者制度推行行为中的价值观的分离与契合程度，是煤矿企业"名义-隐真"文化的纵向结构错位测量代理。